한 **번**에 핵심**만** 담은

# 컴퓨터 활용 능력

교재에서
모바일까지

기초에서
실전까지

## 2급 실기

# 이 책의 구성

**①**

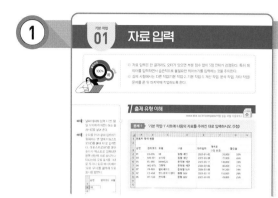

## 한.번.에. 이론

단원별로 정리된 컴퓨터활용능력 실기 작업 유형을 학습합니다. 먼저 작업별로 시험 정보와 개념을 파악하고 '출제 유형 이해', '실전 문제 마스터'를 단계별로 따라 하며 조작 방법을 익힙니다.

여러 유형의 문제를 익히며 컴퓨터활용능력 실기 마스터로 거듭납니다.

**②**

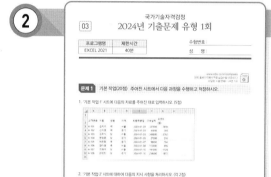

## 한.번.더. 최신 기출문제 4회

컴퓨터활용능력 기출문제와 비슷한 유형의 문제를 풀어 봅니다. 실제 시험에 임하는 자세로 실습 파일을 이용해 문제를 풀어 본 다음, 정답을 참고해 결과가 나오는 과정을 파악합니다.

**③**

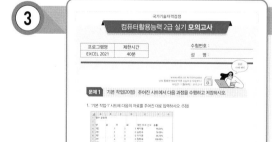

## 한.번.만. 모의고사

EBS에서 컴퓨터활용능력 출제 경향을 분석해 제작한 모의고사로 실제 시험을 대비합니다.

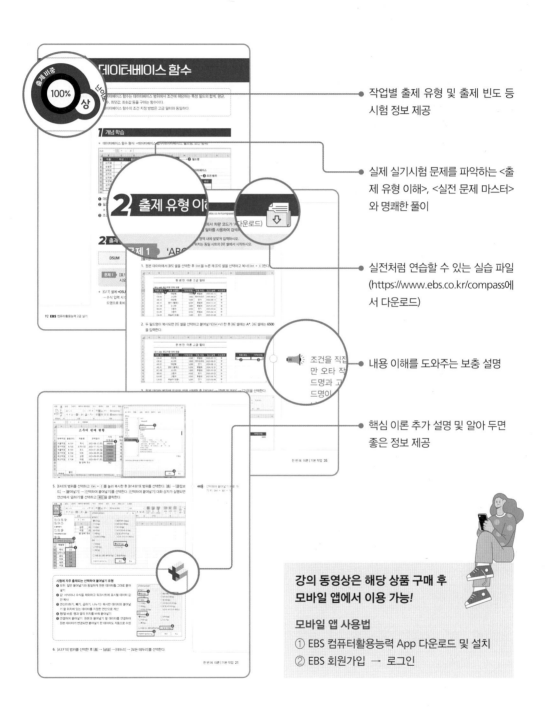

작업별 출제 유형 및 출제 빈도 등 시험 정보 제공

실제 실기시험 문제를 파악하는 <출제 유형 이해>, <실전 문제 마스터>와 명쾌한 풀이

실전처럼 연습할 수 있는 실습 파일 (https://www.ebs.co.kr/compass에서 다운로드)

내용 이해를 도와주는 보충 설명

핵심 이론 추가 설명 및 알아 두면 좋은 정보 제공

**강의 동영상은 해당 상품 구매 후 모바일 앱에서 이용 가능!**

**모바일 앱 사용법**
① EBS 컴퓨터활용능력 App 다운로드 및 설치
② EBS 회원가입 → 로그인

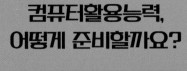

# 컴퓨터활용능력, 어떻게 준비할까요?

## 시험 접수에서 자격증 발급까지

## 시험 출제 정보

|  |  | 출제 형태 | 시험 시간 |
|---|---|---|---|
| 1급 | 필기 | 객관식 60문항 | 60분 |
| | 실기 | 컴퓨터 작업형 10문항 이내 | 90분 (과목별 45분) |
| 2급 | 필기 | 객관식 40문항 | 40분 |
| | 실기 | 컴퓨터 작업형 5문항 이내 | 40분 |

## 검정 수수료

| 필기 | 실기 |
|---|---|
| 19,000원 | 22,500원 |

※ 1급·2급 응시료 동일
※ 인터넷 접수 수수료 1,200원 별도

---

나는 컴활 첫 도전! 필기 응시부터!

## 1 시험 접수

개설일부터 시험일 4일 전까지 접수 가능

**홈페이지 접수**
대한상공회의소 자격평가사업단
(https://license.korcham.net)
※ 본인 확인용 사진 파일 준비!

**모바일 접수**
코참패스(Korcham Pass)

**상공회의소 방문 접수**
접수 절차는 인터넷 접수와 동일
(수수료 면제)

나는 필기 합격! 이제 실기 준비!

## 2 시험 당일

**신분증·수험표**
준비물 잊지 말기!

수험표는 시험 당일까지
출력 가능하고 모바일 앱으로도
확인 가능(단, 신분증 별도 지참)

시험 시작 10분 전까지
시험장 도착

시험은 상공회의소에서 제공하는
컴퓨터로 응시

## 3 합격 발표

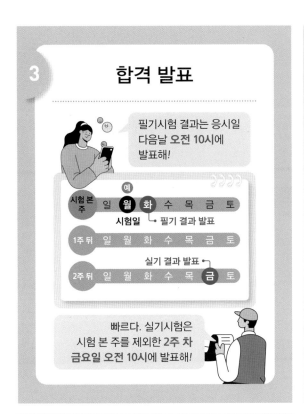

필기시험 결과는 응시일
다음날 오전 10시에
발표해!

예

| 시험 본 주 | 일 | **월** | **화** | 수 | 목 | 금 | 토 |

시험일 ← 필기 결과 발표

| 1주 뒤 | 일 | 월 | 화 | 수 | 목 | 금 | 토 |

실기 결과 발표 →

| 2주 뒤 | 일 | 월 | 화 | 수 | 목 | **금** | 토 |

빠르다. 실기시험은
시험 본 주를 제외한 2주 차
금요일 오전 10시에 발표해!

## 합격 기준

매 과목
100점 만점

| 등급 | 시험 방법 | 시험 과목 | 합격 기준 |
|---|---|---|---|
| 1급 | 필기 | 컴퓨터 일반 | 과목당 40점 이상, 평균 60점 이상 |
| | | 스프레드시트 일반 | |
| | | 데이터베이스 일반 | |
| | 실기 | 스프레드시트 실무 | 과목 모두 70점 이상 |
| | | 데이터베이스 실무 | |
| 2급 | 필기 | 컴퓨터 일반 | 과목당 40점 이상, 평균 60점 이상 |
| | | 스프레드시트 일반 | |
| | 실기 | 스프레드시트 실무 | 70점 이상 |

## 4 자격증 신청

드디어
필기, 실기
모두 합격!

합격을
축하합니다

https://license.korcham.net

마이페이지 → 자격증 신청 →
종목 선택 → 인적 사항 확인 →
신청 내역 확인 → 우편 발송

## 5 자격증 발급

합격자는 필요시 홈페이지 또는
모바일에서 자격증 발급 신청을 할 수 있어.
이때 자격증 수수료는 3,100원이고,
우편 배송료는 2,800원이야.
자격증을 신청하면 10~15일 이내에
받을 수 있어.

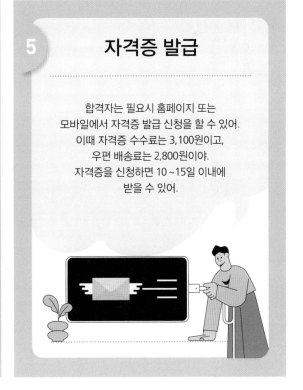

**컴퓨터활용능력**

**Q1** 컴퓨터활용능력 2급 필기시험에 합격했는데, 합격 유효 기간이 궁금해요?

컴퓨터활용능력 2급 필기시험은 합격일 기준 2년간 실기시험에 응시할 수 있습니다.

**Q2** 컴퓨터활용능력 2급 실기시험 응시 버전이 궁금해요?

2024년부터 실기 프로그램은 MS Office LTSC Professional Plus 2021로 진행됩니다. MS Office 2019, MS Office 365로도 시험 준비를 할 수 있습니다. 하지만 실제 시험 응시는 MS Office 2021로 치루며, 일부 메뉴 위치나 기능의 차이가 있어서 버전 차이에 관한 부분은 고려하셔야 합니다.

**Q3** 필기 시험장과 실기 시험장을 다르게 선택해도 되나요?

필기시험 합격 후 실기시험 접수는 국내 모든 시험장에서 할 수 있습니다.

**Q4** 실기시험 합격자 발표 전 중복 접수가 가능한가요?

시험 응시 후 불합격했다고 생각된다면 합격자 발표 전에 추가 접수가 가능합니다.

**Q5** 컴퓨터활용능력 1급 필기시험에 합격했지만 1급 실기가 너무 어려워서 2급 실기시험을 보고 싶은데 가능할까요?

컴퓨터활용능력 1급 필기 합격자의 경우 합격 유효 기간 2년 동안 1급과 2급 실기시험을 모두 응시할 수 있습니다.

**Q6** 시험을 하루 여러 번 접수할 수 있나요?

같은 급수의 경우 하루 1회만 응시할 수 있습니다. 다른 급수의 경우는 같은 날 시간을 달리하여 시험에 접수할 수 있습니다.

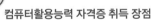

## 컴활, 알아 두면 좋은 TIPS!

### 컴퓨터활용능력 자격증 취득 장점
일부 공무원 시험 및 300여개 공공기관, 민간기관에서 승진 및 취업 시 가산점을 받을 수 있고, 엑셀의 기본적인 활용을 익혀 효율적으로 업무를 처리할 수 있도록 도움을 줍니다.

### EBS 컴퓨터활용능력의 강점
− 컴퓨터 공부에 두려움이 많은 분들, 비전공자분들도 어렵지 않게 풀 수 있도록 깔끔하고 꼼꼼한 개념 정리와 최신 기출 문제 풀이 함께 진행
− 학습 중 궁금한 사항은 강사가 직접 Q&A 피드백 진행
− 시간·장소에 구애받지 않는 학습 환경 속에서 집중력 향상

### 효율적인 실기 학습법
− 개념을 확실하게 이해해야 기출문제를 풀 때도 시험의 패턴 이 잘 보이고 더욱 효율적인 시험 준비가 가능합니다.
− 아는 문제부터 풀어 보고 모르는 문제는 체크한 후 마지막 에 풉니다. 주어진 시간 내에 풀 수 있도록 연습하는 것이 중 요합니다.
− 기출문제를 풀 때 타이머를 맞춰 놓고 실전처럼 시험 시간 (2급 40분, 1급 과목별 45분) 내에 푸는 연습을 반복하면 실 제 시험장에서 조급함 없이 시간 관리를 할 수 있습니다.
− 강의 후 반드시 당일 복습해 조작법을 손에 익히도록 합니다.
− 틀린 문제는 오답 정리로 확실하게 짚고 넘어가도록 합니다.

이론에서 실전까지
기초에서 심화까지
교재에서 모바일까지

**한 번**에 **만**나는 컴퓨터활용능력 수험서

한 · 번 · 만

**EBS** 컴퓨터활용능력 2급 실기

# 한.번.에. 이론

# 기본 작업

▶ 기본 작업은 기본 작업-1, 기본 작업-2, 기본 작업-3 총 3문항이 출제되며, 배점은 20점이다.

▶ 기본 작업-1은 문제에서 주어진 자료를 서식 없이 입력하는 문제이며, 배점 5점의 1문항이 출제된다. 입력만 하면 되는 문제로 난이도가 높지 않아 점수를 획득하기 쉬운 유형이다.

▶ 기본 작업-2는 서식을 지정하는 문제가 출제되며 배점 각 2점의 5문항이 출제된다. 자주 출제되는 유형은 병합하고 가운데 맞춤 서식, 글꼴 서식(글꼴, 글꼴 크기, 글꼴 스타일), 사용자 지정 서식(표시 형식), 채우기 색, 맞춤, 테두리, 특수 문자 삽입, 한자 변환, 메모 삽입, 이름 정의, 셀 스타일 등이다. 기본 작업-2 문제도 난이도가 높지 않아 점수를 획득하기가 쉬운 유형이다.

▶ 기본 작업-3은 배점 5점의 1문항이 출제된다. 조건부 서식, 고급 필터, 자동 필터, 외부 데이터 가져오기, 텍스트 나누기, 붙여넣기-그림, 연결된 그림에서 주로 출제된다. 기본 작업 중 난이도가 높고, 실수가 잦은 부분이기 때문에 각 유형에 대한 확실한 이해가 필요하다.

www.ebs.co.kr/compass

# 기본 작업 01 자료 입력

- 자료 입력은 한 글자라도 오타가 있으면 부분 점수 없이 5점 전체가 감점된다. 특히 데이터를 입력하면서 습관적으로 불필요한 띄어쓰기를 입력하는 것을 주의한다.
- 실제 시험에서는 다른 작업(기본 작업-2, 기본 작업-3, 계산 작업, 분석 작업, 기타 작업) 문제를 푼 뒤 마지막에 작업하도록 한다.

## 1 출제 유형 이해

www.ebs.co.kr/compass(엑셀 실습 파일 다운로드)

- 날짜 데이터 입력 시 연, 월, 일 사이에 하이픈(-) 또는 슬러시(/)를 넣어 준다.
- 숫자를 01과 같이 입력하기 위해서는 맨 앞에 아포스트로피(')를 붙여 '01로 입력한다. 아포스트로피(')를 붙여 숫자가 텍스트로 입력되면 왼쪽 상단에 오류 표시가 나타나는데, 오류 표시를 그대로 두거나 오류 메시지에서 '오류 무시'를 클릭해 오류 표시를 없앤다.

<문제 2>의 [D1] 셀처럼 두 줄로 입력된 데이터는 첫 번째 줄의 데이터를 입력한 후 Alt + Enter 를 눌러서 두 번째 줄에 내용을 입력할 수 있다.

### 문제 1 '기본 작업-1' 시트에 다음의 자료를 주어진 대로 입력하시오. (5점)

| | A | B | C | D | E | F | G | H |
|---|---|---|---|---|---|---|---|---|
| 1 | 렌트카 대여 현황 | | | | | | | |
| 2 | | | | | | | | |
| 3 | 순번 | 관리코드 | 모델 | 구분 | 대여일자 | 대여료 (1일 요금) | 할인율 | |
| 4 | 01 | L5-356 | K5 | 중형 세단 | 2023-01-02 | 55,000 | 32% | |
| 5 | 03 | M3-551 | 쏘나타 | 중형 세단 | 2023-03-08 | 77,000 | 45% | |
| 6 | 05 | ES-390 | BMW520 | 준대형 세단 | 2023-03-11 | 140,000 | 33% | |
| 7 | 04 | W2-675 | 그랜저 | 준대형 세단 | 2024-03-06 | 80,000 | 31% | |
| 8 | 07 | Y9-903 | 팰리세이드 | 준대형 SUV | 2024-03-08 | 91,200 | 29% | |
| 9 | 02 | C2-458 | 랜드로버 디펜더 | 중형 SUV | 2025-02-10 | 153,000 | 28% | |
| 10 | 06 | H7-120 | 쏜타페 | 중형 SUV | 2025-03-05 | 70,000 | 25% | |
| 11 | | | | | | | | |
| 12 | | | | | | | | |

### 문제 2 '기본 작업-1(2)' 시트에 다음의 자료를 주어진 대로 입력하시오. (5점)

| | A | B | C | D | E | F | G | H | I | J |
|---|---|---|---|---|---|---|---|---|---|---|
| 1 | 상품코드 | 상품명 | 구매자수 | 판매금액 (단위:원) | 재고량 | 입고일 | | | | |
| 2 | AB-0011 | 스커트 | 812 | 120000 | 20 | 19/11/16(토) | | | | |
| 3 | BO-2201 | 바지 | 887 | 100000 | 15 | 20/11/16(월) | | | | |
| 4 | CD-1004 | 자켓 | 1854 | 110000 | 20 | 19/10/28(토) | | | | |
| 5 | ZE-0812 | 조끼 | 2009 | 98000 | 2 | 23/11/16(토) | | | | |
| 6 | BO-1734 | 스커트 | 223 | 120000 | 3 | 18/11/16(금) | | | | |
| 7 | DD-2234 | 바지 | 300 | 100000 | 25 | 19/11/16(토) | | | | |
| 8 | PZ-1138 | 남방 | 1004 | 99000 | 20 | 22/11/16(수) | | | | |
| 9 | | | | | | | | | | |
| 10 | | | | | | | | | | |
| 11 | | | | | | | | | | |

# 셀 서식

● 셀 서식이란 셀 혹은 셀 안에 입력되는 데이터를 꾸며주는 기능이다.
● 매번 동일한 유형이 출제되는 것을 대비해 기능별 단축키를 익혀 둔다.
  (셀 서식: Ctrl + 1, 메모 삽입: Shift + F2)
● 사용자 지정 표시 형식 유형을 정확히 이해한다.

## 1 출제 유형 이해

www.ebs.co.kr/compass(엑셀 실습 파일 다운로드)

**문제 1** '기본작업-2' 시트에 대하여 다음의 지시사항을 처리하시오. (각 2점)

| | A | B | C | D | E | F | G | H | I |
|---|---|---|---|---|---|---|---|---|---|
| 1 | | | | | | | | | |
| 2 | | | | ※EBS 회원 현황※ | | | | | |
| 3 | | | | | | | | | |
| 4 | 담당쌤 | 학생코드 | 수강생 | 성별  | 연령대 | 등록일 | 수강료 | 수강기간 | |
| 5 | 지원쌤 | AB-01 | 이승호 | 남 | 10대 | 2023-01-02 | 80,000원 | 4주 | |
| 6 | | CD-03 | 윤서연 | 여 | 20대 | 2023-02-02 | 30,000원 | 3주 | |
| 7 | | BC-02 | 송재민 | 남 | 30세 | 2023-04-03 | 40,000원 | 2주 | |
| 8 | 승준쌤 | DE-04 | 최이원 | 여 | 30대 | 2024-08-15 | 80,000원 | 4주 | |
| 9 | | EF-05 | 장은영 | 여 | 20세 | 2024-09-06 | 30,000원 | 3주 | |
| 10 | | FG-06 | 최민우 | 남 | 40세 | 2024-11-12 | 40,000원 | 4주 | |
| 11 | 평균값 | | | | | | 50,000원 | 3주 | |
| 12 | | | | | | | | | |

① [A2:H2] 영역은 '병합하고 가운데 맞춤', 글꼴 '굴림체', 글꼴 크기 '15', 글꼴 스타일 '굵게', 밑줄 '이중 밑줄'로 지정하고 문자열 앞 뒤로 특수 문자 '※'를 삽입하시오.
② [A5:A7], [A8:A10] 영역은 '병합하고 가운데 맞춤'을 지정하고, [A4:H4] 영역은 채우기 색 '표준 색 – 주황', 글꼴 색 '표준 색 – 자주'로 지정하시오.
③ [G5:G11] 영역은 사용자 지정 표시 형식을 이용하여 숫자 뒤에 '원', [H5:H11] 영역은 숫자 뒤에 '주'를 [표시 예]와 같이 표시하시오.
  [ 표시 예: 100000 → 100,000원, 5 → 5주 ]
④ [C5] 셀에 '수강 종료'라는 메모를 삽입한 후 항상 표시되도록 지정하고, 메모 서식에서 맞춤 '자동 크기'를 설정하시오.
⑤ [A4:H11] 영역에 '가로 가운데 맞춤'과 '모든 테두리'를 적용한 후 '굵은 바깥쪽 테두리'를 적용하여 표시하시오.

**[풀이]**

1. [A2:H2] 범위를 선택하고 [홈] → [맞춤] → [병합하고 가운데 맞춤]을 선택한 후 [글꼴]을 **굴림체**, [글꼴 크기]를 **15**로 직접 입력하고 [굵게]를 선택한 뒤 [밑줄]은 '이중 밑줄'을 선택한다.

[글꼴] '굴림'과 '굴림체'는 다르기 때문에 문제에서 주어진 글꼴을 정확하게 입력하고 Enter를 눌러 서식을 지정한다.

여러 셀을 선택할 때 Ctrl과 Shift를 사용한다.
 - Ctrl : 비 연속적 범위를 선택한다.
 - Shift : 연속적 범위를 선택한다.

2. 서식 지정이 마무리되면 제목 맨 앞쪽에 커서를 두고 한글 ㅁ을 입력한 뒤 한자를 누른다.

3. 특수 문자 목록 창이 활성화되면 '※'를 찾아 선택한다. 문자열 앞쪽에 삽입한 특수 문자를 드래그해 범위를 지정하고 복사(Ctrl + C)한 후 제목 맨 뒤쪽에 커서를 두고 붙여넣기(Ctrl + V) 한다.

4. [A5:A7] 범위를 선택하고 Ctrl을 누른 채 [A8:A10] 범위도 선택한다. 범위가 지정된 상태에서 [홈] → [맞춤] → [병합하고 가운데 맞춤]을 선택한다.

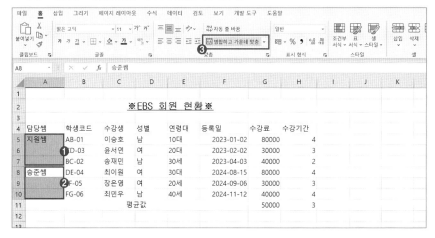

5. [A4:H4] 범위를 선택한 후 [글꼴] → [채우기 색] → '표준 색 - 주황', [글꼴] → [글꼴 색] → '표준 색 - 자주'를 선택한다.

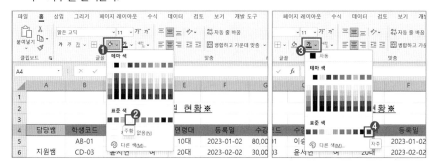

6. [G5:G11] 범위를 선택한 후 마우스 오른쪽을 클릭해 [셀 서식] 메뉴를 클릭하거나 혹은 Ctrl + 1을 눌러 [셀 서식] 대화 상자를 실행한다.

7. [표시 형식] 탭에서 '사용자 지정'을 선택한 후 형식 입력 창에 **#,##0"원"**을 입력하고 확인을 클릭한다.

8. [H5:H11] 범위도 같은 방법으로 [셀 서식] → [표시 형식] → '사용자 지정'을 선택한 후 형식 입력 창에 **0"주"**를 입력하고 확인을 클릭한다.

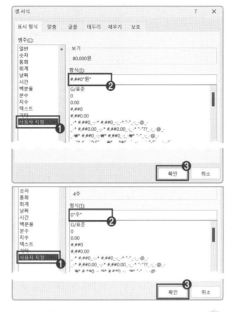

---

### [홈] → 표시 형식

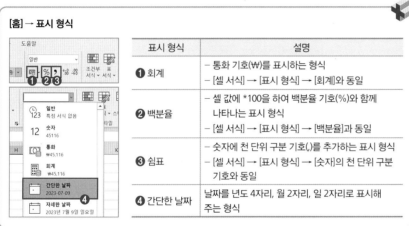

| 표시 형식 | 설명 |
|---|---|
| ❶ 회계 | - 통화 기호(₩)를 표시하는 형식<br>- [셀 서식] → [표시 형식] → [회계]와 동일 |
| ❷ 백분율 | - 셀 값에 *100을 하여 백분율 기호(%)와 함께 나타나는 표시 형식<br>- [셀 서식] → [표시 형식] → [백분율]과 동일 |
| ❸ 쉼표 | - 숫자에 천 단위 구분 기호(,)를 추가하는 표시 형식<br>- [셀 서식] → [표시 형식] → [숫자]의 천 단위 구분 기호와 동일 |
| ❹ 간단한 날짜 | 날짜를 년도 4자리, 월 2자리, 일 2자리로 표시해 주는 형식 |

---

### 자주 사용되는 사용자 지정 서식 코드

| | 표시 형식 | 설명 |
|---|---|---|
| 숫자 서식 코드 | 0 | 유효하지 않은 자릿수는 모두 0으로 표시 |
| | # | 유효한 자릿수만 표시(0은 표시되지 않는다.) |
| | 쉼표(,) | - 서식 코드 가운데: 1,000 단위 구분 기호<br>- 서식 코드 뒤: 쉼표 하나당 오른쪽 3자리 반올림(1,000의 배수 표현) |
| | 마침표(.) | 마침표 뒤에 붙은 0이나 # 개수만큼 소수점 자릿수 표현 |
| 문자 서식 코드 | @ | 문자를 대신하는 기호 |
| | * | * 뒤에 붙은 기호를 열의 너비만큼 반복하는 기호 |
| | " " | 문자 입력 시 사용하는 기호(주로 단위를 입력할 때 많이 사용한다.) |
| 날짜 서식 코드 | yyyy | 연도를 네 글자로 표시 |
| | yy | 연도를 두 글자로 표시 |

| | m | 월을 한 글자로 표시(예 1~12) |
|---|---|---|
| | mm | 월을 두 글자로 표시(예 01~12) |
| | mmm | 월을 영어 세 글자로 표시(예 Jan~Dec) |
| | mmmm | 월을 영어로 표시(예 January~December) |
| 날짜 서식<br>코드 | d | 일을 한 글자는 한 글자, 두 글자는 두 글자로 그대로 표시(예 1~31) |
| | dd | 일을 모두 두 글자로 표시(예 01~31) |
| | ddd | 요일을 영어 세 글자로 표시(예 Sun~Sat) |
| | dddd | 요일을 영어로 표시(예 Sunday~Saturday) |
| | aaa | 요일을 한글 한 글자로 표시(예 월~일) |
| | aaaa | 요일을 한글로 표시(예 월요일~일요일) |

9. [C5] 셀에서 마우스 오른쪽을 클릭하여 [메모 삽입] 메뉴를 클릭하거나 Shift + F2 를 눌러 메모를 삽입한 후 기존 사용자 이름을 지우고 **수강 종료**를 입력한다.

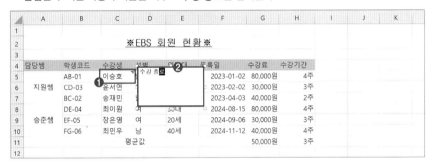

10. [C5] 셀에서 마우스 오른쪽을 클릭하여 [메모 표시/숨기기] 메뉴를 클릭한다.

11. 메모 상자 테두리를 선택하고 마우스 오른쪽을 클릭해 [메모 서식]을 선택한 후 [메모 서식] 대화 상자가 실행되면 [맞춤]에서 '자동 크기'를 체크하고 확인 을 클릭한다.

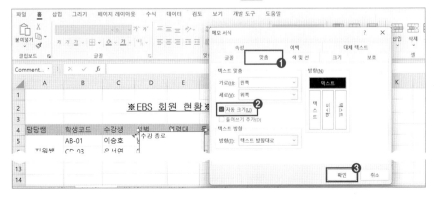

메모 작성 시 불필요한 띄어 쓰기나 Enter 를 누르지 않 도록 한다.

**12.** [A4:H11] 범위를 선택한 후 [홈] → [맞춤] → 가로 [가운데 맞춤]을 선택하고 [홈] → [글꼴] → [테두리] → [모든 테두리]를 선택한다.

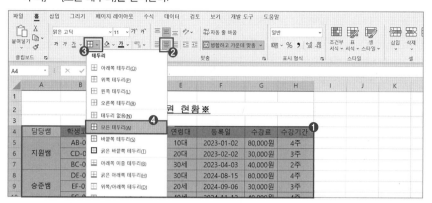

**13.** 범위를 유지한 채 다시 [테두리] → [굵은 바깥쪽 테두리]를 선택한다.

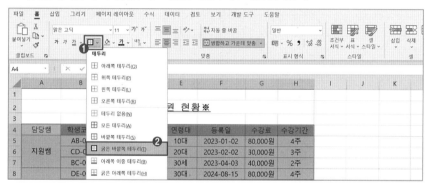

---

**문제 2** '기본 작업-2(2)' 시트에 대하여 다음의 지시사항을 처리하시오. (각 2점)

| | A | B | C | D | E | F | G | H | I | J | K |
|---|---|---|---|---|---|---|---|---|---|---|---|
| 1 | | | | 임금 명세서 | | | | | | | |
| 2 | | | | | | | | | | | |
| 3 | 사번 | 성명 | 직급 | 근속년수 | 基本給 | 연장근로수당 | 야간근로수당 | | | | |
| 4 | 17127 | 김민준 님 | 사원 | 3 | 2,000,000 | 396,700 | 16,540 | | | | |
| 5 | 17126 | 이도윤 님 | 대리 | 4 | 2,500,000 | 456,000 | 56,000 | | | | |
| 6 | 17124 | 오승준 님 | 부장 | 15 | 3,500,000 | 330,000 | 99,000 | | | | |
| 7 | 17123 | 최은영 님 | 과장 | 16 | 4,000,000 | 556,000 | 21,000 | | | | |
| 8 | 17125 | 장우진 님 | 대리 | 5 | 2,500,000 | 380,560 | 20,000 | | | | |
| 9 | 17128 | 임지영 님 | 사원 | 2 | 2,000,000 | 180,400 | 10,000 | | | | |

① [A1:G1] 영역은 '병합하고 가운데 맞춤', 글꼴 '돋움', 글꼴 크기 '18', 글꼴 스타일 '굵게'로 지정하고 행 높이를 '25'로 지정하시오.

② [A3:G3] 영역은 '셀에 맞춤' 후 스타일 '강조색1'을 지정하시오.

③ [C4:C9] 영역의 이름을 '직급'으로 지정하시오.

④ [E3] 셀의 '기본급'을 '基本給' 한자로 지정하시오.

⑤ [E4:G9] 영역은 '쉼표 스타일'로 지정하고, [B4:B9] 영역은 셀 서식의 사용자 지정 표시 형식을 이용해 문자 뒤에 '님'을 [표시 예]와 같이 표시하시오.
[ 표시 예: 펭수 → 펭수 님 ]

## [풀이]

1. [A1:G1] 범위를 선택하고 [홈] → [맞춤] → [병합하고 가운데 맞춤]을 선택한 후 [글꼴]을 **돋움**, [글꼴 크기] **18**로 직접 입력하고 [굵게]를 선택한다.

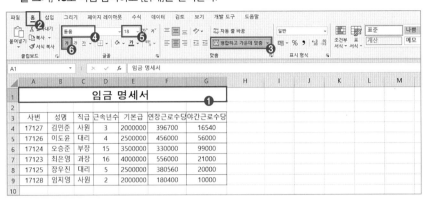

2. 1행의 행 머리글을 선택한 후 마우스 오른쪽을 클릭하고 [행 높이] 메뉴를 선택한다.
   [행 높이] 대화 상자가 실행되면 **25**를 입력한 후 확인 을 클릭한다.

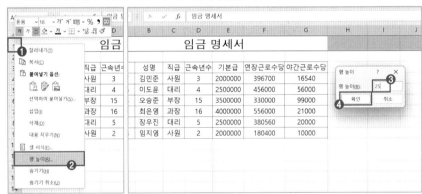

3. [A3:G3] 범위를 선택한 후 Ctrl + 1 을 눌러 [맞춤] → [텍스트 조정] → '셀에 맞춤'을 체크하고 확인 을 클릭한다.

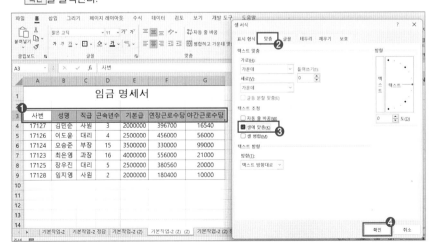

**4.** [홈] → [스타일] → [셀 스타일] → '강조색1'을 선택한다.

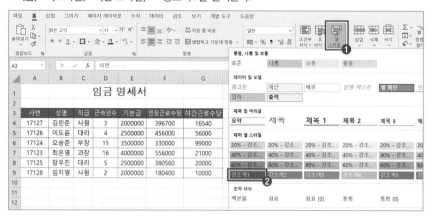

**5.** [C4:C9] 범위를 선택한 후 이름 상자에 **직급**을 입력하고 `Enter`를 누른다.

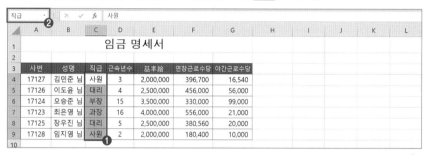

---

**[이름 정의 수정 방법]**

1. `Ctrl` + `F3`을 눌러 [이름 관리자] 대화 상자에서 삭제할 이름을 선택한 뒤 `삭제`를 클릭하고 [삭제 확인] 대화 상자가 나타나면 `확인`을 클릭한다.

2. 워크시트의 [이름 상자]로 돌아와 이름을 다시 작성하고 `Enter`를 눌러 완료한다.

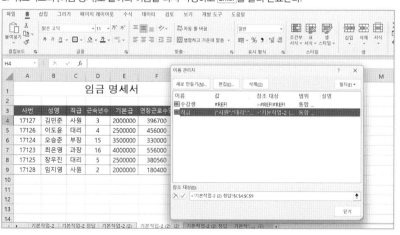

---

**6.** [E3] 셀을 더블클릭하여 '기본급' 범위를 지정한 후 `한자`를 누른다. [한글/한자 변환] 대화 상자에서 '基本給'을 선택하고 입력 형태는 '漢字'를 선택한 후 `변환`을 클릭한다.

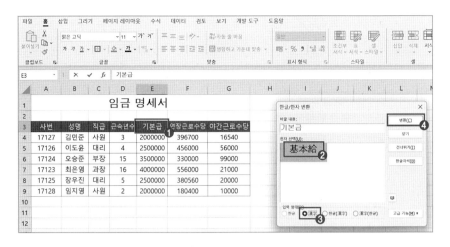

7. [E4:G9] 범위를 선택한 후 [홈] → [표시 형식] → [쉼표 스타일(,)]을 선택한다.

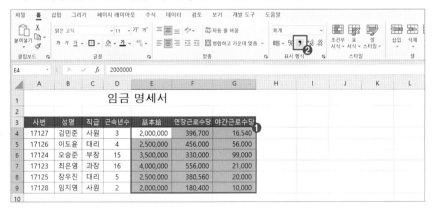

[표시 예]를 반드시 확인하여 문자와 단위 사이에 띄어쓰기가 있는지 없는지 주의한다.

8. [B4:B9] 범위를 선택한 후 Ctrl + 1을 눌러 [셀 서식] 대화 상자를 실행한다. [표시 형식] → '사용자 지정'을 선택한 후 형식 입력 창에 @ "님"을 입력하고 확인을 클릭한다. 이때 @와 "님" 사이에 한 칸 띄어쓰기를 반드시 입력하여 [표시 예]와 동일하게 표시하도록 한다.

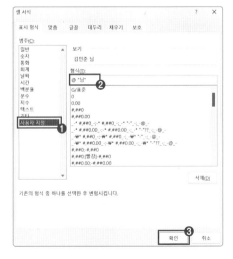

**문제 3**  '기본 작업-2(3)' 시트에 대하여 다음의 지시사항을 처리하시오. (각 2점)

| 파일 | 홈 | 삽입 | 그리기 | 페이지 레이아웃 | 수식 | 데이터 | 검토 | 보기 | 개발 도구 | 도움말 |

P27

| | A | B | C | D | E | F | G | H | I | J | K | L |
|---|---|---|---|---|---|---|---|---|---|---|---|---|
| 1 | | | 스쿠터 판매 현황 | | | | | | | | | |
| 2 | | | | | | | | | | | | |
| 3 | 판매지점 | 물품코드 | 제품명 | 판매일자 | 가격<br>(단위:원) | 판매<br>개수 | | | | | | |
| 4 | 서울지점 | A-101 | 픽시 | 2023-08-12 (토) | 998,000원 | 45 | | | | | | |
| 5 | 경기지점 | A-102 | 도미니크 | 2023-11-15 (수) | 1,238,000원 | 36 | | | | | | |
| 6 | 서울지점 | B-103 | 로드 | 2024-05-28 (화) | 879,000원 | 76 | | | | | | |
| 7 | 경기지점 | B-104 | 더트 | 2024-08-09 (금) | 1,560,000원 | 50 | | | | | | |
| 8 | 부산지점 | C-105 | 삼천 | 2025-09-09 (화) | 1,120,000원 | 66 | | | | | | |
| 9 | 부산지점 | C-106 | 어썸 | 2025-06-07 (토) | 770,000원 | 89 | | | | | | |
| 10 | | | 총 판매 개수 | | 362 | | | | | | | |
| 11 | | | | | | | | | | | | |
| 12 | | | | | | | | | | | | |
| 13 | 제품명 | 할인<br>가격 | | | | | | | | | | |
| 14 | 픽시 | 299,400원 | | | | | | | | | | |
| 15 | 도미니크 | 123,800원 | | | | | | | | | | |
| 16 | 로드 | 87,900원 | | | | | | | | | | |
| 17 | 더트 | 312,000원 | | | | | | | | | | |
| 18 | 삼천 | 448,000원 | | | | | | | | | | |
| 19 | 어썸 | 231,000원 | | | | | | | | | | |

① [A1:F1] 영역은 맞춤을 '가로', '선택 영역의 가운데로', 글꼴 '궁서체', 크기 '17', 글꼴 스타일 '굵게', '밑줄'로 지정하시오.

② [G3:G9] 영역을 [A3:A9] 영역의 왼쪽으로 이동하시오.

③ [D4:D9] 영역을 사용자 지정 표시 형식을 이용하여 [표시 예]와 같이 날짜를 표시하고, [E4:E9] 영역은 천 단위 구분 기호와 함께 숫자 뒤에 '원'을 표시하시오.

  [ 표시 예 : 2025-5-5 → 2025-05-05 (월), 0 → 0원, 200000 → 200,000원 ]

④ [E4:E9] 가격 영역을 복사하여 [B14:B19] 영역에 '연산 곱하기' 기능으로 '선택하여 붙여넣기'를 하시오.

⑤ [A3:F10] 영역에 '모든 테두리'를 지정한 후 [A10], [F10] 셀에 'X' 모양의 대각선을 선 스타일은 '실선', 선 색상은 '표준 색 – 파랑'으로 지정하여 표시하시오.

**[풀이]**

1. [A1:F1] 범위를 선택한 후 Ctrl + 1 을 눌러 [셀 서식] → [맞춤] → '가로' → '선택 영역의 가운데로'를 선택한다. [글꼴] 탭에서 '궁서체', 글꼴 스타일 '굵게', 크기 '17', 밑줄 '실선'을 선택한 후 확인 을 클릭한다.

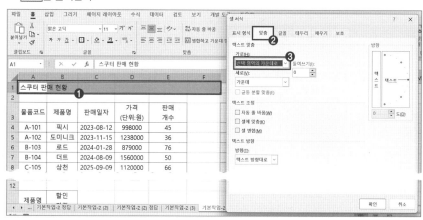

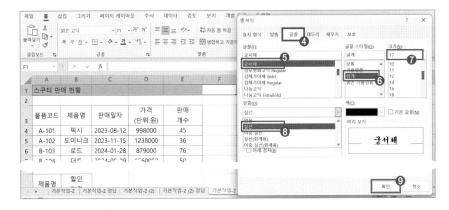

2. [G3:G9] 범위를 선택하고 Ctrl + X 를 눌러 잘라내기 한 후 [A3:A9] 범위를 선택하고 마우스 오른쪽을 클릭해 [잘라낸 셀 삽입] 메뉴를 선택한다.

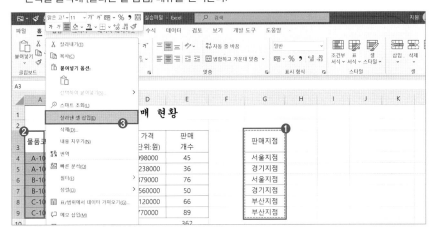

3. [D4:D9] 범위를 선택한 후 Ctrl + 1 을 눌러 [표시 형식]에서 '사용자 지정'을 선택한다. 형식 입력 창에 **yyyy-mm-dd (aaa)**를 입력하고 확인 을 클릭한다.

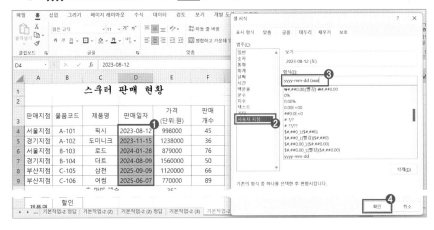

4. [E4:E9] 범위도 같은 방법으로 [셀 서식] → [표시 형식] → '사용자 지정'을 선택한 후 형식 입력 창에 **#,##0"원"**을 입력하고 확인 을 클릭한다.

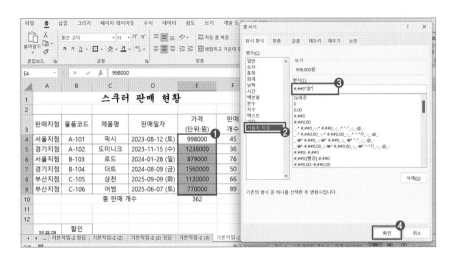

5. [E4:E9] 범위를 선택하고 Ctrl + C 를 눌러 복사한 후 [B14:B19] 범위를 선택한다. [홈] → [클립보드] → [붙여넣기] → [선택하여 붙여넣기]를 선택한다. [선택하여 붙여넣기] 대화 상자가 실행되면 연산에서 '곱하기'를 선택하고 확인 을 클릭한다.

선택하여 붙여넣기 바로 가기 키: Ctrl + Alt + V

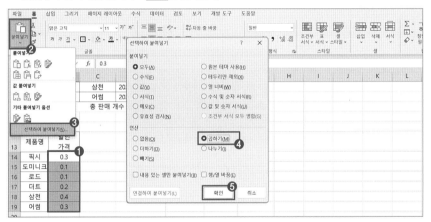

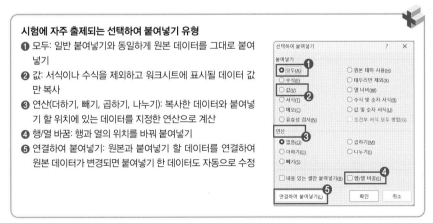

**시험에 자주 출제되는 선택하여 붙여넣기 유형**

❶ 모두: 일반 붙여넣기와 동일하게 원본 데이터를 그대로 붙여넣기

❷ 값: 서식이나 수식을 제외하고 워크시트에 표시될 데이터 값만 복사

❸ 연산(더하기, 빼기, 곱하기, 나누기): 복사한 데이터와 붙여넣기 할 위치에 있는 데이터를 지정한 연산으로 계산

❹ 행/열 바꿈: 행과 열의 위치를 바꿔 붙여넣기

❺ 연결하여 붙여넣기: 원본과 붙여넣기 할 데이터를 연결하여 원본 데이터가 변경되면 붙여넣기 한 데이터도 자동으로 수정

6. [A3:F10] 범위를 선택한 후 [홈] → [글꼴] → [테두리] → [모든 테두리]를 선택한다.

7. [A10] 셀을 선택한 후 Ctrl를 누른 채 [F10] 셀을 선택한다. 두 셀의 범위가 선택된 상태에서 Ctrl + 1을 눌러 [셀 서식] 대화 상자의 [테두리]에서 색 '표준 색 – 파랑', 테두리 '/' 괘선과 '\' 괘선을 선택한 후 확인을 클릭한다.

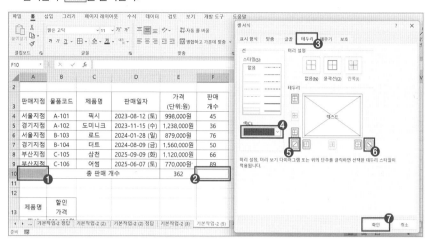

30%

상

난이도

출제 비중

◈ 주어진 규칙만을 사용하여 문제를 풀어야 한다.
◈ 조건부 서식은 필드명을 범위에 포함하지 않는다.
◈ 조건부 서식을 지정할 범위는 왼쪽 상단부터 드래그해 범위를 지정한다. 범위를 거꾸로 지정하지 않도록 주의한다.
◈ 참조를 정확히 이해한다. 수식을 사용하여 조건에 해당하는 값에 서식을 지정할 때는, 행 전체인 경우 열을 고정하고, 열 전체인 경우 행을 고정한다.
◈ 조건부 서식은 한 개의 규칙으로만 작성해야 하므로 응시 중에 실수로 잘못 지정한 부분은 수정 또는 삭제할 수 있도록 연습한다.

## 1 개념 학습

● 조건부 서식이란 조건을 만족하는 셀 또는 범위에 서식을 적용하는 기능이다.
● 가장 많이 출제되는 유형은 함수를 이용해 규칙을 작성한 후 조건에 맞는 행 전체에 서식을 적용하는 문제이다. 그 외에도 셀 강조 규칙, 상위/하위 규칙을 적용하는 문제가 출제된다.

**[비교 연산자]**

| >= | 이상(크거나 같다) | <= | 이하(작거나 같다) |
|---|---|---|---|
| > | 초과(크다) | < | 미만(작다) |
| = | 같다 | <> | 같지 않다 |

**[수식 작성법]**

① 수식 입력 시 반드시 등호(=)를 먼저 입력하고 차례대로 함수명, 왼쪽 괄호, 인수, 오른쪽 괄호순으로 입력한다.

② 각각의 인수는 쉼표(,)로 구분되고 인수의 범위는 콜론(:)으로 표시가 된다.

③ 문자열을 인수로 사용하기 위해서는 큰따옴표(" ")로 묶어줘야 한다. 숫자나 날짜를 인수로 사용할 때는 큰따옴표를 사용하지 않는다.

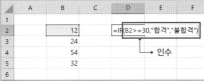

**[참조]**

① 참조란 다른 셀(범위)의 값을 가져오는 것을 의미한다.

② F4를 이용해서 참조 형태 변경한다. $는 고정을 의미한다.

B6(상대 참조) → F4를 누름 → $B$6 (절대 참조) → F4를 누름 → B$6(행 고정 혼합 참조) →
F4를 누름 → $B6(열 고정 혼합 참조) → F4를 누름 → B6 (상대 참조)

---

## 2 출제 유형 이해

www.ebs.co.kr/compass(엑셀 실습 파일 다운로드)

> **문제 1** [C6:C13] 영역에서 '부장'을 포함하지 않은 셀에는 채우기 색을 '표준 색 –
> 연한 녹색'을, [F6:F13] 영역에는 상위 40%까지 '진한 빨강 텍스트가 있
> 는 연한 빨강 채우기 서식'을 적용하시오. (5점)
>
> ▶ 규칙 유형은 [셀 강조 규칙]과 [상위/하위 규칙]을 사용하시오.

**[풀이]**

**[셀 강조 규칙] 지정**

1. [C6:C13] 범위를 선택한 후 [홈] → [스타일] → [조건부 서식] → [셀 강조 규칙] → [기타 규칙]을
   선택한다.

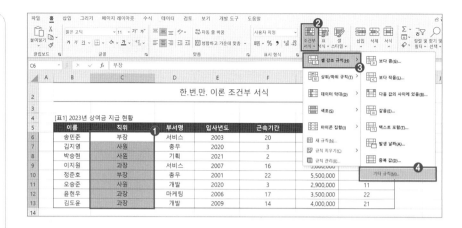

2. [새 서식 규칙] 대화 상자가 실행되면 규칙 유형을 '다음을 포함하는 셀만 서식 지정'을 선택한다. 규칙 설명 편집의 다음을 포함하는 셀만 서식 지정에 대해서는 '특정 텍스트', '포함하지 않음'을 선택한 후 **부장**을 입력하고 [서식]을 클릭한다. [셀 서식] 대화 상자가 실행되면 [채우기] 탭을 선택한 후 배경색을 표준 색 '연한 녹색'으로 선택하고 [확인]을 클릭한다.

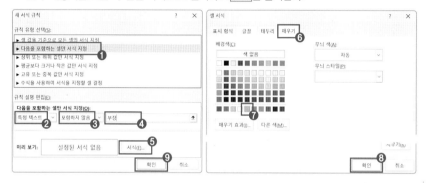

### [상위/하위 규칙] 지정

1. [F6:F13] 범위를 선택한 후 [홈] → [스타일] → [조건부 서식] → [상위/하위 규칙] → [상위 10%]를 선택한다.

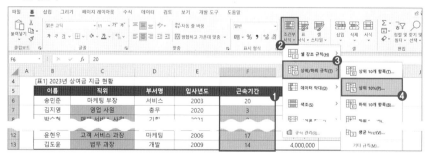

2. [상위 10%] 대화 상자가 실행되면 **40**을 입력한 후 '진한 빨강 텍스트가 있는 연한 빨강 채우기' 서식을 선택하고 [확인]을 클릭한다.

## [결과]

| | | | | | | | |
|---|---|---|---|---|---|---|---|
| | | | | | | | |
| | [표1] 2023년 상여금 지급 현황 | | | | | | |
| | 이름 | 직위 | 부서명 | 입사년도 | 근속기간 | 기본급 | 호봉 |
| | 송민준 | 마케팅 부장 | 서비스 | 2003 | 20 | 4,200,000 | 26 |
| | 김지영 | 영업 사원 | 총무 | 2020 | 3 | 2,700,000 | 11 |
| | 박승현 | 매체 서비스 사원 | 기획 | 2021 | 2 | 2,500,000 | 10 |
| | 이지원 | 영업 과장 | 서비스 | 2007 | 16 | 3,800,000 | 22 |
| | 정준호 | 재무 부장 | 총무 | 2001 | 22 | 5,500,000 | 29 |
| | 오승준 | 매체 서비스 사원 | 개발 | 2020 | 3 | 2,900,000 | 11 |
| | 윤현우 | 고객 서비스 과장 | 마케팅 | 2006 | 17 | 3,500,000 | 22 |
| | 김도윤 | 법무 과장 | 개발 | 2009 | 14 | 4,000,000 | 21 |

**문제 2** [B17:H24]에서 수강과목이 '컴활2급실기'이면서 수강기간이 3주 이상인 행 전체에 대해서 글꼴 스타일을 '굵게', 채우기 색을 '표준 색 – 노랑'으로 지정하는 조건부 서식을 작성하시오. (5점)

▶ AND 함수 사용
▶ 단, 규칙 유형은 '수식을 사용하여 서식을 지정할 셀 결정'을 사용하고, 한 개의 규칙으로만 작성하시오.

## [풀이]

**정답: =AND($D17="컴활2급실기",$F17>=3)**

1. [B17:H24] 범위를 선택한 후 [홈] → [스타일] → [조건부 서식] → [새 규칙]을 선택한다.

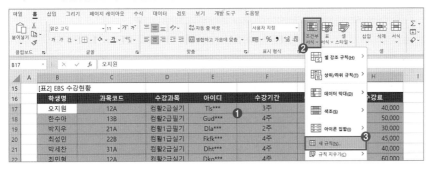

2. [새 서식 규칙] 대화 상자가 실행되면 규칙 유형 선택을 '수 식을 사용하여 서식을 지정할 셀 결정'을 선택한 후 **=AND ($D17="컴활2급실기",$F17>=3)**을 입력하고 [서식]을 클 릭한다.

AND 함수
- =AND(조건1, 조건2, 조건3, …)
- 입력한 모든 조건이 충족될 때 논리값 TRUE(참)을 반환한다.

### 조건1
지정한 범위[B17:H24]에서 수강과목 값이 "컴활2급실기"와 같은 데이터를 찾는다.
### 조건2
지정한 범위[B17:H24]에서 수강기간 값이 3 이상인 데이터를 찾는다.

"컴활2급실기"는 수강과목[D17], [D18] … [D24]와 같이 D열에만, 3 이상의 수강기간은 [F17], [F18] … [F24]와 같이 F열에만 입력되어 있기 때문에 조건부 서식의 수식을 입력할 때 $D, $F와 같이 열을 반드시 고정해야 한다.
※ 문제에서 '행 전체에 대하여'란 구문이 있으면 반드시 열 앞에 $를 붙인다.

**<열을 고정했을 때>**
열을 고정했기 때문에 어느 셀이든 수강과목[D열]에서 "컴활2급실기"와 같은 데이터를 검사한다.

**<열을 고정하지 않았을 때>**
고정하지 않으면 검사할 열이 이동되면서 아이디[E열], 수강기간[F열], 수강 등록일[G열], 수강료[H열]에서 "컴활2급실기"와 같은 데이터를 검사한다.

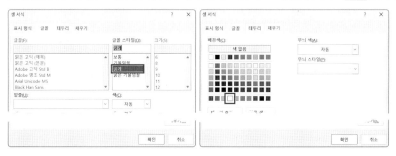

3. [글꼴] 탭에서 글꼴 스타일 '굵게', [채우기] 탭에서 '표준 색 – 노랑'을 선택하고 확인 을 클릭한다.

**4.** [새 서식 규칙] 대화 상자의 확인 을 클릭한다.

## [결과]

| | | | | | | |
|---|---|---|---|---|---|---|
| [표2] EBS 수강현황 | | | | | | |
| **학생명** | **과목코드** | **수강과목** | **아이디** | **수강기간** | **수강 등록일** | **수강료** |
| **오지원** | **12A** | **컴활2급실기** | **Tls\*\*\*** | **3주** | **2023-02-01** | **40,000** |
| 한수아 | 13B | 컴활2급필기 | Gud\*\*\* | 4주 | 2023-08-12 | 50,000 |
| 박지우 | 21A | 컴활1급필기 | Dla\*\*\* | 2주 | 2023-12-23 | 30,000 |
| 최성민 | 22B | 컴활1급실기 | Fkfk\*\*\* | 4주 | 2024-03-05 | 45,000 |
| **박세찬** | **31A** | **컴활2급실기** | **Dht\*\*\*** | **4주** | **2024-05-07** | **40,000** |
| **최민형** | **12A** | **컴활2급실기** | **Dko\*\*\*** | **4주** | **2025-09-09** | **60,000** |
| 송다솜 | 13B | 컴활1급실기 | Jpy\*\*\* | 3주 | 2025-10-27 | 40,000 |
| 김래원 | 23A | 컴활2급실기 | Yui\*\*\* | 2주 | 2024-04-18 | 60,000 |

● 열을 고정하지 않았을 때 잘못된 결과

| | | | | | | |
|---|---|---|---|---|---|---|
| [표2] EBS 수강현황 | | | | | | |
| **학생명** | **과목코드** | **수강과목** | **아이디** | **수강기간** | **수강 등록일** | **수강료** |
| 오지원 | 12A | 컴활2급필기 | Tls\*\*\* | 3주 | 2023-02-01 | 40,000 |
| 한수아 | 13B | 컴활1급실기 | Gud\*\*\* | 4주 | 2023-08-12 | 50,000 |
| 박지우 | 21A | 워드프로세서 | Dla\*\*\* | 2주 | 2023-12-23 | 30,000 |
| 최성민 | 22B | 컴활1급필기 | Fkfk\*\*\* | 3주 | 2024-03-05 | 45,000 |
| 박세찬 | 31A | 컴활2급실기 | Dht\*\*\* | 2주 | 2024-05-07 | 40,000 |
| 최민형 | 12A | 파이썬 | Dko\*\*\* | 4주 | 2025-09-09 | 60,000 |
| **송다솜** | 13B | 컴활2급실기 | Jpy\*\*\* | 3주 | 2025-10-27 | 40,000 |
| 김래원 | 23A | 파이썬 | Yui\*\*\* | 4주 | 2024-04-18 | 60,000 |

● 조건부 서식을 잘못 작성하여 편집 혹은 삭제할 경우

1. 규칙을 수정할 때: 조건부 서식을 지정한 임의의 셀 선택 후 [조건부 서식] → [규칙 관리]→ [규칙 편집]을 선택하여 서식 변경, 조건부 서식의 수식 변경이 가능하다.

2. 규칙을 삭제할 때: 조건부 서식을 지정한 임의의 셀 선택 후 [조건부 서식] → [규칙 관리]→ [규칙 삭제]를 선택한다.

3. 규칙을 적용할 대상(범위)를 수정할 때: [조건부 서식 규칙 관리자] → [적용 대상]의 범위를 다시 지정한다.

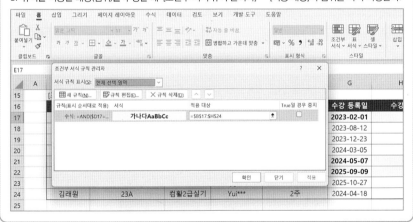

**문제 3** [B28:F35] 영역에서 2022년의 판매실적이 2025년 판매실적보다 큰 경우 행 전체에 대해서 글꼴 스타일을 '굵은 기울임꼴', 채우기 색을 '표준 색 – 연한 녹색'으로 지정하는 조건부 서식을 작성하시오. (5점)

▶ 단, 규칙 유형은 '수식을 사용하여 서식을 지정할 셀 결정'을 사용하고, 한 개의 규칙으로만 작성하시오.

[풀이]

**정답: =$C28>$F28**

1. [B28:F35] 범위를 선택한 후 [홈] → [스타일] → [조건부 서식] → [새 규칙]을 선택한다.
2. [새 서식 규칙] 대화 상자가 실행되면 규칙 유형 선택을 '수식을 사용하여 서식을 지정할 셀 결정'을 선택한 후 =$C28>$F28을 입력하고 서식 을 클릭한다.

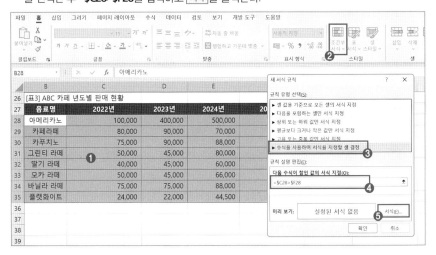

3. [글꼴] 탭에서 글꼴 스타일 '굵은 기울임꼴', [채우기] 탭에서 채우기 색 '표준 색 – 연한 녹색'을 선택하고 확인 을 클릭한다.
4. [새 서식 규칙] 대화 상자의 확인 을 클릭한다.

[결과]

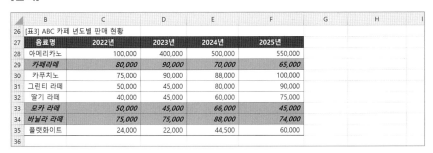

# 3 실전 문제 마스터

www.ebs.co.kr/compass(엑셀 실습 파일 다운로드)

> **문제 1** [A4:G11] 영역에서 2025년의 총 판매액이 400만 원 이상 800만 원 이하
> 이면서 비율이 5% 이상인 행 전체에 대해서 채우기 색을 '표준 색 – 노
> 랑'으로 지정하는 조건부 서식을 작성하시오. (5점)
>
> ▶ AND 함수 사용
> ▶ 단, 규칙 유형은 '수식을 사용하여 서식을 지정할 셀 결정' 을 사용하고, 한 개
>   의 규칙으로만 작성하시오.

[풀이]

정답: =AND($F4>=4000000,$F4<=8000000,$G4>=5%)

1. [A4:G11] 범위를 선택한 후 [홈] → [스타일] → [조건부 서식] → [새 규칙]을 선택한다.
2. [새 서식 규칙] 대화 상자가 실행되면 규칙 유형 선택을 '수식을 사용하여 서식을 지정할 셀 결정'
   을 선택한 후 =AND($F4>=4000000,$F4<=8000000,$G4>=5%)를 입력하고 서식 을 클릭한다.
3. [채우기] 탭에서 채우기 색 '표준 색 – 노랑'을 선택하고 확인 을 클릭한다.
4. [새 서식 규칙] 대화 상자의 확인 을 클릭한다.

[결과]

| | A | B | C | D | E | F | G | H |
|---|---|---|---|---|---|---|---|---|
| 1 | [표1] 판매표 | | | | | | | |
| 2 | 품목코드 | | 2024년 | | | 2025년 | | |
| 3 | | 품목 | 판매액 | 비율 | 품목 | 총 판매액 | 비율 | |
| 4 | SR-001 | 반팔 | 5,500,000 | 9% | 반팔 | 4,800,000 | 6% | |
| 5 | SR-002 | 긴팔 | 2,290,000 | 3% | 긴팔 | 2,000,000 | 2% | |
| 6 | SR-003 | 블라우스 | 2,500,000 | 2% | 블라우스 | 3,750,000 | 15% | |
| 7 | SR-004 | 수영복 | 4,567,000 | 2% | 수영복 | 5,700,000 | 3% | |
| 8 | SR-005 | 가디건 | 1,750,000 | 1.5% | 가디건 | 7,500,000 | 2% | |
| 9 | SR-006 | 스키복 | 2,783,900 | 3% | 스키복 | 8,000,000 | 5% | |
| 10 | SR-007 | 임부복 | 1,200,000 | 6% | 임부복 | 3,500,000 | 17% | |
| 11 | SR-008 | 니트 | 4,000,000 | 1% | 니트 | 4,440,000 | 1% | |

> **문제 2** [A15:G22] 영역에서 학번이 짝수인 행 전체에 대해서 글꼴 스타일을 '굵
> 은 기울임꼴', 글꼴 색은 '표준색 – 파랑'으로 지정하는 조건부 서식을 작
> 성하시오. (5점)
>
> ▶ MOD 함수 사용
> ▶ 단, 규칙 유형은 '수식을 사용하여 서식을 지정할 셀 결정'을 사용하고, 한 개의
>   규칙으로만 작성하시오.

[풀이]

정답: =MOD($A15,2)=0

| | A | B | C | D | E |
|---|---|---|---|---|---|
| 1 | 수 | 나누는 수 | MOD 함수 결과 | | |
| 2 | 4 | 2 | 0 | =MOD(A2,B2) | |
| 3 | 5 | 2 | 1 | =MOD(A3,B3) | |
| 4 | | | | | |

1. [A15:G22] 범위를 선택한 후 [홈] → [스타일] → [조건부 서식] → [새 규칙]을 선택한다.
2. [새 서식 규칙] 대화 상자가 실행되면 규칙 유형 선택을 '수식을 사용하여 서식을 지정할 셀 결정'을 선택한 후 **=MOD($A15,2)=0**를 입력하고 서식 을 클릭한다.
3. [글꼴] 탭에서 글꼴 스타일 '굵은 기울임꼴', 글꼴 색 '표준 색 – 파랑'을 선택하고 확인 을 클릭한다.
4. [새 서식 규칙] 대화 상자의 확인 을 클릭한다.

## [결과]

| | A | B | C | D | E | F | G | H |
|---|---|---|---|---|---|---|---|---|
| 12 | | | | | | | | |
| 13 | [표2] 학생 기록부 | | | | | | | |
| 14 | 학번 | 이름 | 전화번호 | 학교 행사 참여 | 봉사 활동 참여 | 인턴십 참여 | 상담 진행 | |
| 15 | 2019101 | 김승준 | 010-4523-5567 | O | X | X | O | |
| 16 | 2018133 | 오민혁 | 010-2144-2221 | X | X | X | O | |
| 17 | 2017082 | 박민영 | 010-4567-0987 | O | O | O | O | |
| 18 | 2016945 | 박진우 | 010-2345-2231 | X | X | O | O | |
| 19 | 2016940 | 임효진 | 010-3321-3325 | O | O | X | O | |
| 20 | 2015667 | 오지영 | 010-6788-9985 | X | O | O | X | |
| 21 | 2014568 | 이승연 | 010-9900-1122 | O | O | X | X | |
| 22 | 2013868 | 이호욱 | 010-5673-8900 | X | O | O | X | |

**문제 3** [A26:G33] 영역에서 상품코드가 '12'로 시작하는 행 전체에 대해서 글꼴 스타일을 '굵게', 글꼴 색을 '표준 색 – 파랑'으로 지정하는 조건부 서식을 작성하시오. (5점)

▶ LEFT 함수 사용
▶ 단, 규칙 유형은 '수식을 사용하여 서식을 지정할 셀 결정'을 사용하고, 한 개의 규칙으로만 작성하시오.

## [풀이]

**정답**: =LEFT($B26,2)="12"

1. [A26:G33] 범위를 선택한 후 [홈] → [스타일] → [조건부 서식] → [새 규칙]을 선택한다.
2. [새 서식 규칙] 대화 상자가 실행되면 규칙 유형 선택을 '수식을 사용하여 서식을 지정할 셀 결정'을 선택한 후 **=LEFT($B26,2)="12"**를 입력하고 서식 을 클릭한다.

숫자와 텍스트가 혼합된 값에서 추출된 값(H열)은 텍스트이기 때문에 큰따옴표(" ")로 묶어서 조건을 작성해야 한다.

| | A | B | C | D | E | F | G | H |
|---|---|---|---|---|---|---|---|---|
| 24 | [표3] 쇼핑몰 판매현황 | | | | | | | |
| 25 | 판매날짜 | 상품코드 | 상품명 | 판매량 | 판매가 | 재고량 | 총 판매액 | |
| 26 | 2023-12-01 | 12A-01 | 슬랙스 | 1,300 | 100,000 | 150 | 130,000,000 | =LEFT($B26,2) |
| 27 | 2023-12-02 | 13B-02 | 청바지 | 1,820 | 78,000 | 230 | 141,960,000 | 13 |
| 28 | 2023-12-03 | 21A-03 | 치마 | 1,055 | 55,000 | 89 | 58,025,000 | 21 |
| 29 | 2023-12-04 | 22B-04 | 가디건 | 1,374 | 130,000 | 200 | 178,620,000 | 22 |
| 30 | 2023-12-05 | 31A-05 | 블라우스 | 1,890 | 125,000 | 199 | 236,250,000 | 31 |

3. [글꼴] 탭에서 글꼴 스타일 '굵게', 글꼴 색은 '표준 색 – 파랑'을 선택하고 확인 을 클릭한다.
4. [새 서식 규칙] 대화 상자의 확인 을 클릭한다.

## [결과]

| | A | B | C | D | E | F | G | H |
|---|---|---|---|---|---|---|---|---|
| 23 | | | | | | | | |
| 24 | [표3] 쇼핑몰 판매현황 | | | | | | | |
| 25 | 판매날짜 | 상품코드 | 상품명 | 판매량 | 판매가 | 재고량 | 총 판매액 | |
| 26 | 2023-12-01 | 12A-01 | 슬랙스 | 1,300 | 100,000 | 150 | 130,000,000 | |
| 27 | 2023-12-02 | 13B-02 | 청바지 | 1,820 | 78,000 | 230 | 141,960,000 | |
| 28 | 2023-12-03 | 21A-03 | 치마 | 1,055 | 55,000 | 89 | 58,025,000 | |
| 29 | 2023-12-04 | 22B-04 | 가디건 | 1,374 | 130,000 | 200 | 178,620,000 | |
| 30 | 2023-12-05 | 31A-05 | 블라우스 | 1,890 | 125,000 | 199 | 236,250,000 | |
| 31 | 2023-12-06 | 12A-06 | 반팔 | 2,100 | 45,000 | 450 | 94,500,000 | |
| 32 | 2023-12-07 | 13B-07 | 자켓 | 1,021 | 220,000 | 500 | 224,620,000 | |
| 33 | 2023-12-08 | 23A-08 | 후드티 | 2,500 | 88,000 | 120 | 220,000,000 | |

---

**문제 4** [A37:G44] 영역에서 연회비가 연회비 평균보다 큰 행 전체에 대해서 글꼴 스타일을 '굵은 기울임꼴', 글꼴 색을 '표준 색 – 빨강'으로 지정하는 조건부 서식을 작성하시오. (5점)

▶ AVERAGE 함수 사용
▶ 단, 규칙 유형은 '수식을 사용하여 서식을 지정할 셀 결정'을 사용하고, 한 개의 규칙으로만 작성하시오.

## [풀이]

정답: =$D37>AVERAGE($D$37:$D$44)

1. [A37:G44] 범위를 선택한 후 [홈] → [스타일] → [조건부 서식] → [새 규칙]을 선택한다.
2. [새 서식 규칙] 대화 상자가 실행되면 규칙 유형 선택을 '수식을 사용하여 서식을 지정할 셀 결정'을 선택한 후 **=$D37>AVERAGE($D$37:$D$44)**를 입력하고 서식 을 클릭한다.

수식을 복사할 때 공통으로 참조해야 하는 값은 반드시 절대 참조한다.
각 연회비와 비교할 연회비 평균값은 [D37:D44] 범위에서 계산된 동일한 평균값이어야 하기 때문에 절대 참조한다.

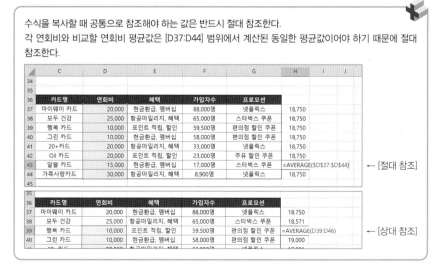

3. [글꼴] 탭에서 글꼴 스타일 '굵은 기울임꼴', 글꼴 색은 '표준 색 – 빨강'을 선택하고 확인 을 클릭한다.
4. [새 서식 규칙] 대화 상자의 확인 을 클릭한다.

[결과]

| | 순위 | 카드코드 | 카드명 | 연회비 | 혜택 | 가입자수 | 프로모션 |
|---|---|---|---|---|---|---|---|
| 34 | | | | | | | |
| 35 | [표4] ABC 카드사 카드 순위 | | | | | | |
| 36 | 순위 | 카드코드 | 카드명 | 연회비 | 혜택 | 가입자수 | 프로모션 |
| 37 | 1위 | CPROD001 | 마이웨이 카드 | 20,000 | 현금환급, 멤버십 | 88,000명 | 넷플릭스 |
| 38 | 2위 | CPROD002 | 모두 건강 | 25,000 | 항공마일리지, 혜택 | 65,000명 | 스타벅스 쿠폰 |
| 39 | 3위 | CPROD003 | 행복 카드 | 10,000 | 포인트 적립, 할인 | 59,500명 | 편의점 할인 쿠폰 |
| 40 | 4위 | CPROD004 | 그린 카드 | 10,000 | 현금환급, 멤버십 | 58,000명 | 편의점 할인 쿠폰 |
| 41 | 5위 | CPROD005 | 20+카드 | 20,000 | 항공마일리지, 혜택 | 33,000명 | 넷플릭스 |
| 42 | 6위 | CPROD006 | Oil 카드 | 20,000 | 포인트 적립, 할인 | 23,000명 | 주유 할인 쿠폰 |
| 43 | 7위 | CPROD007 | 알뜰 카드 | 15,000 | 현금환급, 멤버십 | 17,000명 | 스타벅스 쿠폰 |
| 44 | 8위 | CPROD008 | 가족사랑카드 | 30,000 | 항공마일리지, 혜택 | 8,900명 | 넷플릭스 |

**문제 5** [A48:G55] 영역에서 6월 판매량이 5월 판매량보다 크고, 재고량이 재고량 평균보다 작은 값이면서, 할인율이 15% 이하인 행 전체에 대해서 채우기 색을 '표준 색 – 연한 파랑'으로 지정하는 조건부 서식을 작성하시오. (5점)

▶ AND, AVERAGE 함수 사용
▶ 단, 규칙 유형은 '수식을 사용하여 서식을 지정할 셀 결정'을 사용하고, 한 개의 규칙으로만 작성하시오.

[풀이]

정답: =AND($D48>$C48,$F48<AVERAGE($F$48:$F$55),$G48<=15%)

1. [A48:G55] 범위를 선택한 후 [홈] → [스타일] → [조건부 서식] → [새 규칙]을 선택한다.
2. [새 서식 규칙] 대화 상자가 실행되면 규칙 유형 선택을 '수식을 사용하여 서식을 지정할 셀 결정'을 선택한 후 =AND($D48>$C48,$F48<AVERAGE($F$48:$F$55),$G48<=15%)를 입력하고 서식 을 클릭한다.
3. [채우기] 탭에서 배경색 '표준 색 – 연한 파랑'을 선택하고 확인 을 클릭한다.
4. [새 서식 규칙] 대화 상자의 확인 을 클릭한다.

[결과]

| | A | B | C | D | E | F | G |
|---|---|---|---|---|---|---|---|
| 45 | | | | | | | |
| 46 | [표5] ABC 가구 6월 판매 현황 | | | | | | |
| 47 | 가구 | 가격 | 5월 판매량 | 6월 판매량 | 판매목표 | 재고량 | 할인율 |
| 48 | 소파 | 500,000 | 5 | 7 | 6 | 50 | 15% |
| 49 | 침대 | 700,000 | 7 | 3 | 8 | 30 | 30% |
| 50 | 식탁 | 400,000 | 2 | 5 | 5 | 50 | 20% |
| 51 | 서랍장 | 300,000 | 3 | 1 | 5 | 70 | 30% |
| 52 | 옷장 | 550,000 | 2 | 3 | 5 | 45 | 12% |
| 53 | 책장 | 250,000 | 5 | 5 | 5 | 30 | 15% |
| 54 | TV거실장 | 980,000 | 1 | 2 | 8 | 60 | 30% |
| 55 | 식탁의자 | 120,000 | 3 | 4 | 4 | 30 | 11% |
| 56 | | | | | | | |

# 고급 필터/자동 필터

> ⚙ 고급 필터 조건을 수식으로 작성했을 때와 값으로 작성했을 때의 차이점을 이해한다.
> ⚙ AND 조건과 OR 조건이 함께 작성되는 경우는 AND 조건을 우선으로 작성한다.
>   지시 사항에서 '~이면서', '~이고', '그리고'라는 표현은 AND 조건을 사용하고, '~이거나',
>   '~또는'의 표현은 OR 조건을 사용한다.

## 1 개념 학습

- 필터란 조건에 만족하는 결과값만 추출하는 기능이다.
- 자동 필터는 선택한 셀에 필터링을 설정하여 원본 데이터에서 일부 데이터를 일시적으로 숨기는 기능이고, 여러 조건에 대해서는 AND 조건만 설정이 가능하다.
- 고급 필터는 조건을 직접 입력하여 자동 필터보다 더 다양한 조건으로 필터링을 할 수 있는 기능이고, 여러 조건에 대해 AND 조건과 OR 조건 둘 다 설정이 가능하다.

### [비교 연산자]

| 연산자 | 의미 | 사용 예 |
|---|---|---|
| >= | 이상(크거나 같다) 또는 이후(날짜) | **>=1000** 1000 이상<br>**>=2024-08-15** 2024년 08월 15일 이후 |
| <= | 이하(작거나 같다) 또는 이전(날짜) | **<=500** 500이하<br>**<=2024-12-25** 2024년 12월 25일 이전 |
| > | 초과(크다) | **>1000** 1000보다 큰 값 |
| < | 미만(작다) | **<200** 200보다 작은 값 |
| <> | 같지 않다 | **<>엑셀** 엑셀이 아닌 값 |

### [와일드 카드]

| 만능 문자 | 의미 |
|---|---|
| * | 0 이상의 모든 텍스트를 대체한다. |
| ? | 물음표 하나당 한 글자를 대체한다. |

- 텍스트를 검색할 때 정확히 일치하는 값이 아닌 유사 일치 값을 검색할 때 사용하는 기호이다.
- 검색하는 단어에 불분명한 문자열을 임의의 문자열로 대체하여 검색할 때 사용하는 기호이다.

| | | |
|---|---|---|
| **가\*** → "가"로 시작하는 모든 문자를 검색<br>예) "가", "가나", "가나다", … | **\*가** → "가"로 끝나는 모든 문자를 검색<br>예) "가", "나가", "예술가", … | **\*가\*** → "가"를 포함하는 모든 문자를 검색<br>예) "가", "축가", "정가운데", … |

| 가? → "가"로 시작하는 2글자만 검색 | ??가 → "가"로 끝나는 3글자만 검색 | ??가? → "가"가 3번째에 위치한 4글자만 검색 |
|---|---|---|
| 예) "가나", "가다", "가라", … | 예) "음악가", "바닷가", "전문가", … | 예) "작업가능", "학습가치", … |

## [고급 필터의 조건 AND/OR]

조건 값을 같은 행에 입력하면 AND 조건, 서로 다른 행에 입력하면 OR 조건이 성립된다.

### ① AND 조건

| 컴퓨터 일반 | 스프레드시트 |
|---|---|
| >=70 | >=90 |

컴퓨터 일반이 70점 이상이면서 스프레드시트가 90점 이상인 값을 추출한다.

| 컴퓨터 일반 | 컴퓨터 일반 |
|---|---|
| >=70 | <=85 |

컴퓨터 일반이 70점 이상이면서 85점 이하인 값을 추출한다.

### ② OR 조건

| 구분 | 인원 |
|---|---|
| 비회원 | |
| | >=4 |

구분이 "비회원"이거나 인원이 4명 이상인 값을 추출한다.

| 직위 |
|---|
| 부장 |
| 과장 |

직위가 "부장"이거나 "과장"인 값을 추출한다.

| 구분 | 인원 | 금액 |
|---|---|---|
| 비회원 | | |
| | >=4 | |
| | | >50000 |

구분이 "비회원"이거나 인원이 4명 이상이거나 금액이 50000을 초과한 값을 추출한다.

### ③ AND + OR 조건(AND 조건을 우선으로 작성한다.)

| 제조사 | 출시일 | 가격 |
|---|---|---|
| *A | >=2024-08-15 | |
| *A | | <1000000 |

제조사가 "A"로 끝나면서 출시일이 2024년 8월 15일 이후이거나 가격이 1000000원 미만인 값을 추출한다.

| 직급 | 가입일 |
|---|---|
| <>부장 | <=2024-08-15 |
| <>대리 | <=2025-01-12 |

직급이 "부장"이 아니면서 가입일이 2024년 8월 15일 이전이거나 직급이 "대리"가 아니면서 가입일이 2025년 1월 12일 이전인 값을 추출한다.

### ④ 수식(AND/OR 조건)

| 조건 |
|---|
| TRUE |

- 고급 필터 조건에 수식을 사용할 경우 원본 데이터 필드명과 고급 필터 조건 필드명은 동일하게 사용할 수 없다.
- 고급 필터 조건 필드명은 사용자가 임의로 필드명을 작성한다.
- 고급 필터 조건식의 결과값은 원본 데이터의 첫 셀 값을 기준으로 논리값 TRUE/FALSE로 표시된다.

# 2 출제 유형 이해

www.ebs.co.kr/compass(엑셀 실습 파일 다운로드)

> **문제 1** 'ABC 중고차량 판매 현황' 표에서 차량 코드가 'A'로 시작하면서 가격이 6,500만 원인 데이터를 고급 필터를 사용하여 검색하시오. (5점)
>
> ▶ 고급 필터 조건은 [I5:J7] 영역 내에 알맞게 입력하시오.
> ▶ 고급 필터 결과 복사 위치는 동일 시트의 [I9] 셀에서 시작하시오.

## [풀이]

1. 원본 데이터에서 [B5] 셀을 선택한 후 Ctrl 을 누른 채 [D5] 셀을 선택하고 복사(Ctrl + C)한다.

| | A | B | C | D | E | F | G | H | I | J | K |
|---|---|---|---|---|---|---|---|---|---|---|---|
| 1 | | | | | | | | | | | |
| 2 | | | 한.번.만. 이론 고급 필터 | | | | | | | | |
| 3 | | | | | | | | | | | |
| 4 | | [표1] ABC 중고차량 판매 현황 | | | | | | | | | |
| 5 | | 차량 코드 | 차량 모델명 | 가격(만원) | 연료 타입 | 입고 날짜 | 사고유무 | | | | |
| 6 | | CA-01 | 아반떼 | 2,500 | 휘발유 | 2023-05-12 | 무 | | | | |
| 7 | | CB-02 | 소나타 | 3,800 | 하이브리드 | 2023-06-01 | 무 | | | | |
| 8 | | AB-22 | 아반떼 | 5,000 | 전기 | 2024-08-12 | 무 | | | | |
| 9 | | AB-31 | 벤츠 E클래스 | 6,500 | 휘발유 | 2024-12-31 | 무 | | | | |
| 10 | | DC-09 | 소나타 | 3,800 | 휘발유 | 2025-01-03 | 무 | | | | |
| 11 | | BB-03 | 그랜저 | 4,500 | 전기 | 2025-03-02 | 유 | | | | |
| 12 | | EA-09 | 그랜저 | 4,500 | 휘발유 | 2025-04-16 | 무 | | | | |
| 13 | | CA-02 | 테슬라 모델3 | 5,000 | 전기 | 2025-03-08 | 무 | | | | |

2. 두 필드명이 복사되면 [I5] 셀을 선택하고 붙여넣기(Ctrl+V) 한 후 [I6] 셀에는 **A\***, [J6] 셀에는 **6500**을 입력한다.

| | A | B | C | D | E | F | G | H | I | J | K |
|---|---|---|---|---|---|---|---|---|---|---|---|
| 1 | | | | | | | | | | | |
| 2 | | | 한.번.만. 이론 고급 필터 | | | | | | | | |
| 3 | | | | | | | | | | | |
| 4 | | [표1] ABC 중고차량 판매 현황 | | | | | | | | | |
| 5 | | 차량 코드 | 차량 모델명 | 가격(만원) | 연료 타입 | 입고 날짜 | 사고유무 | | 차량 코드 | 가격(만원) | |
| 6 | | CA-01 | 아반떼 | 2,500 | 휘발유 | 2023-05-12 | 무 | | A* | 6500 | |
| 7 | | CB-02 | 소나타 | 3,800 | 하이브리드 | 2023-06-01 | 무 | | | | |
| 8 | | AB-22 | 아반떼 | 5,000 | 전기 | 2024-08-12 | 무 | | | | |
| 9 | | AB-31 | 벤츠 E클래스 | 6,500 | 휘발유 | 2024-12-31 | 무 | | | | |
| 10 | | DC-09 | 소나타 | 3,800 | 휘발유 | 2025-01-03 | 유 | | | | |
| 11 | | BB-03 | 그랜저 | 4,500 | 전기 | 2025-03-02 | 유 | | | | |
| 12 | | EA-09 | 그랜저 | 4,500 | 휘발유 | 2025-04-16 | 무 | | | | |
| 13 | | CA-02 | 테슬라 모델3 | 5,000 | 전기 | 2025-03-08 | 무 | | | | |
| 14 | | CB-02 | BMW 5시리즈 | 6,300 | 디젤 | 2023-11-11 | 유 | | | | |

조건을 직접 입력해도 좋지만 오타 작성으로 원본 필드명과 고급 필터 조건 필드명이 다르면 추출 결과가 나타나지 않는다.

3. 원본 데이터 범위에 임의의 셀을 선택한 후 [데이터] → [정렬 및 필터] → [고급]을 선택한다.

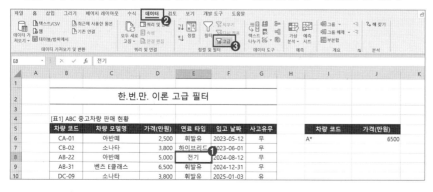

한.번.에. 이론 | 기본 작업 **35**

4. [고급 필터] 대화 상자가 실행되면 결과는 '다른 장소에 복사'를 선택하고, 목록 범위는 $B$5:$G$22, 조건 범위는 $I$5:$J$6, 복사 위치는 [I9] 셀을 선택하고 [확인]을 클릭한다.

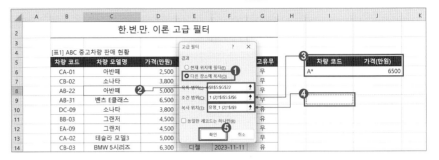

[결과]

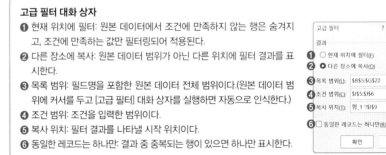

**고급 필터 대화 상자**

❶ 현재 위치에 필터: 원본 데이터에서 조건에 만족하지 않는 행은 숨겨지고, 조건에 만족하는 값만 필터링되어 적용된다.

❷ 다른 장소에 복사: 원본 데이터 범위가 아닌 다른 위치에 필터 결과를 표시한다.

❸ 목록 범위: 필드명을 포함한 원본 데이터 전체 범위이다.(원본 데이터 범위에 커서를 두고 [고급 필터] 대화 상자를 실행하면 자동으로 인식한다.)

❹ 조건 범위: 조건을 입력한 범위이다.

❺ 복사 위치: 필터 결과를 나타낼 시작 위치이다.

❻ 동일한 레코드는 하나만: 결과 중 중복되는 행이 있으면 하나만 표시한다.

---

**문제 2** 'ABC 중고차량 판매 현황' 표에서 가격이 6000만 원 이상이면서 연료 타입이 '디젤'이 아닌 데이터의 '차량 코드', '차량 모델명', '사고유무' 필드만 고급 필터를 사용하여 검색하시오. (5점)

▶ 고급 필터 조건은 [B24:C26] 영역 내에 알맞게 입력하시오.
▶ 고급 필터 결과 복사 위치는 동일 시트의 [B27] 셀에서 시작하시오.

[풀이]

1. 원본 데이터에서 [D5:E5] 범위를 선택한 후 복사(Ctrl + C), [B24] 셀을 선택하고 붙여넣기(Ctrl

+ V ) 한다. [B25] 셀에는 **>=6000**, [C25] 셀에는 **<>디젤**을 입력한다.

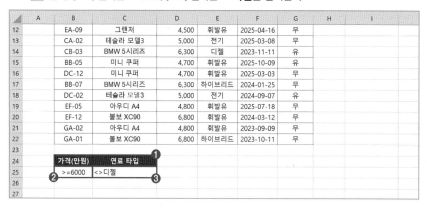

2. [B5:C5] 범위를 선택한 후 Ctrl 을 누른 채 [G5] 셀을 선택하고 복사( Ctrl + C ), [B27] 셀에 붙여넣기( Ctrl + V ) 한다.

● **전체 필드명에 대해 필터링**
[고급 필터] 대화 상자의 '복사 위치'에 필터 결과를 나타낼 시작 위치를 선택한다.

● **주어진 필드명에 대해서만 필터링**
① 문제에서 전체 필드가 아닌 주어진 일부분의 필드만 필터링을 요구하는 경우 결과 복사 위치에 표시할 필드명을 복사, 붙여넣기 한다.
② [고급 필터] 대화 상자의 '복사 위치'에 붙여넣기 한 범위를 선택한다.

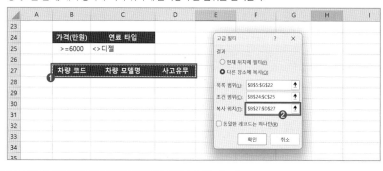

3. 원본 데이터 범위에 임의의 셀을 선택한 후 [데이터] → [정렬 및 필터] → [고급]을 선택한다.

4. [고급 필터] 대화 상자가 실행되면 결과는 '다른 장소에 복사'를 선택하고, 목록 범위는 $B$5:$G$22, 조건 범위는 $B$24:$C$25, 복사 위치는 $B$27:$D$27을 선택하고 확인 을 클릭한다.

**[결과]**

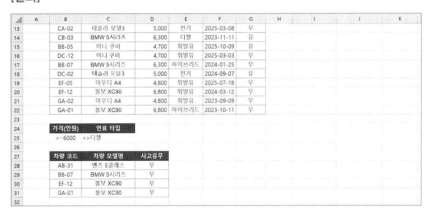

---

**문제 3** '가전제품 판매 현황' 표에서 판매일이 2025년 4월 1일 이후이거나 에너지 소비 효율 등급이 3보다 작은 데이터의 '판매일', '구분', '모델명'의 데이터만 순서대로 고급 필터를 사용하여 검색하시오. (5점)

▶ 고급 필터 조건은 [I5:K7] 영역 내에 알맞게 입력하시오.
▶ 고급 필터 결과 복사 위치는 동일 시트의 [I9] 셀에서 시작하시오.

**[풀이]**

1. 원본 데이터에서 [C5] 셀을 선택한 후 Ctrl 를 누른 채 [G5] 셀을 선택하고 복사(Ctrl + C )한다. [I5] 셀을 선택하고 붙여넣기(Ctrl + V ) 한 후 [I6] 셀에는 **>=2025-04-01**, [J7] 셀에는 **<3**을 입력한다. [C5:D5] 범위를 복사하고 [I9] 셀에 붙여넣기 한 후 [B5] 셀을 복사하고 [K9] 셀에 붙여넣기 한다.

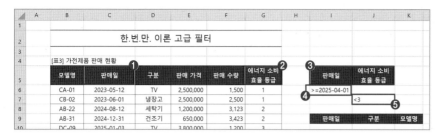

2. 원본 데이터 영역에 임의의 셀을 선택한 후 [데이터] → [정렬 및 필터] → [고급]을 선택한다.

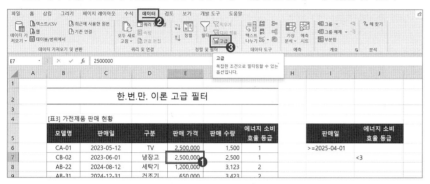

3. [고급 필터] 대화 상자가 실행되면 결과는 '다른 장소에 복사'를 선택하고, 목록 범위는 \$B\$5:\$G\$22, 조건 범위는 \$I\$5:\$J\$7, 복사 위치는 \$I\$9:\$K\$9을 선택하고 확인 을 클릭한다.

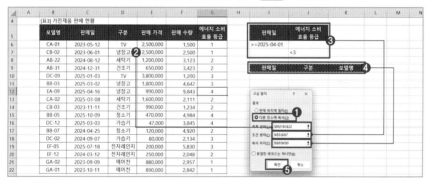

## [결과]

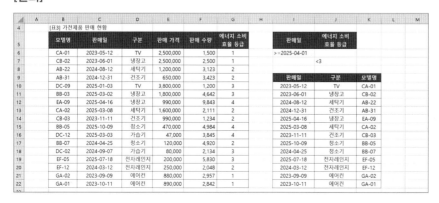

**문제 4** '가전제품 판매 현황' 표에서 모델명에 1이 포함되면서 구분이 'TV'이거나 모델명이 9로 끝나는 데이터를 고급 필터를 사용하여 검색하시오. (5점)

▶ 고급 필터 조건은 [B24:D27] 영역 내에 알맞게 입력하시오.
▶ 고급 필터 결과 복사 위치는 동일 시트의 [B29] 셀에서 시작하시오.

## [풀이]

1. 원본 데이터에서 [B5] 셀을 선택한 후 Ctrl 을 누른 채 [D5] 셀을 선택하고 복사(Ctrl + C)해 [B24] 셀에 붙여넣기(Ctrl + V) 한다. [B25] 셀에는 **\*1\***, [C25] 셀에는 **TV**, [B26] 셀에는 **\*9**를 입력한다.

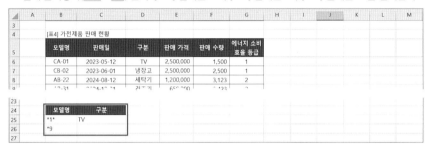

2. 원본 데이터 영역에 임의의 셀을 선택한 후 [데이터] → [정렬 및 필터] → [고급]을 선택한다.
3. [고급 필터] 대화 상자가 실행되면 결과는 '다른 장소에 복사'를 선택하고, 목록 범위는 $B$5:$G$22, 조건 범위는 $B$24:$C$26, 복사 위치는 $B$29를 선택하고 확인 을 클릭한다.

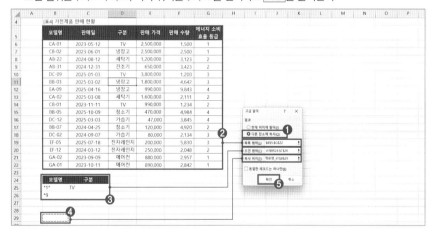

## [결과]

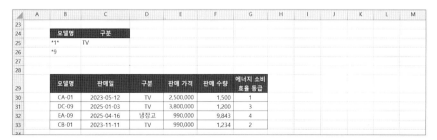

**문제 5** '자격증시험 응시 결과' 표에서 시험과목에 ITQ가 포함되면서 점수가 400점 이상인 데이터를 사용자 지정 필터를 사용해 검색하시오. (5점)

▶ 사용자 지정 필터의 결과는 [범위] 데이터를 이용해서 추출하시오.

## [풀이]

1. 원본 데이터 영역에서 임의의 셀을 선택한 후 [데이터] → [정렬 및 필터] → [필터]를 선택한다.

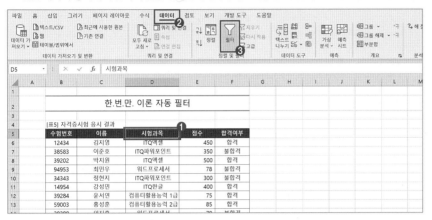

2. [D5] 셀에서 목록 단추를 클릭하고 [텍스트 필터] → [포함]을 선택한다.

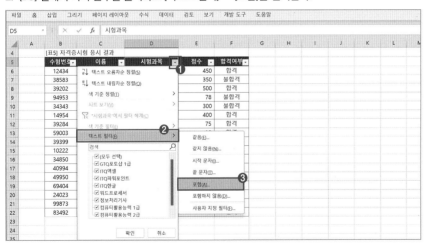

3. [사용자 지정 자동 필터] 대화 상자가 나타나면 **ITQ**를 입력한 후 확인을 클릭한다.

4. [E5] 셀에서 목록 단추를 클릭하고 [숫자 필터] → [크거나 같음]을 선택한다.

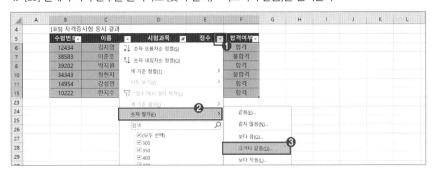

5. [사용자 지정 자동 필터] 대화 상자가 나타나면 **400**을 입력하고 확인을 클릭한다.

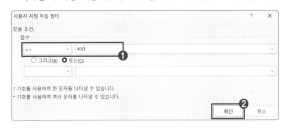

[결과]

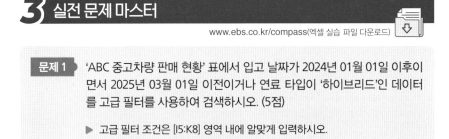

# 3 실전 문제 마스터

www.ebs.co.kr/compass(엑셀 실습 파일 다운로드)

**문제 1** 'ABC 중고차량 판매 현황' 표에서 입고 날짜가 2024년 01월 01일 이후이면서 2025년 03월 01일 이전이거나 연료 타입이 '하이브리드'인 데이터를 고급 필터를 사용하여 검색하시오. (5점)

▶ 고급 필터 조건은 [I5:K8] 영역 내에 알맞게 입력하시오.
▶ 고급 필터 결과 복사 위치는 동일 시트의 [I9] 셀에서 시작하시오.

[풀이]

1. 원본 데이터에서 [F5] 셀을 복사(Ctrl + C)해서 [I5:J5] 범위에 붙여넣기(Ctrl + V) 한다. [E5]

셀을 복사해서 [K5] 셀에 붙여넣기 한다. [I6] 셀에는 **>=2024-01-01**, [J6] 셀에는 **<=2025-03-01**, [K7] 셀에는 **하이브리드**를 입력한다.

| | I | J | K | L | M | N | O | P | Q | R | S |
|---|---|---|---|---|---|---|---|---|---|---|---|
| 5 | 입고 날짜 | 입고 날짜 | 연료 타입 | | | | | | | | |
| 6 | >=2024-01-01 | <=2025-03-01 | | | | | | | | | |
| 7 | | | 하이브리드 | | | | | | | | |
| 8 | AND 조건 | | OR 조건 | | | | | | | | |

2. 원본 데이터 영역에 임의의 셀을 선택한 후 [데이터] → [정렬 및 필터] → [고급]을 선택한다.
3. [고급 필터] 대화 상자가 실행되면 결과는 '다른 장소에 복사'를 선택하고, 목록 범위는 $B$5:$G$22, 조건 범위는 $I$5:$K$7, 복사 위치는 $I$9을 선택하고 [확인]을 클릭한다.

## [결과]

| | A | B | C | D | E | F | G | H | I | J | K | L | M | N |
|---|---|---|---|---|---|---|---|---|---|---|---|---|---|---|
| 1 | | | | | | | | | | | | | | |
| 2 | | | 한.번.만. 마스터 고급 필터 | | | | | | | | | | | |
| 3 | | | | | | | | | | | | | | |
| 4 | | [표1] ABC 중고차량 판매 현황 | | | | | | | | | | | | |
| 5 | | 차량 코드 | 차량 모델명 | 가격(만원) | 연료 타입 | 입고 날짜 | 사고유무 | | 입고 날짜 | 입고 날짜 | 연료 타입 | | | |
| 6 | | CA-01 | 아반떼 | 2,500 | 휘발유 | 2023-05-12 | 무 | | >=2024-01-01 | <=2025-03-01 | | | | |
| 7 | | CB-02 | 소나타 | 3,800 | 하이브리드 | 2023-06-01 | 무 | | | | 하이브리드 | | | |
| 8 | | AB-22 | 아반떼 | 5,000 | 전기 | 2024-08-12 | 무 | | | | | | | |
| 9 | | AB-31 | 벤츠 E클래스 | 6,500 | 휘발유 | 2024-12-31 | 무 | | 차량 코드 | 차량 모델명 | 가격(만원) | 연료 타입 | 입고 날짜 | 사고유무 |
| 10 | | DC-09 | 소나타 | 3,800 | 휘발유 | 2025-01-03 | 유 | | CB-02 | 소나타 | 3,800 | 하이브리드 | 2023-06-01 | 무 |
| 11 | | BB-03 | 그랜저 | 4,500 | 전기 | 2025-03-02 | 유 | | AB-22 | 아반떼 | 5,000 | 전기 | 2024-08-12 | 무 |
| 12 | | EA-09 | 그랜저 | 4,500 | 휘발유 | 2025-04-16 | 무 | | AB-31 | 벤츠 E클래스 | 6,500 | 휘발유 | 2024-12-31 | 무 |
| 13 | | CA-02 | 테슬라 모델3 | 5,000 | 전기 | 2025-03-08 | 무 | | DC-09 | 소나타 | 3,800 | 휘발유 | 2025-01-03 | 유 |
| 14 | | CB-03 | BMW 5시리즈 | 6,300 | 디젤 | 2023-11-11 | 유 | | BB-07 | BMW 5시리즈 | 6,300 | 하이브리드 | 2024-01-25 | 무 |
| 15 | | BB-05 | 미니 쿠퍼 | 4,700 | 휘발유 | 2025-10-09 | 무 | | DC-02 | 테슬라 모델3 | 5,000 | 전기 | 2024-09-07 | 무 |
| 16 | | DC-12 | 미니 쿠퍼 | 4,700 | 휘발유 | 2025-03-03 | 무 | | EF-12 | 볼보 XC90 | 6,800 | 휘발유 | 2024-03-12 | 무 |
| 17 | | BB-07 | BMW 5시리즈 | 6,300 | 하이브리드 | 2024-01-25 | 무 | | GA-01 | 볼보 XC90 | 6,800 | 하이브리드 | 2023-10-11 | 무 |
| 18 | | DC-02 | 테슬라 모델3 | 5,000 | 전기 | 2024-09-07 | 유 | | | | | | | |
| 19 | | EF-05 | 아우디 A4 | 4,800 | 휘발유 | 2025-07-18 | 무 | | | | | | | |
| 20 | | EF-12 | 볼보 XC90 | 6,800 | 휘발유 | 2024-03-12 | 무 | | | | | | | |
| 21 | | GA-02 | 아우디 A4 | 4,800 | 휘발유 | 2025-09-09 | 무 | | | | | | | |
| 22 | | GA-01 | 볼보 XC90 | 6,800 | 하이브리드 | 2023-10-11 | 무 | | | | | | | |

---

**문제 2** 'ABC 중고차량 판매 현황' 표에서 차량 코드에 1이 포함되면서 가격이 4000만원 이상이거나 입고 날짜가 2025년 01월 01일 이후인 데이터를 고급 필터를 사용하여 검색하시오. (5점)

▶ 고급 필터 조건은 [I5:K8] 영역 내에 알맞게 입력하시오.
▶ 고급 필터 결과 복사 위치는 동일 시트의 [I10] 셀에서 시작하시오.

## [풀이]

1. 원본 데이터에서 [B5] 셀을 복사(Ctrl + C)해서 [I5] 셀에 붙여넣기(Ctrl + V) 한다. [D5] 셀을 복사해서 [J5] 셀에 붙여넣기 한다. [F5] 셀을 복사해서 [K5] 셀에 붙여넣기 한다.
   [I6] 셀에는 ***1***, [J6] 셀에는 **>=4000**, [K7] 셀에는 **>=2025-01-01**, [I7] 셀에는 ***1***를 입력한다.

| | I | J | K | L | M | N | O | P | Q | R |
|---|---|---|---|---|---|---|---|---|---|---|
| 5 | 차량 코드 | 가격(만원) | 입고 날짜 | | | | | | | |
| 6 | *1* | >=4000 | | | AND 조건 | | | | | |
| 7 | *1* | | >=2025-01-01 | | OR 조건 | | | | | |
| 8 | | | | | | | | | | |

2. 원본 데이터 영역에 임의의 셀을 선택한 후 [데이터] → [정렬 및 필터] → [고급]을 선택한다.
3. [고급 필터] 대화 상자가 실행되면 결과는 '다른 장소에 복사'를 선택하고, 목록 범위는 $B$5:$G$22, 조건 범위는 $I$5:$K$7, 복사 위치는 $I$10을 선택하고 [확인]을 클릭한다.

**[결과]**

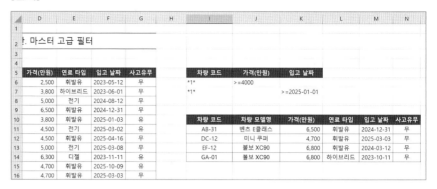

| | 가격(만원) | 연료 타입 | 입고 날짜 | 사고유무 | | 차량 코드 | 가격(만원) | | 입고 날짜 | | | |
|---|---|---|---|---|---|---|---|---|---|---|---|---|
| | 2,500 | 휘발유 | 2023-05-12 | 무 | | *1* | >=4000 | | | | | |
| | 3,800 | 하이브리드 | 2023-06-01 | 무 | | *1* | | | >=2025-01-01 | | | |
| | 5,000 | 전기 | 2024-08-12 | 무 | | | | | | | | |
| | 6,500 | 휘발유 | 2024-12-31 | 무 | | 차량 코드 | 차량 모델명 | 가격(만원) | 연료 타입 | 입고 날짜 | 사고유무 | |
| | 3,800 | 휘발유 | 2025-01-03 | 유 | | AB-31 | 벤츠 E클래스 | 6,500 | 휘발유 | 2024-12-31 | 무 | |
| | 4,500 | 전기 | 2025-03-02 | 유 | | DC-12 | 미니 쿠퍼 | 4,700 | 휘발유 | 2025-03-03 | 무 | |
| | 4,500 | 휘발유 | 2025-04-16 | 유 | | EF-12 | 볼보 XC90 | 6,800 | 휘발유 | 2024-03-12 | 무 | |
| | 5,000 | 전기 | 2025-03-08 | 무 | | GA-01 | 볼보 XC90 | 6,800 | 하이브리드 | 2023-10-11 | 무 | |
| | 6,300 | 디젤 | 2023-11-11 | 유 | | | | | | | | |
| | 4,700 | 휘발유 | 2025-10-09 | 유 | | | | | | | | |
| | 4,700 | 휘발유 | 2025-03-03 | 무 | | | | | | | | |

> **문제 3** '가전제품 판매 현황' 표에서 모델명에 1이 포함되면서 판매 수량이 4000개 이상이거나 판매수량이 2000개 이하인 데이터의 '모델명', '구분', '판매수량', '판매일' 데이터만 고급 필터를 사용하여 검색하시오. (5점)
>
> ▶ 고급 필터 조건은 [I5:K7] 영역 내에 알맞게 입력하시오.
> ▶ 고급 필터 결과 복사 위치는 동일 시트의 [I9] 셀에서 시작하시오.

**[풀이]**

1. 원본 데이터에서 [B5] 셀을 복사(Ctrl + C)해서 [I5] 셀에 붙여넣기(Ctrl + V) 한다. [F5] 셀을 복사해서 [J5] 셀에 붙여넣기 한다. [I6] 셀에는 **\*1\***, [J6] 셀에는 **>=4000**, [I7] 셀에는 **\*1\***, [J7] 셀에는 **<=2000**를 입력한다.

2. [I9:L9] 범위에 '모델명', '구분', '판매 수량', '판매일' 필드명을 원본 데이터에서 순서대로 복사해 붙여넣기 한다.
3. 원본 데이터 영역에 임의의 셀을 선택한 후 [데이터] → [정렬 및 필터] → [고급]을 선택한다.
   [고급 필터] 대화 상자가 실행되면 결과는 '다른 장소에 복사'를 선택하고, 목록 범위는 $B$5:$G$22, 조건 범위는 $I$5:$J$7, 복사 위치는 $I$9:$L$9을 선택하고 확인을 클릭한다.

**[결과]**

한.번.만. 마스터 고급 필터

품 판매 현황

| 판매일 | 구분 | 판매 가격 | 판매 수량 | 에너지 소비 효율 등급 | | 모델명 | 판매 수량 | | | |
|---|---|---|---|---|---|---|---|---|---|---|
| 2023-05-12 | TV | 2,500,000 | 1,500 | 1 | | *1* | >=4000 | | | |
| 2023-06-01 | 냉장고 | 2,500,000 | 2,500 | 1 | | *1* | <=2000 | | | |
| 2024-08-12 | 세탁기 | 1,200,000 | 3,123 | 2 | | | | | | |
| 2024-12-31 | 건조기 | 650,000 | 3,423 | 2 | | 모델명 | 구분 | 판매 수량 | 판매일 | |
| 2025-01-03 | TV | 3,800,000 | 1,200 | 3 | | CA-01 | TV | 1,500 | 2023-05-12 | |
| 2025-03-02 | 냉장고 | 1,800,000 | 4,642 | 3 | | EF-12 | 전자레인지 | 5,048 | 2024-03-12 | |
| 2025-04-16 | 냉장고 | 990,000 | 9,843 | 4 | | GA-01 | 에어컨 | 4,842 | 2023-10-11 | |
| 2025-03-08 | 세탁기 | 1,600,000 | 2,111 | 2 | | | | | | |
| 2023-11-11 | 건조기 | 990,000 | 1,234 | 2 | | | | | | |
| 2025-10-09 | 청소기 | 470,000 | 4,984 | 4 | | | | | | |

**문제 4**
'판매 실적표' 표에서 지점이 '서울'이면서 판매실적이 1000대 이상 2000대 미만인 데이터를 고급 필터를 사용하여 검색하시오. (5점)

▶ 고급 필터 조건은 [J5:L6] 영역 내에 알맞게 입력하시오.
▶ 고급 필터 결과 복사 위치는 동일 시트의 [J8] 셀에서 시작하시오.

## [풀이]

1. 원본 데이터에서 [C5] 셀을 복사(Ctrl + C)해서 [J5] 셀에 붙여넣기(Ctrl + V) 한다. [E5] 셀을 복사해서 [K5:L5] 범위에 붙여넣기 한다.
   [J6] 셀에는 **서울**, [K6] 셀에는 **>=1000**, [L6] 셀에는 **<2000**를 입력한다.

이때 판매실적은 1000대~1999대로 AND 조건으로 입력한다.

2. 원본 데이터 영역에 임의의 셀을 선택한 후 [데이터] → [정렬 및 필터] → [고급]을 선택한다.
3. [고급 필터] 대화 상자가 실행되면 결과는 '다른 장소에 복사'를 선택하고, 목록 범위는 $B$5:$G$13, 조건 범위는 $J$5:$L$6, 복사 위치는 $J$8을 선택하고 확인 을 클릭한다.

## [결과]

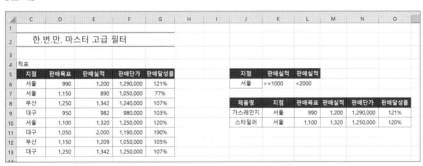

**문제 5**
'여행 예약현황' 표에서 구분이 '회원'이면서 할인금액이 100000원 이상인 데이터를 고급 필터를 사용하여 검색하시오. (5점)

▶ AND 함수 사용
▶ 고급 필터 조건은 [J5:K7] 영역 내에 알맞게 입력하시오.
▶ 고급 필터 결과 복사 위치는 동일 시트의 [J9] 셀에서 시작하시오.

## [풀이]

1. [J5] 셀에 사용자 정의 필드명 **조건**을 입력하고 [J6] 셀에 **=AND(C6="회원",H6>=100000)**을 입력한다. 조건식이 수식일 경우에는 필드명은 원본 데이터와 동일한 필드명을 입력할 수 없기 때문에 '조건'으로 작성한다.

| | 패키지명 | 구분 | 예약자명 | 인원수 | 이용금액 | 할인등급 | 할인금액 | | 조건 |
|---|---|---|---|---|---|---|---|---|---|
| | | | | | | | | | TRUE |

[표5] 여행 예약현황

| 패키지명 | 구분 | 예약자명 | 인원수 | 이용금액 | 할인등급 | 할인금액 | 조건 |
|---|---|---|---|---|---|---|---|
| 도쿄 | 회원 | 김나나 | 3 | 1,055,000 | 골드 | 105,000 | TRUE |
| 대만 | 비회원 | 신지수 | 4 | 1,100,000 | 실버 | 75,000 | |
| 세부 | 회원 | 오승환 | 2 | 1,130,000 | 다이아 | 27,000 | |
| 오키나와 | 비회원 | 다니엘 | 1 | 1,055,000 | 골드 | 105,000 | |
| 두바이 | 회원 | 한은숙 | 4 | 1,090,000 | 다이아 | 210,000 | |
| 뉴질랜드 | 회원 | 김미희 | 6 | 1,160,000 | 골드 | 21,000 | |
| 교토 | 비회원 | 김민수 | 4 | 1,070,000 | 실버 | 60,000 | |

한.번.만. 마스터 고급 필터

수식 후 Enter를 누르면 TRUE 혹은 FALSE가 나타난다.

2. 원본 데이터 영역에 임의의 셀을 선택한 후 [데이터] → [정렬 및 필터] → [고급]을 선택한다.
3. [고급 필터] 대화 상자가 실행되면 결과는 '다른 장소에 복사'를 선택하고, 목록 범위는 $B$5:$H$17, 조건 범위는 $J$5:J$6, 복사 위치는 $J$9를 선택하고 확인을 클릭한다.

## [결과]

[표5] 여행 예약현황

| 패키지명 | 구분 | 예약자명 | 인원수 | 이용금액 | 할인등급 | 할인금액 | | | | 조건 |
|---|---|---|---|---|---|---|---|---|---|---|
| 도쿄 | 회원 | 김나나 | 3 | 1,055,000 | 골드 | 105,000 | | | | TRUE |
| 대만 | 비회원 | 신지수 | 4 | 1,100,000 | 실버 | 75,000 | | | | |
| 세부 | 회원 | 오승환 | 2 | 1,130,000 | 다이아 | 27,000 | | | | |
| 오키나와 | 비회원 | 다니엘 | 1 | 1,055,000 | 골드 | 105,000 | | 패키지명 | 구분 | 예약자명 | 인원수 | 이용금액 | 할인등급 | 할인금액 |
| 두바이 | 회원 | 한은숙 | 4 | 1,090,000 | 다이아 | 210,000 | | 도쿄 | 회원 | 김나나 | 3 | 1,055,000 | 골드 | 105,000 |
| 뉴질랜드 | 회원 | 김미희 | 6 | 1,160,000 | 골드 | 21,000 | | 두바이 | 회원 | 한은숙 | 4 | 1,090,000 | 다이아 | 210,000 |
| 교토 | 비회원 | 김민수 | 4 | 1,070,000 | 실버 | 60,000 | | 런던 | 회원 | 오수진 | 3 | 1,070,000 | 골드 | 120,000 |
| 보라카이 | 비회원 | 김수민 | 4 | 1,090,000 | 다이아 | 21,000 | | 푸켓 | 회원 | 양승찬 | 4 | 1,070,000 | 골드 | 120,000 |
| 런던 | 회원 | 오수진 | 3 | 1,070,000 | 골드 | 120,000 | | | | | | | | |
| 무켓 | 회원 | 양승찬 | 4 | 1,070,000 | 골드 | 120,000 | | | | | | | | |
| 하와이 | 비회원 | 박소혜 | 5 | 1,125,000 | 다이아 | 262,500 | | | | | | | | |
| 다낭 | 비회원 | 손진영 | 3 | 1,055,000 | 실버 | 42,400 | | | | | | | | |

기본 작업

# 05 텍스트 나누기

출제 비중 20% 중 난이도

- 한 열에 입력된 데이터를 여러 개의 열로 나누는 기능이다.
- 한 열에 입력된 데이터의 글자 길이가 같은 경우는 '너비가 일정함'을 선택해 고정 너비로 나눌 수 있고, 한 열에 입력된 데이터의 글자 길이가 다를 경우는 탭, 세미콜론(;), 쉼표(,), 공백 등과 같은 구분 기호로 나눌 수 있다.
- 텍스트 나누기는 [텍스트 마법사] 대화 상자를 실행해 3단계로 진행되며, 2급 실기시험에서는 주로 '구분 기호로 분리됨' 유형과 제외할 열을 지정하는 방법이 출제된다.

# 1 출제 유형 이해

www.ebs.co.kr/compass(엑셀 실습 파일 다운로드)

**문제 1**  [B5:B11] 영역의 데이터에 텍스트나누기를 실행하시오. (5점)

▶ 데이터는 쉼표(,)로 구분되어 있음

## [풀이]

1. [B5:B11] 범위를 선택한 후 [데이터] → [데이터 도구] → [텍스트 나누기]를 선택한다.
   [텍스트 마법사 – 3단계 중 1단계] 대화 상자가 실행되면 원본 데이터 형식에서 '구분 기호로 분리됨'을 선택한 후 [다음]을 클릭한다.

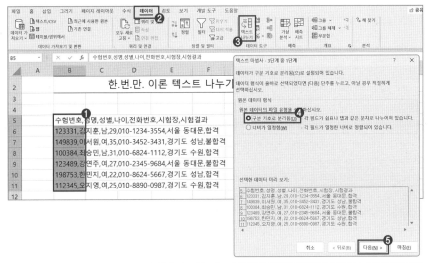

2. [텍스트 마법사 – 3단계 중 2단계]에서 구분 기호에서 '탭'의 체크를 해제하고 '쉼표'를 체크한 후 다른 작업이 불필요하므로 [마침]을 클릭한다.

3. 내용 전체가 표시되지 않는 열은 열 머리글 오른쪽 선을 더블클릭하여 열 너비를 조절한다.

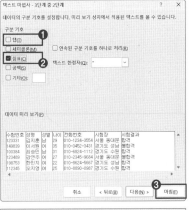

## [결과]

| | A | B | C | D | E | F | G | H | I | J | K |
|---|---|---|---|---|---|---|---|---|---|---|---|
| 1 | | | | | | | | | | | |
| 2 | | | | 한.번.만. 이론 텍스트 나누기 | | | | | | | |
| 3 | | | | | | | | | | | |
| 4 | | | | | | | | | | | |
| 5 | | 수험번호 | 성명 | 성별 | 나이 | 전화번호 | 시험장 | 시험결과 | | | |
| 6 | | 123331 | 김지훈 | 남 | 29 | 010-1234-3554 | 서울 동대문 | 합격 | | | |
| 7 | | 149839 | 이서원 | 여 | 35 | 010-3452-3431 | 경기도 성남 | 불합격 | | | |
| 8 | | 100384 | 최승민 | 남 | 31 | 010-6824-1112 | 경기도 수원 | 합격 | | | |
| 9 | | 123489 | 강연주 | 여 | 27 | 010-2345-9684 | 서울 동대문 | 불합격 | | | |
| 10 | | 198753 | 한민지 | 여 | 22 | 010-8624-5667 | 경기도 성남 | 합격 | | | |
| 11 | | 112345 | 오지영 | 여 | 25 | 010-8890-0987 | 경기도 수원 | 합격 | | | |
| 12 | | | | | | | | | | | |

**문제 2** [B4:B15] 영역의 데이터에 텍스트 나누기를 실행하시오. (5점)

▶ 데이터는 '탭'으로 구분되어 있음
▶ '정가' 열은 제외할 것

## [풀이]

1. [B4:B15] 범위를 선택한 후 [데이터] → [데이터 도구] → [텍스트 나누기]를 선택하면 [텍스트 마법사 − 3단계 중 1단계] 대화 상자가 실행되면 원본 데이터 형식에서 '구분 기호로 분리됨'을 선택한 후 [다음]을 클릭한다.

2. [텍스트 마법사 – 3단계 중 2단계]에서 구분
   기호에서 '탭'을 체크하고 다음 을 클릭한다.

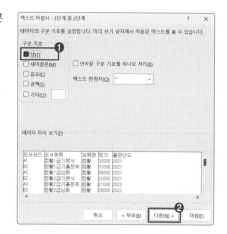

3. [텍스트 마법사 – 3단계 중 3단계]에서 '정가'
   열을 선택하고 '열 가져오지 않음(건너뜀)'을
   선택한 후 마침 을 클릭한다.

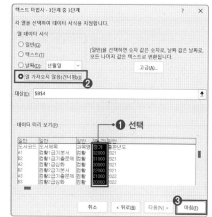

4. 내용 전체가 표시되지 않는 열은 열 머리글 오른쪽 선을 더블클릭하여 열 너비를 조절해 내용을
   표시한다.

[결과]

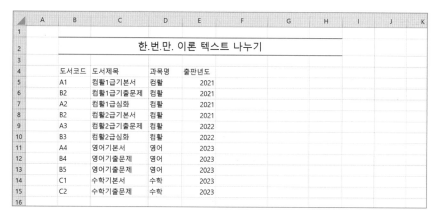

**문제 3** [C6:C11] 영역의 데이터에 텍스트 나누기를 실행하시오. (5점)

▶ C열의 성명을 성과 이름으로 나누고(너비가 일정함) 성을 제외하고 가져오시오.

**[풀이]**

1. [C6:C11] 범위를 선택한 후 [데이터] → [데이터 도구] → [텍스트 나누기]를 선택하면 [텍스트 마법사 – 3단계 중 1단계] 대화 상자가 실행되면 원본 데이터 형식에서 '너비가 일정함'을 선택한 후 다음 을 클릭한다

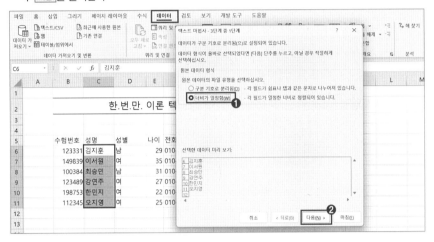

2. [텍스트 마법사 – 3단계 중 2단계]에서 성과 이름 사이 부분을 클릭해 구분선을 넣는다.

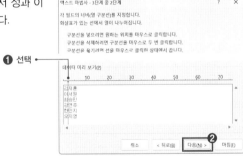

3. [텍스트 마법사 – 3단계 중 3단계]에서 '성' 열을 선택한 후, '열 가져오지 않음(건너뜀)'을 선택하고 마침 을 클릭한다.

시험장에서 실수로 구분선을 다른 곳에 삽입했을 때는 구분선을 더블클릭하여 삭제하거나 구분선을 드래그하여 해당하는 위치로 이동한다.

**[결과]**

| | A | B | C | D | E | F | G | H | I | J | K | L |
|---|---|---|---|---|---|---|---|---|---|---|---|---|
| 1 | | | | | | | | | | | | |
| 2 | | | | 한.번.만. 이론 텍스트 나누기 | | | | | | | | |
| 3 | | | | | | | | | | | | |
| 4 | | | | | | | | | | | | |
| 5 | | 수험번호 | 성명 | 성별 | 나이 | 전화번호 | 시험장 | 시험결과 | | | | |
| 6 | | 123331 | 지훈 | 남 | 29 | 010-1234-3554 | 서울 동대문 | 합격 | | | | |
| 7 | | 149839 | 서원 | 여 | 35 | 010-3452-3431 | 경기도 성남 | 불합격 | | | | |
| 8 | | 100384 | 승민 | 남 | 31 | 010-6824-1112 | 경기도 수원 | 합격 | | | | |
| 9 | | 123489 | 연주 | 여 | 27 | 010-2345-9684 | 서울 동대문 | 불합격 | | | | |
| 10 | | 198753 | 민지 | 여 | 22 | 010-8624-5667 | 경기도 성남 | 합격 | | | | |
| 11 | | 112345 | 지영 | 여 | 25 | 010-8890-0987 | 경기도 수원 | 합격 | | | | |
| 12 | | | | | | | | | | | | |

# 외부 데이터 가져오기

**기본 작업**

# 06

- 빈 워크시트에 외부 데이터를 가져오는 기능으로, 2급 실기시험에서는 주로 텍스트 (*.txt) 유형을 가져오는 문제가 출제된다.
- 외부 데이터는 (C:₩OA)에 위치해 있고, 텍스트 나누기 기능과 같이 [텍스트 마법사] 3단계를 거쳐 워크시트로 가져오게 된다.

출제 비중 15% 하 난이도

## 1 출제 유형 이해

www.ebs.co.kr/compass(엑셀 실습 파일 다운로드)

**문제 1**

다음의 텍스트 파일을 열고, 생성된 데이터를 외부 데이터 가져오기_1 시트의 [B6:G12] 영역에 붙여넣으시오. (5점)

- ▶ 외부 데이터 파일명은 '자격증시험결과.txt'임
- ▶ 데이터는 쉼표(,)로 구분되어 있음
- ▶ 열 너비는 조정하지 않음

**[풀이]**

1. [B6] 셀을 선택하고 [데이터] → [데이터 가져오기 및 변환] → [데이터 가져오기] → [레거시 마법사] → [텍스트에서(레거시)]를 선택한다.

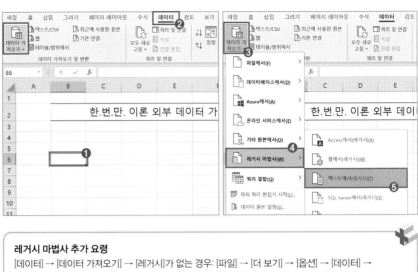

## 레거시 마법사 추가 요령

[데이터] → [데이터 가져오기] → [레거시]가 없는 경우: [파일] → [더 보기] → [옵션] → [데이터] →
[레거시 데이터 가져오기 마법사 표시] → 텍스트에서(레거시) 체크

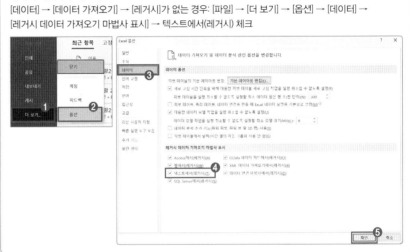

2. [텍스트 파일 가져오기] 대화 상자에서 '로컬 디스크(C:)' 드라이브 → 'OA' 폴더 → '자격증시험결과.txt' 파일을 더블클릭한다.

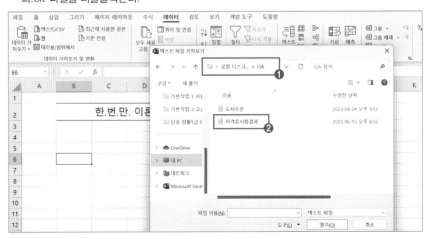

3. [텍스트 마법사 – 3단계 중 1단계]에서 '원본 데이터 형식'은 '구분 기호로 분리됨'을 선택하고 다음 을 클릭한다.

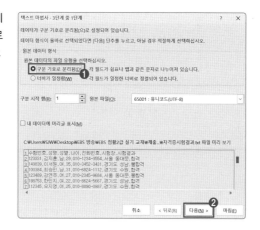

4. [텍스트 마법사 – 3단계 중 2단계]에서 구분 기호 '탭'의 체크를 해제하고 '쉼표'를 체크한 후 다른 작업이 불필요하므로 마침 을 클릭한다.

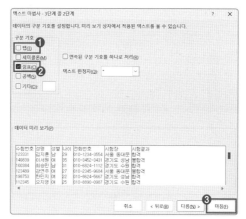

5. [데이터 가져오기] 대화 상자가 실행되면 '기존 워크시트'의 [B6] 셀이 선택되어 있는지 확인하고 속성 을 클릭한다.

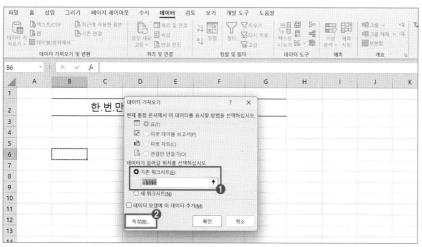

6. [외부 데이터 범위 속성]에서 '열 너비 조정' 체크를 해제하고, 확인 을 클릭한 후 [데이터 가져오기]에서 확인 을 클릭한다.

'기존 워크시트'는 외부에서 가져오는 데이터의 첫 셀의 위치이다. 외부 데이터 가져오기를 실행하기 전에 시작 셀 위치를 선택하고 실행하면 별도로 데이터가 들어갈 첫 위치를 지정하지 않아도 된다.

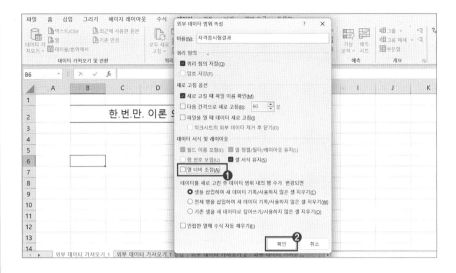

## [결과]

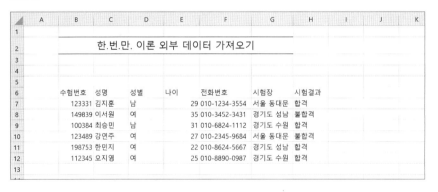

| | 수험번호 | 성명 | 성별 | 나이 | 전화번호 | 시험장 | 시험결과 |
|---|---|---|---|---|---|---|---|
| | 123331 | 김지훈 | 남 | 29 | 010-1234-3554 | 서울 동대문 | 합격 |
| | 149839 | 이서원 | 여 | 35 | 010-3452-3431 | 경기도 성남 | 불합격 |
| | 100384 | 최승민 | 남 | 31 | 010-6824-1112 | 경기도 수원 | 합격 |
| | 123489 | 강연주 | 여 | 27 | 010-2345-9684 | 서울 동대문 | 불합격 |
| | 198753 | 한민지 | 여 | 22 | 010-8624-5667 | 경기도 성남 | 합격 |
| | 112345 | 오지영 | 여 | 25 | 010-8890-0987 | 경기도 수원 | 합격 |

---

**문제 2** 다음의 텍스트 파일을 열고, 생성된 데이터를 외부 데이터 가져오기_2 시트의 [B5:E16] 영역에 붙여넣으시오. (5점)

▶ 외부 데이터 파일명은 '도서주문.txt'임
▶ 데이터는 '탭'으로 구분되어 있음
▶ '도서코드' 열을 제외할 것

## [풀이]

1. [B5] 셀을 선택하고, [데이터] → [데이터 가져오기 및 변환] → [데이터 가져오기] → [레거시 마법사] → [텍스트에서(레거시)]를 선택한다.

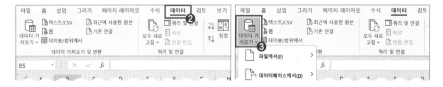

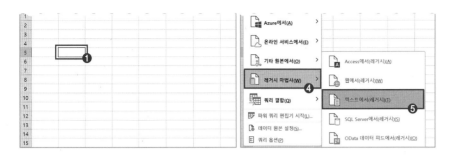

2. [텍스트 파일 가져오기] 대화 상자에서 '로컬 디스크(C:)' 드라이브 → 'OA' 폴더 → '도서주문.txt' 파일을 더블클릭한다.

3. [텍스트 마법사 – 3단계 중 1단계]에서 '원본 데이터 형식'은 '구분 기호로 분리됨'을 선택하고 다음을 클릭한다.

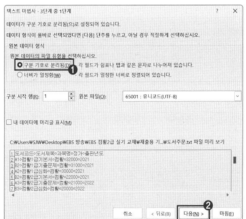

4. [텍스트 마법사 – 3단계 중 2단계]에서 구분 기호 '탭'의 체크를 확인한 후 다음을 클릭한다.

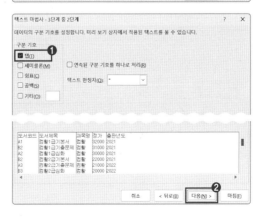

5. [텍스트 마법사 − 3단계 중 3단계]에서 '도서코드' 열을 선택하고 '열 가져오지 않음(건너뜀)'을 선택한 후 마침 을 클릭한다.

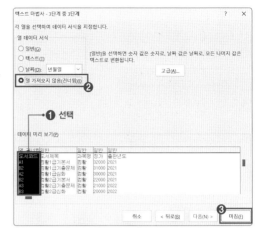

6. [데이터 가져오기] 대화 상자가 실행되면 '기존 워크시트'의 [B5] 셀이 선택되어 있는지 확인하고 확인 을 클릭한다.

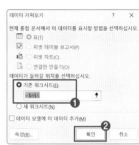

[결과]

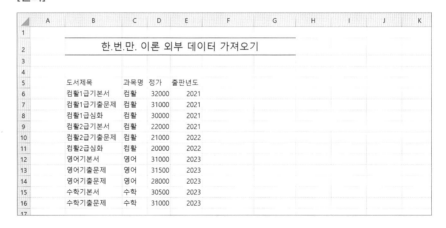

| | A | B | C | D | E |
|---|---|---|---|---|---|
| 2 | | | 한.번.만. 이론 외부 데이터 가져오기 | | |
| 5 | | 도서제목 | 과목명 | 정가 | 출판년도 |
| 6 | | 컴활1급기본서 | 컴활 | 32000 | 2021 |
| 7 | | 컴활1급기출문제 | 컴활 | 31000 | 2021 |
| 8 | | 컴활1급심화 | 컴활 | 30000 | 2021 |
| 9 | | 컴활2급기본서 | 컴활 | 22000 | 2021 |
| 10 | | 컴활2급기출문제 | 컴활 | 21000 | 2022 |
| 11 | | 컴활2급심화 | 컴활 | 20000 | 2022 |
| 12 | | 영어기본서 | 영어 | 31000 | 2023 |
| 13 | | 영어기출문제 | 영어 | 31500 | 2023 |
| 14 | | 영어기출문제 | 영어 | 28000 | 2023 |
| 15 | | 수학기본서 | 수학 | 30500 | 2023 |
| 16 | | 수학기출문제 | 수학 | 31000 | 2023 |

**문제 3** 다음의 텍스트 파일을 열고, 새 워크시트를 삽입하여 '외부 데이터 가져오기_2' 시트 오른쪽에 삽입하시오. (5점)

▶ 외부 데이터 파일명은 '자격증시험결과.txt'임
▶ 데이터는 '쉼표'로 구분되어 있음
▶ '전화번호' 열을 제외할 것
▶ 시트 명을 '자격증시험결과'로 하시오.

## [풀이]

1. '외부 데이터 가져오기_2' 시트에서 [데이터] → [데이터 가져오기 및 변환] → [데이터 가져오기]
→ [레거시 마법사] → [텍스트에서 (레거시)]를 클릭한다.

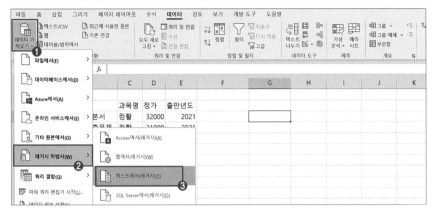

2. [텍스트 파일 가져오기] 대화 상자
에서 '로컬 디스크(C:)' 드라이브 →
'OA' 폴더 → '자격증시험결과.txt'
파일을 더블클릭한다.

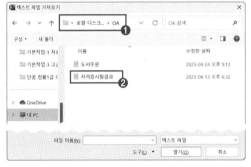

3. [텍스트 마법사 – 3단계 중 1단계]
에서 '원본 데이터 형식'은 '구분 기
호로 분리됨'을 선택하고 다음을
클릭한다.

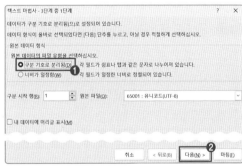

4. [텍스트 마법사 – 3단계 중 2단계]
에서 구분 기호 '탭'의 체크를 해제
하고 '쉼표'를 체크한 후 다음을 클
릭한다.

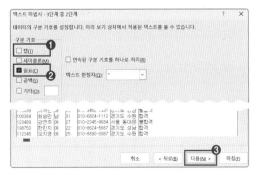

5. [텍스트 마법사 – 3단계 중 3단계]
에서 '전화번호' 열을 선택하고 '열
가져오지 않음(건너뜀)'을 선택한
후 마침 을 클릭한다.

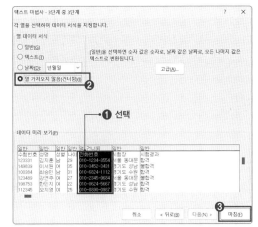

6. [데이터 가져오기] 대화 상자가 실행되면 '새 워크시트'를 선
택하고 확인 을 클릭한다.

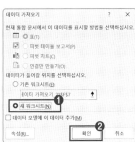

7. 새로 삽입된 시트를 드래그해 '외부 데이터 가져오기_2' 시트
오른쪽에 위치시킨 후 새로 삽입된 시트명을 더블클릭하고
시트명을 **자격증시험결과**로 수정한다.

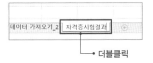

[결과]

| | A | B | C | D | E | F | G | H | I | J | K | L | M |
|---|---|---|---|---|---|---|---|---|---|---|---|---|---|
| 1 | 수험번호 | 성명 | 성별 | 나이 | 시험장 | 시험결과 | | | | | | | |
| 2 | 123331 | 김지훈 | 남 | 29 | 서울 동대문 | 합격 | | | | | | | |
| 3 | 149839 | 이서원 | 여 | 35 | 경기도 성남 | 불합격 | | | | | | | |
| 4 | 100384 | 최승민 | 남 | 31 | 경기도 수원 | 합격 | | | | | | | |
| 5 | 123489 | 강연주 | 여 | 27 | 서울 동대문 | 불합격 | | | | | | | |
| 6 | 198753 | 한민지 | 여 | 22 | 경기도 성남 | 합격 | | | | | | | |
| 7 | 112345 | 오지영 | 여 | 25 | 경기도 수원 | 합격 | | | | | | | |
| 8 | | | | | | | | | | | | | |
| 9 | | | | | | | | | | | | | |

# 그림 복사/연결하여 붙여넣기

- 만든 표의 크기나 서식을 유지하면서 크기가 다른 셀에도 붙여넣기 할 수 있는 기능이다.
- 그림 복사나 그림 붙여넣기는 캡처처럼 그림 자체를 삽입할 수 있다.
- 연결된 그림으로 붙여넣기는 그림을 삽입하면서 연결된 데이터가 변경되면 자동으로 같이 수정할 수 있는 기능이다.

출제 비중 5% 난이도 하

## 1 출제 유형 이해

www.ebs.co.kr/compass(엑셀 실습 파일 다운로드)

**문제 1** '결재란' 시트의 [A1:D2] 영역을 복사한 다음 '그림으로 붙여넣기' 시트의 [E3] 셀에 '그림'으로 붙여넣으시오. (5점)

▶ 단, 원본 데이터는 삭제하지 마시오.

**[풀이]**

'결재란' 시트의 [A1:D2] 범위를 선택한 후 복사(Ctrl + C)한다. '그림으로 붙여넣기' 시트의 [E3] 셀을 선택한 후 [홈] → [클립보드] → [붙여넣기] → [그림]을 선택한다.

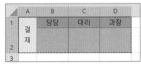

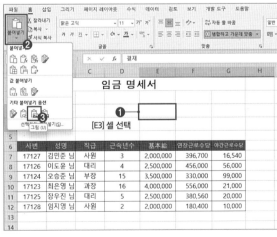

❶ [E3] 셀 선택

그림으로 붙여넣기: '결재란'을 복사(Ctrl + C)하고 붙여넣기(Ctrl + V)하면 실행되는 [붙여넣기 옵션]의 '그림'을 클릭해도 된다.

**문제 2** '결재란' 시트의 [A1:D2] 영역을 복사한 다음 '연결된 그림 붙여넣기' 시트의 [E3] 셀에 '연결하여 그림 붙여넣기'를 이용해서 붙여 넣으시오. (5점)

▶ 단, 원본 데이터는 삭제하지 마시오.

**[풀이]**

'결재란' 시트의 [A1:D2] 범위를 선택한 후 복사( Ctrl + C )한다. '연결된 그림 붙여넣기' 시트의 [E3] 셀을 선택한 후 [홈] → [클립보드] → [붙여넣기] → [연결된 그림]을 선택한다.

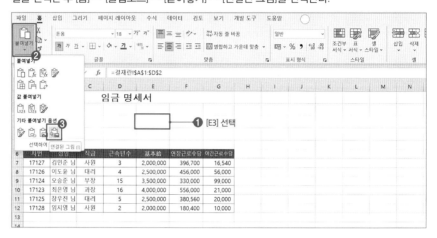

**[문제 1, 2 결과]**

| | A | B | C | D | E | F | G |
|---|---|---|---|---|---|---|---|
| 1 | | | | 임금 명세서 | | | |
| 2 | | | | | | | |
| 3 | | | | | 결 | 담당 | 대리 | 과장 |
| 4 | | | | | 재 | | | |
| 5 | | | | | | | |
| 6 | 사번 | 성명 | 직급 | 근속년수 | 基本給 | 연장근로수당 | 야간근로수당 |
| 7 | 17127 | 김민준 님 | 사원 | 3 | 2,000,000 | 396,700 | 16,540 |
| 8 | 17126 | 이도윤 님 | 대리 | 4 | 2,500,000 | 456,000 | 56,000 |
| 9 | 17124 | 오승준 님 | 부장 | 15 | 3,500,000 | 330,000 | 99,000 |
| 10 | 17123 | 최은영 님 | 과장 | 16 | 4,000,000 | 556,000 | 21,000 |
| 11 | 17125 | 장우진 님 | 대리 | 5 | 2,500,000 | 380,560 | 20,000 |
| 12 | 17128 | 임지영 님 | 사원 | 2 | 2,000,000 | 180,400 | 10,000 |
| 13 | | | | | | | |

# 계산 작업

## 시험 출제 정보

❯ 여러 함수를 중첩해 사용하는 문제가 출제되며, 문항당 8점 총 5문항으로 배점 40점이다.

❯ 계산 작업은 수험생에게 가장 어려운 문제지만 실기시험에서는 중심이 되는 문제이다. 따라서 함수에 대한 정확한 이해와 반복적인 학습이 필요하다.

❯ 계산 작업을 학습할 때는 함수식을 암기해 풀기 보다는 문제에서 요구하는 의도를 먼저 파악한 후, 조건식을 하나씩 풀어 나가는 연습을 반복하는 것이 중요하다.

www.ebs.co.kr/compass

합격 TIP!

## 1. 빠르게 함수식을 작성하는 방법

예) SUM 함수를 입력하기 위해서 셀에 **=S**를 입력하면 함수명이 목록에 표시된다. 이때 키보드 방향키(↓)를 이용해 사용하고자 하는 함수를 선택한 후 Tab을 누르거나 함수명을 더블 클릭하면 함수식을 빠르게 작성할 수 있다.

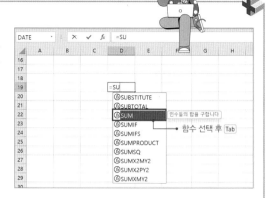

## 2. 함수 마법사를 이용한 함수식 작성 방법

함수식 작성이 어렵다면 [수식] → [함수 삽입] → [함수 마법사] 대화 상자를 통해 해당 함수에서 사용되는 인수의 설명을 확인하며 편리하게 함수식을 작성할 수 있다.

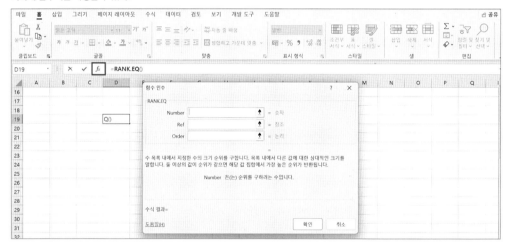

## 3. 수식을 작성할 때 수식이 길어져 참조 셀을 선택할 수 없는 경우

선택하려는 셀의 위쪽이나 아래쪽 셀을 선택한 후 방향키(↑/↓)를 눌러 선택하면 된다. 범위를 지정할 때도 범위를 선택한 후 위/아래로 드래그한다.

## 2급 실기시험에서 출제되는 함수

| 구분 | 주요 함수 |
|---|---|
| 날짜와 시간 함수 | DATE, DAY, DAYS, EDATE, EOMONTH, HOUR, MINUTE, MONTH, NOW, SECOND, TIME, TODAY, WEEKDAY, WORKDAY, YEAR |
| 논리 함수 | AND, FALSE, IF, IFERROR, NOT, OR, TRUE, IFS, SWITCH |
| 데이터베이스 함수 | DAVERAGE, DCOUNT, DCOUNTA, DMAX, DMIN, DSUM |
| 문자열 함수 | FIND, LEFT, LEN, LOWER, MID, PROPER, RIGHT, SEARCH, TRIM, UPPER |
| 수학과 삼각 함수 | ABS, INT, MOD, POWER, RAND, RANDBETWEEN, ROUND, ROUNDDOWN, ROUNDUP, SUM, SUMIF, SUMIFS, TRUNC |
| 찾기와 참조 함수 | CHOOSE, COLUMN, COLUMNS, HLOOKUP, INDEX, MATCH, ROW, ROWS, VLOOKUP |
| 통계 함수 | AVERAGE, AVERAGEA, AVERAGEIF, AVERAGEIFS, COUNT, COUNTA, COUNTBLANK, COUNTIF, COUNTIFS, LARGE, MAX, MAXA, MEDIAN, MIN, MINA, MODE.SNGL, RANK. EQ, SMALL, STDEV.S, VAR.S |

## 함수식 입력 방법

1. 수식 입력 시 맨 앞은 반드시 등호(=)를 먼저 입력하고 차례대로 함수명, 왼쪽 괄호, 인수, 오른쪽 괄호순으로 입력한다.
2. 각각의 인수는 쉼표(,)로 구분되고 인수의 범위는 콜론 (:)으로 표시된다.
3. 문자열을 인수로 사용하기 위해서는 큰따옴표(" ")로 묶어줘야 한다. 숫자나 날짜를 인수로 사용할 때는 큰 따옴표를 사용하지 않는다.

## 연산자

- ● **산술 연산자**

  예) [B2] 셀 값: 20

| 연산자 | 기능 |
|---|---|
| + | 더하기 |
| - | 빼기 |
| / | 나누기 |
| * | 곱하기 |
| ^ | 거듭제곱(지수) |
| % | 백분율 |

| | 식 | 결과 |
|---|---|---|
| | =B2+10 | 30 |
| | =B2-10 | 10 |
| | =B2*10 | 200 |
| | =B2/10 | 2 |
| | =B2^2 | 400 |
| | =B2% | 0.2 |

- **비교 연산자**

  예) [B2] 셀 값: 20

  두 값을 비교해서 참이면 결과에 논리값 TRUE, 거짓이면 논리값 FALSE를 표시한다.

| 연산자 | 기능 |
|---|---|
| = | 같다 |
| <> | 같지않다 |
| > | 크다(초과) |
| < | 작다(미만) |
| >= | 크거나 같다(이상) |
| <= | 작거나 같다(이하) |

| | A | B | C | D | E | F | G | H |
|---|---|---|---|---|---|---|---|---|
| 1 | | | | 식 | 결과 | | | |
| 2 | | 20 | | =B2=20 | TRUE | | | |
| 3 | | | | =B2<>20 | FALSE | | | |
| 4 | | | | =B2>20 | FALSE | | | |
| 5 | | | | =B2<20 | FALSE | | | |
| 6 | | | | =B2>=20 | TRUE | | | |
| 7 | | | | =B2<=20 | TRUE | | | |

- **연결 연산자**

  예) [B2] 셀 값: 20

  수식과 문자열 또는 수식과 수식을 연결해 주는 연산자로 "&"를 이용해서 작성한다.

  수식 작성 결과는 텍스트로 인식된다.

| | A | B | C | D | E | F | G | H |
|---|---|---|---|---|---|---|---|---|
| 1 | | | | 식 | 결과 | | | |
| 2 | | 20 | | =B2&"원" | 20원 | | | |
| 3 | | | | =B2&23 | 2023 | | | |
| 4 | | | | | | | | |

# 참조

- 수식에서 다른 셀의 값을 이용해 사용하는 것을 '참조'라고 표현한다.

  예) 수식 =A2+B2는 [A2] 셀과 [B2] 셀을 참조해 그 셀의 값들을 더한다는 의미다.

  또한 셀을 참조해 수식을 작성한 후 필요한 경우 다른 셀에도 적용하기 위해 수식을 복사한다.

| | A | B | C | D | E | F | G | H |
|---|---|---|---|---|---|---|---|---|
| 1 | | | | 수식 | 결과 | | | |
| 2 | 1 | 2 | | =A2+B2 | 3 | | | |
| 3 | 3 | 4 | | =A3+B3 | 7 | | | |
| 4 | 5 | 6 | | =A4+B4 | 11 | | | |
| 5 | 7 | 8 | | =A5+B5 | 15 | | | |
| 6 | | | | | | | | |

- 참조 방식은 상대 참조, 절대 참조, 열 고정 혼합 참조, 행 고정 혼합 참조가 있다.
- 참조 방식을 전환하는 방법: 셀 주소에 커서를 위치한 후 F4 를 누른다.

| | A | B | C |
|---|---|---|---|
| 3 | =A1 | =B1 | =C1 |
| 4 | =A2 | =B2 | =C2 |
| 5 | =A3 | =B3 | =C3 |
| 6 | | | |

<상대 참조>

| | A | B | C |
|---|---|---|---|
| 3 | =$A$1 | =$A$1 | =$A$1 |
| 4 | =$A$1 | =$A$1 | =$A$1 |
| 5 | =$A$1 | =$A$1 | =$A$1 |
| 6 | | | |

<절대 참조>

| | A | B | C |
|---|---|---|---|
| 3 | =A$1 | =B$1 | =C$1 |
| 4 | =A$1 | =B$1 | =C$1 |
| 5 | =A$1 | =B$1 | =C$1 |
| 6 | | | |

<행 고정 혼합 참조>

| | A | B | C |
|---|---|---|---|
| 3 | =$A1 | =$A1 | =$A1 |
| 4 | =$A2 | =$A2 | =$A2 |
| 5 | =$A3 | =$A3 | =$A3 |
| 6 | | | |

<열 고정 혼합 참조>

| 참조 | 설명 |
|---|---|
| 상대 참조 예) A1 | 수식을 복사할 때 셀을 상대적으로 참조해 참조할 셀의 주소도 변경되도록 하는 방식이다. |
| 절대 참조 예) $A$1 | 수식을 복사할 때 셀을 절대적으로 참조해 셀 주소가 변하지 않도록 행과 열을 둘 다 고정해서 참조하는 방식이다. |
| 혼합 참조 예) A$1, $A1 | 행 또는 열 중 하나만 고정해서 참조하는 방식이다. |

# 기본 계산식

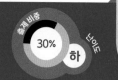
## 1 출제 유형 이해

www.ebs.co.kr/compass(엑셀 실습 파일 다운로드)

> **문제** '기본 계산식' 시트에 알맞은 답을 계산하시오.

[표1]에서 합계[E6:E9]를 계산하고 [표2]에서 세금[J8:J11]를 계산하시오.
- ▶ 합계: 수학+영어
- ▶ 세금: 급여액 * 세율

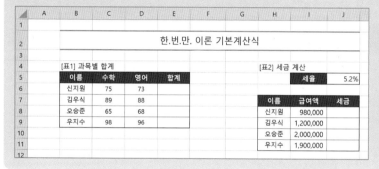

**[풀이]**

1. [E6] 셀에 **=C6+D6**을 입력한 후 채우기 핸들을 이용해 [E9] 셀까지 수식을 복사한다.

2. [J8] 셀에 **=I8*$J$5**를 입력한 후 채우기 핸들을 이용해 [J11] 셀까지 수식을 복사한다.
   세금은 각각의 급여액에 동일한 세율을 곱한 값이므로 참조가 변하지 않도록 세율 [J5]를 절대참조한다.

[결과]

| A | B | C | D | E | F | G | H | I | J |
|---|---|---|---|---|---|---|---|---|---|
| 1 | | | | | | | | | |
| 2 | | | 한.번.만. 이론 기본계산식 | | | | | | |
| 3 | | | | | | | | | |
| 4 | [표1] 과목별 합계 | | | | | | [표2] 세금 계산 | | |
| 5 | 이름 | 수학 | 영어 | 합계 | | | | 세율 | 5.2% |
| 6 | 신지원 | 75 | 73 | 148 | | | | | |
| 7 | 김우식 | 89 | 88 | 177 | | | 이름 | 급여액 | 세금 |
| 8 | 오승준 | 65 | 68 | 133 | | | 신지원 | 980,000 | 50,960 |
| 9 | 우지수 | 98 | 96 | 194 | | | 김우식 | 1,200,000 | 62,400 |
| 10 | | | | | | | 오승준 | 2,000,000 | 104,000 |
| 11 | | | | | | | 우지수 | 1,900,000 | 98,800 |
| 12 | | | | | | | | | |

계산 작업

## 02 논리 함수

❯ 논리값 TRUE, FALSE를 결과로 반환하는 함수, 논리식의 참과 거짓에 따른 결과, 혹은 오류일 때 사용자가 반환할 값을 지정하는 함수이다.

## 1 출제 유형 이해

www.ebs.co.kr/compass(엑셀 실습 파일 다운로드)

| TRUE FALSE | 의미 논리값 TRUE, FALSE를 표시한다. |
|---|---|
| | 형식 =TRUE()/FALSE() |

문제 1　[C8] 셀과 [C9] 셀에 각각의 논리값을 표시하시오.

● [C8] 셀에 **=TRUE**, [C9] 셀에 **=FALSE**를 입력한다.

| | B | C | D |
|---|---|---|---|
| 7 | 논리값 | 결과 | |
| 8 | TRUE | TRUE | |
| 9 | FALSE | FALSE | |
| 10 | | | |

C8 　fx =TRUE

| IF | 의미 조건에 대한 참과 거짓의 결과값을 구한다. |
|---|---|
| | 형식 =IF(조건, 참의 결과값, 거짓의 결과값) |

**문제 2**  [표1]에서 평균값[F8:F12]이 70점 이상이면 결과[G8:G12]에 '합격' 그렇지 않으면 '불합격'을 표시하고, [표2]에서 과일[D17:D21]이 '사과'면 결과 [E17:E21]에 '포장', 그 외는 빈칸으로 표시하시오.

1. [G8] 셀에 **=IF(F8 >= 70,"합격","불합격")**을 입력하고 [G12] 셀까지 수식을 복사한다.

| G8 | | × ✓ fx | =IF(F8>=70,"합격","불합격") | | |
|---|---|---|---|---|---|
| | B | C | D | E | F | G |
| 6 | [표1] 컴활 1급 시험 결과표 | | | | | |
| 7 | 성명 | 엑셀 | 엑세스 | 총점 | 평균값 | 결과 |
| 8 | 신지원 | 54 | 66 | 120 | 60.0 | 불합격 |
| 9 | 김채원 | 75 | 70 | 145 | 72.5 | 합격 |
| 10 | 오승준 | 78 | 76 | 154 | 77.0 | 합격 |
| 11 | 오지숙 | 80 | 85 | 165 | 82.5 | 합격 |
| 12 | 양채은 | 60 | 70 | 130 | 65.0 | 불합격 |

2. [E17] 셀에 **=IF(D17 = "사과","포장","")**을 입력하고 [E21] 셀까지 수식을 복사한다.

| E17 | | × ✓ fx | =IF(D17="사과","포장","") | | |
|---|---|---|---|---|---|
| | B | C | D | E | F | G |
| 15 | [표2] 추석 선물 | | | | | |
| 16 | 성명 | 직급 | 과일 | 결과 | | |
| 17 | 신지원 | 대리 | 사과 | 포장 | | |
| 18 | 김채원 | 과장 | 포도 | | | |
| 19 | 오승준 | 차장 | 포도 | | | |
| 20 | 오지숙 | 사원 | 배 | | | |
| 21 | 양채은 | 부장 | 사과 | 포장 | | |

| AND | 의미 | 모든 조건이 참이면 참(TRUE) 값을 구한다. 그 외는 거짓(FALSE)을 표시한다. |
|---|---|---|
| | 형식 | =AND(조건식1, 조건식2, 조건식3, …) |

**문제 3**  엑셀 점수[C7:C11]가 엑세스 점수[D7:D11]보다 작고 파워포인트 점수 [E7:E11]가 한글 점수[F7:F11]보다 크거나 같은 값을 찾아 결과[G7:G11]에 논리값으로 표시하시오.

● [G7] 셀에 **=AND(C7<D7, E7>=F7)**을 입력하고 [G11] 셀까지 수식을 복사한다.

| G7 | | × ✓ fx | =AND(C7<D7,E7>=F7) | | |
|---|---|---|---|---|---|
| | B | C | D | E | F | G |
| 6 | 성명 | 엑셀 | 엑세스 | 파워포인트 | 한글 | 결과 |
| 7 | 신지원 | 54 | 92 | 90 | 80 | TRUE |
| 8 | 김채원 | 67 | 70 | 75 | 60 | TRUE |
| 9 | 오승준 | 78 | 76 | 45 | 70 | FALSE |
| 10 | 오지숙 | 80 | 80 | 55 | 90 | FALSE |
| 11 | 양채은 | 95 | 83 | 78 | 100 | FALSE |

| OR | 의미 | 조건 중 하나라도 참이면 참(TRUE) 값을 구하고, 모두 거짓이면 거짓(FALSE)을 표시한다. |
|---|---|---|
| | 형식 | =OR(조건식1, 조건식2, 조건식3, …) |

**문제 4** 나이[C8:C12]가 25세 이하이거나, 거주지[D8:D12]가 '서울'인 사람을 찾아 결과[E8:E12]에 논리값으로 표시하시오.

● [E8] 셀에 **=OR(C8<=25,D8="서울")**을 입력하고 [E12] 셀까지 수식을 복사한다.

| | B | C | D | E |
|---|---|---|---|---|
| 7 | 성별 | 나이 | 거주지 | 결과 |
| 8 | 여 | 35 | 서울 | TRUE |
| 9 | 여 | 27 | 서울 | TRUE |
| 10 | 남 | 50 | 경기도 | FALSE |
| 11 | 남 | 18 | 부산 | TRUE |
| 12 | 여 | 45 | 경기도 | FALSE |

E8 = =OR(C8<=25,D8="서울")

| **IFERROR** | **의미** 수식의 결과가 오류일 때 지정한 값을 반환하고 그렇지 않으면 수식의 결과를 반환한다. |
|---|---|
| | **형식** =IFERROR(값, 값이 오류일 때 지정할 값) |

**문제 5** 각 교재별 기본서 가격[C8:C11]과 기출문제집 가격[D8:D11]의 합계를 결과[E8:E11]에 표시하고 오류가 발생하면 '미정'으로 표시하시오.

▶ 합계: 기본서 가격 + 기출문제집 가격

● [E8] 셀에 **=IFERROR(C8+D8,"미정")**을 입력하고 [E11] 셀까지 수식을 복사한다.

| | B | C | D | E |
|---|---|---|---|---|
| 7 | 교재 | 기본서 가격 | 기출문제집 가격 | 결과 |
| 8 | 수학 | 미정 | 20,000 | 미정 |
| 9 | 영어 | 25,000 | 20,000 | 45,000 |
| 10 | 국어 | 17,000 | 미정 | 미정 |
| 11 | 수학 | 30,000 | 28,000 | 58,000 |

E8 = =IFERROR(C8+D8,"미정")

| **NOT** | **의미** 논리식의 결과값을 부정한다. |
|---|---|
| | TRUE → FALSE, FALSE → TRUE 값 반환 |
| | **형식** =NOT(값) |

**문제 6** 기본서 가격[C8:C11]이 기출문제집 가격[D8:D11]보다 비싼 교재를 찾고 NOT 함수를 이용하여 반대로 결과[E8:E11]에 표시하시오.

● [E8] 셀에 **=NOT(C8>D8)**을 입력하고 [E11] 셀까지 수식을 복사한다.

| | B | C | D | E |
|---|---|---|---|---|
| 7 | 교재 | 기본서 가격 | 기출문제집 가격 | 결과 |
| 8 | 수학 | 30,000 | 20,000 | FALSE |
| 9 | 영어 | 25,000 | 20,000 | FALSE |
| 10 | 국어 | 17,000 | 28,000 | TRUE |
| 11 | 수학 | 30,000 | 35,000 | TRUE |

E8 = =NOT(C8>D8)

| | 의미 | 여러 조건에 대한 결과값을 반환하는 함수로, 조건이 참일 경우의 결과값을 한 쌍으로 표현한다. 함수의 마지막 조건에 TRUE를 입력하고, 결과값을 입력하면 앞에 입력된 조건을 모두 만족하지 않을 경우 실행한다. |
|:---:|:---:|:---|
| **IFS** | 형식 | =IFS(조건1, 결과값1, [조건2], [결과값2], … [TRUE], [그 외 결과값]) |

---

**문제 7**    [표기]의 성적[C8:C13]과 [평가표]를 이용하여 [D8:D13] 영역에 평가를 계산하여 표시하시오.

- [D8] 셀에 **=IFS(C8>=90, "A",C8>=80,"B",TRUE, "C")**를 입력하고 [D13] 셀까지 수식을 복사한다.

| | B | C | D | E | F | | H |
|---|---|---|---|---|---|---|---|
| 6 | [표7] 학생성적관리 | | | | | [평가표] | |
| 7 | 학생명 | 성적 | 평가 | | | 성적 | 평가 |
| 8 | 김효섭 | 85 | B | | | 90점 이상 | A |
| 9 | 우진우 | 92 | A | | | 80점 이상 | B |
| 10 | 박민혜 | 68 | C | | | 80점 미만 | C |
| 11 | 강수지 | 95 | A | | | | |
| 12 | 강수지 | 74 | C | | | | |
| 13 | 강수지 | 79 | C | | | | |
| 14 | | | | | | | |

D8 : =IFS(C8>=90,"A",C8>=80,"B",TRUE,"C")

=IFS(C8>=90,"A",C8.=80, "B",C8<80,"C")와 같이 입력해도 된다.

---

| | 의미 | 조건식과 비교값을 비교해 정확히 일치하는 값에 따른 반환값을 반환한다. 함수 인수의 기본값은 아무런 결과와도 일치하지 않을 경우의 반환될 값이다. |
|:---:|:---:|:---|
| **SWITCH** | 형식 | =SWITCH(조건식, 비교값1, 반환값1, [비교값2], [반환값2], … [기본값]) |

---

**문제 8**    [표8]의 요일[D8:D13]을 이용하여 1이면 '월', 2이면 '화', 3이면 '수', 4이면 '목', 5이면 '금', 6이면 '토', 7이면 '일'의 값을 결과[E8:E13]에 표시하시오.

- [E8] 셀에 **=SWITCH(D8,1, "월",2,"화",3,"수",4,"목",5, "금",6,"토",7,"일")**을 입력하고 [E13] 셀까지 수식을 복사한다.

E8 : =SWITCH(D8, 1, "월",2,"화",3,"수",4,"목",5,"금",6,"토",7,"일")

| | B | C | D | E | F | G |
|---|---|---|---|---|---|---|
| 6 | [표8] 판매관리 | | | | | |
| 7 | 거래처 지역 | 판매날짜 | 요일 | 결과 | | |
| 8 | 서울 | 2024-09-08 | 7 | 일 | | |
| 9 | 부산 | 2024-09-23 | 1 | 월 | | |
| 10 | 대구 | 2024-10-02 | 3 | 수 | | |
| 11 | 울산 | 2024-10-19 | 6 | 토 | | |
| 12 | 강원 | 2024-10-27 | 7 | 일 | | |
| 13 | 인천 | 2024-11-02 | 6 | 토 | | |

---

**문제 9**    [표9]의 결석횟수[C18:C22]가 0이면 '2점', 1이면 '1점' 그 외는 '없음'을 가산점[D18:D22]에 표시하시오.

- [D18] 셀에 **=SWITCH(C18,0, "2점", 1, "1점", "없음")**을 입력하고 [D22] 셀까지 수식을 복사한다.

D18 : =SWITCH(C18,0, "2점", 1, "1점", "없음")

| | B | C | D | E | F | G |
|---|---|---|---|---|---|---|
| 16 | [표9] 출석 | | | | | |
| 17 | 학생명 | 결석횟수 | 가산점 | | | |
| 18 | 김민지 | 0 | 2점 | | | |
| 19 | 강지영 | 2 | 없음 | | | |
| 20 | 최승호 | 1 | 1점 | | | |
| 21 | 양연수 | 5 | 없음 | | | |
| 22 | 김하나 | 4 | 없음 | | | |

# 03 날짜와 시간 함수

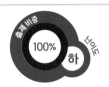

출제 비중 **100%** 난이도 **하**

> 날짜에서 연도, 월, 일, 요일을 추출하거나 시간에서 시, 분, 초를 추출해 계산하는 함수이다.

## 1 개념 학습

📢 날짜도 숫자이다.
1900-01-01는 숫자 1과 같다.
1900-01-02 = 2
1900-01-10 = 10

- 날짜와 시간 함수의 결과가 '45039'로 표시되는 경우가 있다.
- 1900-01-01을 숫자 1로 인식하기 때문에 날짜가 숫자로 출력될 수 있는데, 날짜로 표시하고 싶을 때는 [홈] → [표시 형식]에서 '간단한 날짜'를 선택하면 된다.

## 2 출제 유형 이해

www.ebs.co.kr/compass(엑셀 실습 파일 다운로드)

| NOW | 의미 | 현재 날짜와 시간을 구한다. |
|---|---|---|
| | 형식 | =NOW( ) |

**문제 1** [C8] 셀에 현재 날짜와 시간을 표시하시오.

- [C8] 셀에 **=NOW()**를 입력하고 Enter 를 누른다.

| TODAY | 의미 | 현재 날짜만 구한다. |
|---|---|---|
| | 형식 | =TODAY( ) |

**문제 2** [C14] 셀에 현재 날짜를 표시하시오.

- [C14] 셀에 **=TODAY()**를 입력하고 Enter 를 누른다.

| YEAR | 의미 날짜 셀에서 연도를 구한다. |
| --- | --- |
| | 형식 =YEAR(날짜) |

| MONTH | 의미 날짜 셀에서 월을 구한다. |
| --- | --- |
| | 형식 =MONTH(날짜) |

| DAY | 의미 날짜 셀에서 일을 구한다. |
| --- | --- |
| | 형식 =DAY(날짜) |

| DATE | 의미 연도, 월, 일 인수로 입력받은 정수를 날짜로 구한다. |
| --- | --- |
| | 형식 =DATE(년, 월, 일) |

문제 3  [B8] 셀에는 [E6] 셀의 년도, [C8] 셀에는 [E6] 셀의 월, [D8] 셀에는 [E6] 셀의
일을 표시하고 [E8] 셀에는 [E6] 셀과 동일한 날짜를 만들어 표시하시오.

1. [B8] 셀에 **=YEAR(E6)**을 입력하고 Enter를 눌러 연도를 구한다.
2. [C8] 셀에 **=MONTH(E6)**을 입력하고 Enter를 눌러 월을 구한다.
3. [D8] 셀에 **=DAY(E6)**을 입력하고 Enter를 눌러 일을 구한다.
4. [E8] 셀에 **=DATE(2023,8,12)**를 입력하고 Enter를 눌러 날짜를 구한다.

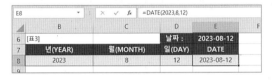

| HOUR | 의미 시간에서 시를 구한다. |
| --- | --- |
| | 형식 =HOUR(시간) |

| MINUTE | 의미 시간에서 분을 구한다. |
| --- | --- |
| | 형식 =MINUTE(시간) |

| SECOND | 의미 시간에서 초를 구한다. |
| --- | --- |
| | 형식 =SECOND(시간) |

| TIME | 의미 시, 분, 초 인수로 받은 실수를 시간으로 구한다. |
| --- | --- |
| | 형식 =TIME(시, 분, 초) |

문제 4  [B8] 셀에는 [E6] 셀의 시, [C8] 셀에는 [E6] 셀의 분, [D8] 셀에는 [E6] 셀의
초를 표시하고 [E8] 셀에는 [E6] 셀과 동일한 시간을 만들어 표시하시오.

1. [B8] 셀에 **=HOUR(E6)**을 입력하고 Enter를 눌러 시를 구한다.
2. [C8] 셀에 **=MINUTE(E6)**을 입력하고 Enter를 눌러 분을 구한다.
3. [D8] 셀에 **=SECOND(E6)**을 입력하고 Enter를 눌러 초를 구한다.
4. [E8] 셀에 **=TIME(1,10,12)**를 입력하고 Enter를 눌러 시간을 구한다.

다음 시간과 숫자는 동일하다.
- 24:00:00 = 0
- 6:00:00 = 0.25
- 12:00:00 = 0.5
- 18:00:00 = 0.75

| WEEKDAY | 의미 날짜에 해당하는 요일을 1~7까지의 숫자로 구한다. | | | | | | | |
|---|---|---|---|---|---|---|---|---|
| | 형식 =WEEKDAY(날짜, [요일의 유형을 결정하는 수]) | | | | | | | |
| | 유형 | 월 | 화 | 수 | 목 | 금 | 토 | 일 |
| | 1유형: 1(일요일) ~ 7(토요일) | 2 | 3 | 4 | 5 | 6 | 7 | 1 |
| | 2유형: 1(월요일) ~ 7(일요일) | 1 | 2 | 3 | 4 | 5 | 6 | 7 |

**문제 5** [C9] 셀에는 1번 유형, [C12] 셀에는 2번 유형의 2023-01-01에 해당하는 요일의 번호를 표시하시오.

1번 유형인 경우 =WEEKDAY
(B9)와 같이 유형 번호를 생략
해도 된다.

● [C9] 셀에 **=WEEKDAY(B9,1)**, [C12] 셀에 **=WEEKDAY(B12,2)**를 입력하고 Enter를 누른다.

| | C9 | | fx | =WEEKDAY(B9,1) |
|---|---|---|---|---|
| | B | C | D | |
| 8 | 현재날짜 | 요일(WEEKDAY) 1번 | | |
| 9 | 2023-01-01 | 1 | | |
| 10 | | | | |

| | C12 | | fx | =WEEKDAY(B12,2) |
|---|---|---|---|---|
| | B | C | D | |
| 11 | 현재날짜 | 요일(WEEKDAY) 2번 | | |
| 12 | 2023-01-01 | 7 | | |
| 13 | | | | |

| WORKDAY | 의미 시작 날짜에 일수를 더하거나 뺀 후 주말과 휴일을 제외한 날짜를 구한다. |
|---|---|
| | 형식 =WORKDAY(시작 날짜, 일수) |

**문제 6** 주말을 제외한 방과후 시작일[C9]로부터 90일[D9] 이후의 날짜를 구하여 [E9]에 표시하시오.

● [E9] 셀에 **=WORKDAY(C9,D9)**를 입력하고 Enter를 누른다.

| | E9 | | fx | =WORKDAY(C9,D9) | |
|---|---|---|---|---|---|
| | B | C | D | E | F |
| 8 | 담당교사 | 방과후 시작일 | 수업기간(일) | 종료하는 날(WORKDAY) | |
| 9 | 최혜진 | 2024-02-02 | 90 | 2024-06-07 | |
| 10 | | | | | |

| EDATE | 의미 시작 날짜의 월에서 개월 수를 더하거나 뺀 날짜를 구한다. |
|---|---|
| | 형식 =EDATE(시작 날짜, 개월 수) |

**문제 7** 출장 시작일[C8]로부터 출장기간(월)[D8]이 경과한 출장종료일[E8]을 구하고 아래 신지원 사원의 출장일[C13] 이전의 개월[D13]을 구하여 결과값[E13] 셀에 표시하시오.

- [E8] 셀에 **=EDATE(C8,D8)**, [E13] 셀은 **=EDATE(C13,D13)**을 입력하고 Enter 를 누른다.

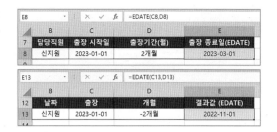

---

| | 의미 | 시작 날짜에 개월 수를 더하거나 뺀 달의 마지막 날짜를 구한다. |
|---|---|---|
| **EOMONTH** | 형식 | =EOMONTH(시작 날짜, 개월 수) |

**문제 8** 수업 시작일[C8]과 수업[BI3]에서 수업기간(월)[D8]과 개월[C13]이 지난 수업 종료일과 결과값의 월별 마지막 날짜를 구하고 [E8] 셀과 [D13] 셀에 나타내시오.

1. [E8] 셀에 **=EOMONTH(C8,D8)**을 입력하고 Enter 를 누른다.
   → 2023년 1월 1일 날짜[D8]를 기준으로 2개월 후[D8]인 3월의 마지막 날짜를 구한다.
2. [D13] 셀에 **=EOMONTH(B13,C13)**을 입력하고 Enter 를 누른다.
   → 2023년 3월 1일 날짜[B13]를 기준으로 2개월 전[C13]인 1월의 마지막 날짜를 구한다.

E8 | fx | =EOMONTH(C8,D8)

| | B | C | D | E |
|---|---|---|---|---|
| 7 | 담당직원 | 수업 시작일 | 수업기간(월) | 수업 종료일(EOMONTH) |
| 8 | 오승준 | 2023-01-01 | 2개월 | 2023-03-31 |
| 9 | | | | |

D13 | fx | =EOMONTH(B13,C13)

| | B | C | D |
|---|---|---|---|
| 12 | 수업 | 개월 | 결과값 (EOMONTH) |
| 13 | 2023-03-01 | -2개월 | 2023-01-31 |
| 14 | | | |

---

| | 의미 | 종료 날짜에서 시작 날짜를 뺀 두 날짜 사이의 일수를 구한다. |
|---|---|---|
| **DAYS** | 형식 | =DAYS(종료 날짜, 시작 날짜) |

**문제 9** 개학일[C8]과 방학일[D8] 두 날짜 사이 출석일수를 구하여 [E8]에 나타내시오.

- [E8] 셀에 **=DAYS(D8,C8)**을 입력하고 Enter 를 누른다.

E8 | fx | =DAYS(D8,C8)

| | B | C | D | E |
|---|---|---|---|---|
| 7 | 학생 | 개학일 | 방학일 | 출석일수 |
| 8 | 오민주 | 2024-03-12 | 2024-07-12 | 122 |
| 9 | | | | |

# 문자열 함수

> 문자열의 왼쪽, 오른쪽, 중간에서 지정한 글자 수만큼 문자를 추출하거나 대/소문자 변환, 문자열에서 특정 문자의 위치를 구하는 등 문자열을 이용해 값을 구하는 함수이다.

## 1 출제 유형 이해

www.ebs.co.kr/compass(엑셀 실습 파일 다운로드)

| LEFT | 의미 | 문자열의 왼쪽부터 지정한 수만큼 추출한다.<br>(공백도 한 글자로 포함) |
|---|---|---|
| | 형식 | =LEFT(문자열,추출할 문자 수) |

**문제 1** 데이터[B8]에서 추출한 왼쪽 5글자를 [C8]에 표시하시오.

● [C8] 셀에 **=LEFT(B8,5)**를 입력하고 Enter 를 누른다.

| RIGHT | 의미 | 문자열의 오른쪽부터 지정한 수만큼 추출한다.<br>(공백도 한 글자로 포함) |
|---|---|---|
| | 형식 | =RIGHT(문자열, 추출할 문자 수) |

**문제 2** 데이터[B11]에서 추출한 오른쪽 5글자를 [C11]에 표시하시오.

● [C11] 셀에 **=RIGHT(B11,5)**를 입력하고 Enter 를 누른다.

| MID | 의미 | 문자열의 시작 위치에서부터 지정한 수만큼 추출한다. |
|---|---|---|
| | 형식 | =MID(문자열, 시작 위치, 추출할 글자 수) |

**문제 3** 데이터[B7]에서 첫 번째 글자부터 5글자를 추출해서 [C7]에 표시하고 데이터[B12]에서 일곱 번째 글자부터 3글자를 추출해서 [C12]에 표시하시오.

1. [C7] 셀에 **=MID(B7,1,5)**를 입력하고 Enter를 누른다.
   → "교육의중심 EBS" 데이터에서 첫 번째 글자인 "교"부터 5글자를 추출한다.
2. [C12] 셀에 **=MID(B12,7,3)**을 입력하고 Enter를 누른다.
   → 일곱번째 글자인 "E"부터 3글자를 추출한다.

| C7 | | × ✓ | fx | =MID(B7,1,5) |
| --- | --- | --- | --- | --- |
| | B | | C | |
| 6 | 데이터 | | =MID(B7,1,5) | |
| 7 | 교육의중심 EBS | | 교육의중심 | |
| 8 | | | | |

| C12 | | × ✓ | fx | =MID(B12,7,3) |
| --- | --- | --- | --- | --- |
| | B | | C | |
| 11 | 데이터 | | =MID(B12,7,3) | |
| 12 | 교육의중심 EBS | | EBS | |
| 13 | | | | |

| **LEN** | **의미** 문자열 내의 문자 개수를 구한다.(공백도 한 글자에 포함) |
| --- | --- |
| | **형식** =LEN(문자열) |

**문제 4** 데이터[B7]의 글자 수를 세고 [C7]에 표시하시오.

- [C7] 셀에 **=LEN(B7)**을 입력하고 Enter를 누른다.

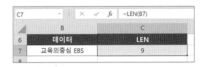

| C7 | | × ✓ | fx | =LEN(B7) |
| --- | --- | --- | --- | --- |
| | B | | C | |
| 6 | 데이터 | | LEN | |
| 7 | 교육의중심 EBS | | 9 | |
| 8 | | | | |

| **UPPER** | **의미** 문자열을 모두 대문자로 변환한다. |
| --- | --- |
| | **형식** =UPPER(문자열) |

| **LOWER** | **의미** 문자열을 모두 소문자로 변환한다. |
| --- | --- |
| | **형식** =LOWER(문자열) |

| **PROPER** | **의미** 문자열의 첫 번째 문자만 대문자로 나머지는 소문자로 변환한다. |
| --- | --- |
| | **형식** =PROPER(문자열) |

**문제 5** 데이터[E8]의 문자열을 모두 대문자로 변환한 결과를 [C8]에, 모두 소문자로 변화한 결과를 [D8]에, 그리고 첫 번째 문자열만 대문자로 변환한 결과를 [E8]에 표시하시오.

1. [C8] 셀에 **=UPPER(B8)**을 입력하고 Enter를 누른다.
2. [D8] 셀에 **=LOWER(B8)**을 입력하고 Enter를 누른다.
3. [E8] 셀에 **=PROPER(B8)**을 입력하고 Enter를 누른다.

| B8 | | × ✓ | fx | aPPIE | |
| --- | --- | --- | --- | --- | --- |
| | B | | C | D | E |
| 7 | 데이터 | | UPPER | LOWER | PROPER |
| 8 | aPPIE | | APPLE | apple | Apple |
| 9 | | | | | |

| FIND | 의미 | 문자열에서 찾을 문자의 위치값을 구한다.(찾으려는 문자의 시작 위치값을 생략하면 자동으로 1로 인식한다.) |
|---|---|---|
| | 형식 | =FIND(찾으려는 텍스트, 찾으려는 텍스트가 포함되어 있는 원본 텍스트, [찾기 시작할 문자의 위치]) |

**문제 6** [B9] 셀에서 'e'의 위치값을 구하여 [C9]에 표시하시오.

● [C9] 셀에 **=FIND("e",B9)**를 입력하고 Enter를 누른다.

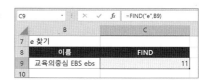

| FIND | 의미 | 문자열에서 찾을 문자의 위치값을 구한다.(찾으려는 문자의 시작 위치값을 생략하면 자동으로 1로 인식한다.) |
|---|---|---|
| SEARCH | 형식 | =SEARCH(찾으려는 텍스트, 찾으려는 텍스트가 포함되어 있는 원본 텍스트, [찾기 시작할 문자의 위치]) |
| | | FIND와 SEARCH 차이점: FIND 함수는 대소문자를 구분하고, SEARCH 함수는 대소문자를 구분하지 않는다. |

**문제 7** SEARCH 함수로 [B9] 셀의 'e' 위치값을 구하여 [C9] 셀에 표시하시오.

● [C9] 셀에 **=SEARCH("e",B9)**를 입력하고 Enter를 누른다.

| TRIM | 의미 | 단어 사이의 공백 한 칸을 남기고 문자열의 불필요한 모든 공백을 제거한다. |
|---|---|---|
| | 형식 | =TRIM(텍스트) |

**문제 8** [B8]의 공백을 제거하여 [C8]에 표시하시오.

● [C8] 셀에 **=TRIM(B8)**을 입력하고 Enter를 누른다.
   → 첫 글자 "교" 앞과 맨 끝 글자 "S" 뒤의 공백을 없애고 단어 사이의 공백은 한 칸으로 만든다.

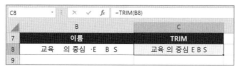

# 수학과 삼각 함수

🔎 반올림, 올림, 버림을 하기 위한 자릿수를 지정하거나 거듭제곱, 나머지 값, 절대값, 조건에 맞는 합계 등을 계산하는 함수이다.

출제 비중 100% 중 난이도

## 1 출제 유형 이해

www.ebs.co.kr/compass(엑셀 실습 파일 다운로드)

| **ABS** | **의미** 절대값을 구한다. |
| | **형식** =ABS(절대값을 구하려는 실수) |

> **문제 1** 평균차[D7:D12]의 절대값을 구하고 [E7:E12]에 표시하시오.

- [E7] 셀에 **=ABS(D7)**을 입력하고 Enter를 누른다.
- [E12] 셀까지 수식을 복사한다.

| E7 | ▼ | × | ✓ | fx | =ABS(D7) |
| --- | --- | --- | --- | --- | --- |

| | B | C | D | E |
| --- | --- | --- | --- | --- |
| 6 | 이름 | 점수 | 평균차 | 평균차 절대값(ABS) |
| 7 | 김정화 | 53 | -18 | 18 |
| 8 | 이효준 | 88 | 17 | 17 |
| 9 | 정일영 | 96 | 25 | 25 |
| 10 | 윤우빈 | 46 | -25 | 25 |
| 11 | 임준성 | 57 | -14 | 14 |
| 12 | 이호진 | 88 | 17 | 17 |
| 13 | 평균 | 71 | | |
| 14 | | | | |

| **ROUND** | **의미** 숫자를 자릿수만큼 반올림하여 구한다. |
| | **형식** =ROUND(숫자, 자릿수) |

| **ROUNDUP** | **의미** 숫자를 자릿수만큼 올림하여 구한다. |
| | **형식** =ROUNDUP(숫자, 자릿수) |

| **ROUNDDOWN** | **의미** 숫자를 자릿수만큼 내림하여 구한다. |
| | **형식** =ROUNDDOWN(숫자, 자릿수) |

> **문제 2** [B6] 셀의 값에 대한 자릿수 [B7:B13]을 적용하여 반올림한 결과를 [C7:C13]에, 올림한 결과를 [D7:D13]에, 내림한 결과를 [E7:E13]에 표시하시오.

1. 반올림(ROUND) 함수 적용
   - [C7] 셀에 **=ROUND($B$6,B7)**을 입력하고 Enter 를 누른다.
   - [C13] 셀까지 수식을 복사한다.
2. 올림(ROUNDUP) 함수 적용
   - [D7] 셀에 **=ROUNDUP($B$6,B7)**을 입력하고 Enter 를 누른다.
   - [D13] 셀까지 수식을 복사한다.
3. 버림(ROUNDDOWN) 함수 적용
   - [E7] 셀에 **=ROUNDDOWN($B$6,B7)**을 입력하고 Enter 를 누른다.
   - [E13] 셀까지 수식을 복사한다.

ROUND, ROUNDUP, ROUNDDOWN 공통 자릿수

| 자릿수 | 설명 |
|---|---|
| 1 | 소수점 첫째 자리까지 표시 |
| 2 | 소수점 둘째 자리까지 표시 |
| 3 | 소수점 셋째 자리까지 표시 |
| 0 | 정수로 표시 |
| -1 | 일의 자리에서 반올림/올림/내림하여 십의 자리까지 표시 |
| -2 | 십의 자리에서 반올림/올림/내림하여 백의 자리까지 표시 |
| -3 | 백의 자리에서 반올림/올림/내림하여 천의 자리까지 표시 |

1 2 4 8 . 6 7 8
-3 -2 -1 0 1 2 3

| MOD | **의미** 나눗셈의 나머지를 구한다. |
|---|---|
| | **형식** =MOD(나머지를 구하려는 수, 나누는 수) |

**문제 3** 각 수[B8:B17]를 2로 나눈 나머지값[C8:C17]과 3으로 나눈 나머지값[D8:D17]을 표시하시오.

1. [C8] 셀에 **=MOD(B8,2)**를 입력하고 [C17] 셀까지 수식을 복사한다.
   → [B8:B17]의 수를 2로 나눈 나머지값을 구한다.
   (1) [C8] 수식 =MOD(B8,2) → [B8] 셀의 숫자 1은 2로 나눌 수 없기 때문에 나머지 1이 출력된다.

(2) [C9] 수식 =MOD(B9,2) → [B9] 셀의 숫자 2를 2로 나눈 나머지값 0을 구한다.

2. [D8] 셀에 **=MOD(B8,3)**을 입력하고 [D17] 셀까지 수식을 복사한다.
   → [B8:B17]의 수를 3으로 나눈 나머지값을 구한다.
   (1) [D8] 수식 =MOD(B8,3) → [B8] 셀의 숫자 1은 3으로 나눌 수 없기 때문에 나머지 1이 출력된다.
   (2) [D10] 수식 =MOD(B10,3) → [B10] 셀의 숫자 3을 3으로 나눈 나머지값 0을 구한다.

| POWER | 의미 밑수를 지정한 수만큼 거듭제곱한 결과를 구한다. |
|---|---|
| | 형식 =POWER(밑수, 지수) |

**문제 4** 각 수[B7:B13]를 2승한 값을 [C7:C13]에 표시하시오.

- [C7] 셀에 수식 **=POWER(B7,2)**를 입력하고 [C13]
  셀까지 수식을 복사한다.
  (1) [C7] 수식 = 숫자[B7] 2를 2번 거듭제곱한 4를
     구한다.
  (2) [C8] 수식 = 숫자[B8] 3을 2번 거듭제곱한 9를
     구한다.

| C7 | : | × ✓ fx | =POWER(B7,2) |
|---|---|---|---|

| | B | C | D | E |
|---|---|---|---|---|
| 6 | 숫자 | 2승한 값 (POWER) | | |
| 7 | 2 | 4 | | |
| 8 | 3 | 9 | | |
| 9 | 4 | 16 | | |
| 10 | 5 | 25 | | |
| 11 | 6 | 36 | | |
| 12 | 7 | 49 | | |
| 13 | 8 | 64 | | |
| 14 | | | | |

| SUMIF | 의미 (조건1개) 조건에 맞는 셀들의 합계를 구한다. |
|---|---|
| | 형식 =SUMIF(조건을 검색할 셀 범위, 조건, 합계를 구할 셀 범위) |

**문제 5** [표5]의 반[D7:D16], 영어 점수[E7:E16]를 이용하여 반별 영어 점수의 합계를 [H7:H9]에 표시하시오.

- [H7] 셀에 **=SUMIF($D$7:$D$16,G7,$E$7:$E$16)**을 입력하고 [H9] 셀까지 수식을 복사한다.
  → 반[D7:D16] 범위 중 A반[G7], B반[G8], C반[G9]의 영어 점수[E7:E16]의 합계를 구한다. 이때
    조건을 검색할 셀 범위[D7:D16]와 영어 점수[E7:E16]를 구할 셀 범위는 자동 채우기 했을 때
    참조가 변경되면 안 되므로 절대 참조한다.

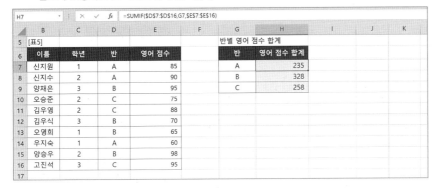

| H7 | : | × ✓ fx | =SUMIF($D$7:$D$16,G7,$E$7:$E$16) |
|---|---|---|---|

| | B | C | D | E | F | G | H | I | J | K |
|---|---|---|---|---|---|---|---|---|---|---|
| 5 | [표5] | | | | | 반별 영어 점수 합계 | | | | |
| 6 | 이름 | 학년 | 반 | 영어 점수 | | 반 | 영어 점수 합계 | | | |
| 7 | 신지원 | 1 | A | 85 | | A | 235 | | | |
| 8 | 신지수 | 2 | A | 90 | | B | 328 | | | |
| 9 | 양채은 | 3 | B | 95 | | C | 258 | | | |
| 10 | 오승준 | 2 | C | 75 | | | | | | |
| 11 | 김우영 | 2 | C | 88 | | | | | | |
| 12 | 김우식 | 3 | B | 70 | | | | | | |
| 13 | 오영희 | 1 | B | 65 | | | | | | |
| 14 | 우지숙 | 1 | A | 60 | | | | | | |
| 15 | 양승우 | 2 | B | 98 | | | | | | |
| 16 | 고진석 | 3 | C | 95 | | | | | | |
| 17 | | | | | | | | | | |

| | | |
|---|---|---|
| **SUMIFS** | 의미 | (조건 여러개) 조건에 맞는 셀들의 합계를 구한다. |
| | 형식 | =SUMIFS(합계를 구할 셀 범위, 조건을 검색할 셀 범위1, 조건1, 조건을 검색할 셀 범위2, 조건2, …) |

**문제 6** [표6]에서 학년[C7:C16], 반[D7:D16], 영어 점수[E7:E16]를 이용하여 반별 학년별 영어 점수의 합계를 구하여 [I7:I9]에 표시하시오.

● [I7] 셀에 **=SUMIFS($E$7:$E$16,$D$7:$D$16,G7,$C$7:$C$16,H7)**을 입력하고 [I9] 셀까지 수식을 복사한다.
 → 반[D7:D16] 범위에서 A반[G7]에 해당하고 학년[C7:C16]이 1학년[H7]인 학생의 영어점수 [E7:E16]의 합계를 구한다.

조건을 검색할 셀 범위와 합계를 구할 셀 범위는 자동 채우기 했을 때 참조가 변경되면 안 되므로 절대 참조로 입력해야 한다.

| I7 | | fx | =SUMIFS($E$7:$E$16,$D$7:$D$16,G7,$C$7:$C$16,H7) | | | | | |
|---|---|---|---|---|---|---|---|---|
| | B | C | D | E | F | G | H | I |
| 5 | [표6] | | | | | | 반별 학년별 영어 점수 합계 | |
| 6 | 이름 | 학년 | 반 | 영어 점수 | | 반 | 학년 | 영어 점수 합계 |
| 7 | 신지원 | 1 | A | 85 | | A | 1 | 145 |
| 8 | 신지수 | 2 | A | 90 | | B | 2 | 98 |
| 9 | 양채은 | 3 | B | 95 | | C | 3 | 95 |
| 10 | 오승준 | 2 | C | 75 | | | | |
| 11 | 김우영 | 2 | C | 88 | | | | |
| 12 | 김우식 | 3 | B | 70 | | | | |
| 13 | 오영희 | 1 | B | 65 | | | | |
| 14 | 우지숙 | 1 | A | 60 | | | | |
| 15 | 양승우 | 2 | B | 98 | | | | |
| 16 | 고진석 | 3 | C | 95 | | | | |
| 17 | | | | | | | | |

| | | |
|---|---|---|
| **TRUNC** | 의미 | 특정 자릿수 이하 값을 버림 하고 남은 값을 구한다. |
| | 형식 | =TRUNC(숫자, [자릿수]) |
| | 특징 | TRUNC는 자릿수가 생략 가능하며 생략 시 정수로 내림하게 된다. 그 외는 ROUNDDOWN과 결과값이 같다. |

**문제 7** [B6]값을 TRUNC를 이용하여 각 자릿수[B7:B13]로 내림하여 [C7:C13]에 표시하시오.

1. [C7] 셀에 **=TRUNC($B$6,B7)**을 입력하고 [C13] 셀까지 수식을 복사한다.
 → [C7] 셀 값 5415.43567을 소수점 둘째 자리에서 내림하여 소수 첫째 자리까지 나타내는 것으로 5415.4가 표시된다.
2. [C8] 셀 5415.43567을 소수 셋째 자리에서 내림하여 소수 둘째 자리까지 구하는 것으로 5415.43이 표시된다.

| C7 | | fx | =TRUNC($B$6,B7) |
|---|---|---|---|
| | B | C | D |
| 6 | 5415.43567 | TRUNC | |
| 7 | 1 | 5415.4 | |
| 8 | 2 | 5415.43 | |
| 9 | 3 | 5415.435 | |
| 10 | 0 | 5415 | |
| 11 | -1 | 5410 | |
| 12 | -2 | 5400 | |
| 13 | -3 | 5000 | |
| 14 | | | |

| INT | 의미 | 소수 이하 자릿수를 모두 버림 해서 정수값을 구한다. |
|---|---|---|
| | 형식 | =INT(숫자) |

**문제 8**  [B6], [C6], [D6]을 INT를 이용하여 정수값으로 내림하여 [B7], [C7], [D7] 에 표시하시오.

● [B7] 셀에 **=INT(B6)**, [C7] 셀에 **=INT(C6)**, [D7] 셀에 **=INT(D6)**을 입력하고 Enter를 누른다.

| B7 | ▼ | : | × | ✓ | fx | =INT(B6) |
|---|---|---|---|---|---|---|

| | B | C | D |
|---|---|---|---|
| 6 | 15.43567 | -55.3 | -76.5 |
| 7 | 15 | -56 | -77 |
| 8 | | | |

| RAND | 의미 | 0~1 사이의 난수를 구한다. |
|---|---|---|
| | 형식 | =RAND() |

**문제 9**  이자영의 난수값을 구하여 [C7]에 표시하시오.

● [C7] 셀에 **=RAND()**를 입력하고 Enter를 누른다.

| C7 | ▼ | : | × | ✓ | fx | =RAND() |
|---|---|---|---|---|---|---|

| | B | C | D | E |
|---|---|---|---|---|
| 6 | RAND | 결과 | | |
| 7 | 이자영 | 0.0030186 | | |
| 8 | | | | |

RAND 함수는 난수로 '무작 위'라는 뜻을 갖기 때문에 수식 입력 후 Enter를 누를 때마다 값이 매번 다르게 출력될 수 있다.

| RANDBETWEEN | 의미 | 지정한 두 수 사이의 난수값을 반환한다. |
|---|---|---|
| | 형식 | =RANDBETWEEN(최솟값, 최댓값) |

**문제 10**  최저층[B7:B12]부터 최고층[D7:D12] 사이의 당첨층수[E7:E12]를 구하여 표시하시오.

● [E7] 셀에 **=RANDBETWEEN(C7,D7)**을 입력 하고 [E12] 셀까지 수식을 복사한다.

| E7 | ▼ | : | × | ✓ | fx | =RANDBETWEEN(C7,D7) |
|---|---|---|---|---|---|---|

| | B | C | D | E | F |
|---|---|---|---|---|---|
| 6 | 성명 | 최저층 | 최고층 | 당첨층수 | |
| 7 | 고우림 | 1 | 30 | 24층 | |
| 8 | 정은수 | 1 | 30 | 14층 | |
| 9 | 박가영 | 1 | 30 | 8층 | |
| 10 | 하수진 | 1 | 30 | 30층 | |
| 11 | 송주아 | 1 | 30 | 24층 | |
| 12 | 박찬우 | 1 | 30 | 30층 | |
| 13 | | | | | |

# 찾기와 참조 함수

> 찾고자 하는 값을 참조 범위의 첫 번째 행 또는 열에서 검색해 해당 범위에서 지정한 행 또는 열에 위치한 값을 구하는 함수이다.

## **1** 출제 유형 이해

www.ebs.co.kr/compass(엑셀 실습 파일 다운로드)

| | |
|---|---|
| VLOOKUP | **의미** 표의 첫 열에서 찾으려는 값을 검색해 지정한 열에서 값을 찾는다.<br>**형식** =VLOOKUP( 찾으려는 값, 찾으려는 값이 첫 열에 있는 범위, 열 번호, 찾는 방법)<br>● 찾으려는 값: 셀 범위의 첫 번째 열에서 검색될 값<br>● 찾으려는 값이 있는 범위:<br>   – 찾을 데이터를 검색하고 추출하려는 범위이다.<br>   – 찾으려는 값이 범위 내에서 첫 번째 열로 지정되어 있어야 한다.<br>   – 범위는 수식을 복사할 때 참조 셀이 변하면 안 되므로 절대 참조한다.<br>● 열 번호:<br>   – 찾으려는 값이 있는 범위 내의 추출할 값의 열 번호를 지정한다.<br>   – 범위 내에서 첫 번째 열의 값을 열 번호 1로 한다.<br>● 찾는 방법:<br>   – 정확하게 일치하는 값을 찾으려면 FALSE 또는 0<br>   – 비슷하게 일치하는 값을 찾으려면 TRUE 또는 1, 생략 |

**문제 1** [표1]의 직급[C7:C12]과 [급여]표 [G9:I11] 영역을 이용하여 [D7:D12] 영역에 보너스를, [E7:E12] 영역에 직급수당을 계산하여 표시하시오.

1. [D7] 셀에 **=VLOOKUP(C7,$G$9:$I$11,2,0)**을 입력하고 [D12] 셀까지 수식을 복사한다.
   → 찾으려는 값 [C7] 셀을 [급여] 표[$G$9:$I$11]의 첫 열에서 검색한다. 보너스는 표[$G$9:$I$11]의 두 번째 열에 있으므로 열 번호는 2가 되고, 직급[C7]을 [G9:G11]에서 정확하게 검색하여 일치하는 보너스값을 찾기 때문에 찾는 방법은 0 또는 FALSE가 된다.
2. [E7] 셀에 **=VLOOKUP(C7,$G$9:$I$11,3,0)**을 입력하고 [E12] 셀까지 수식을 복사한다.
   → 찾으려는 값 [C7] 셀을 [급여] 표[$G$9:$I$11]의 첫 열에서 검색한다. 직급수당은 표[$G$9:$I$11]의 세 번째 열에 있으므로 열 번호는 3이 된다.

| D7 | ▾ | : | × | ✓ | fx | =VLOOKUP($C7,$G$9:$I$11,2,0) | | |
|---|---|---|---|---|---|---|---|---|

| | B | C | D | E | F | G | H | I |
|---|---|---|---|---|---|---|---|---|
| 5 | [표1] | | | | | | | |
| 6 | **선물 과일** | **직급** | **보너스** | **직급수당** | | | | |
| 7 | 사과 | 대리 | 2,000,000 | 200,000 | | [급여] | | |
| 8 | 배 | 과장 | 2,500,000 | 250,000 | | **직급** | **보너스** | **직급수당** |
| 9 | 배 | 대리 | 2,000,000 | 200,000 | | 과장 | 2,500,000 | 250,000 |
| 10 | 포도 | 과장 | 2,500,000 | 250,000 | | 대리 | 2,000,000 | 200,000 |
| 11 | 사과 | 사원 | 1,800,000 | 180,000 | | 사원 | 1,800,000 | 180,000 |
| 12 | 포도 | 사원 | 1,800,000 | 180,000 | | | | |
| 13 | | | | | | | | |

| | |
|---|---|
| **HLOOKUP** | **의미** 표의 첫 행에서 찾으려는 값을 검색해 지정한 행에서 값을 찾는다.<br>**형식** =HLOOKUP(찾으려는 값, 찾으려는 값이 첫 행에 있는 범위, 행 번호, 찾는 방법)<br>● 찾으려는 값: 셀 범위의 첫 번째 행에서 검색될 값<br>● 찾으려는 값이 있는 범위:<br>　– 찾을 데이터를 검색하고 추출하려는 범위이다.<br>　– 찾으려는 값이 범위 내에서 첫 번째 행으로 지정되어 있어야 한다.<br>　– 범위는 수식을 복사할 때 참조 셀이 변하면 안 되므로 절대 참조한다.<br>● 행 번호:<br>　– 찾으려는 값이 있는 범위 내의 추출할 값의 행 번호를 지정한다.<br>　– 범위 내에서 첫 번째 행의 값을 행 번호 1로 한다.<br>● 찾는 방법:<br>　– 정확하게 일치하는 값을 찾으려면 FALSE 또는 0<br>　– 비슷하게 일치하는 값을 찾으려면 TRUE 또는 1, 생략 |

**문제 2** [표2]의 학년[C7:C12]과 [분석표] 영역 [H7:J9]을 이용하여 [D7:D12] 영역에 전공을, [E7:E12] 영역에 점수를 계산하여 표시하시오.

1. [D7] 셀에 **=HLOOKUP(C7,$H$7:$J$9,2,0)**을 입력한 후 [D12] 셀까지 수식을 복사한다.
   → 찾으려는 값 [C7] 셀을 [분석표] [$H$7:$J$9] 범위의 첫 행에서 검색한다. 전공은 표 [$H$7:$J$9]의 두 번째 행에 있으므로 행 번호는 2가 되고, 학년[C7]을 [H7:J7]에서 정확하게 검색하여 일치하는 전공을 찾기 때문에 찾는 방법은 0 또는 FALSE가 된다.
2. [E7] 셀에 **=HLOOKUP(C7,$H$7:$J$9,3,0)**을 입력한 후 [E12] 셀까지 수식을 복사한다.
   → 찾으려는 값[C7]을 분석표[$H$7:$J$9]의 첫 행에서 검색한다. 점수는 분석표[$H$7:$J$9]의 세 번째 행에 있으므로 행 번호는 3이 된다.

| D7 | ▾ | : | × | ✓ | fx | =HLOOKUP($C7,$H$7:$J$9,2,0) | | | | |
|---|---|---|---|---|---|---|---|---|---|---|

| | B | C | D | E | F | G | H | I | J | K | L |
|---|---|---|---|---|---|---|---|---|---|---|---|
| 5 | [표2] | | | | | | | | | | |
| 6 | **이름** | **학년** | **전공** | **점수** | | [분석표] | | | | | |
| 7 | 손지호 | 1 | 문과 | 100 | | **학년** | 1 | 2 | 3 | | |
| 8 | 유지영 | 2 | 이과 | 75 | | **전공** | 문과 | 이과 | 예체능 | | |
| 9 | 홍세은 | 3 | 예체능 | 80 | | **점수** | 100 | 75 | 80 | | |
| 10 | 홍수아 | 1 | 문과 | 100 | | | | | | | |
| 11 | 이준기 | 2 | 이과 | 75 | | | | | | | |
| 12 | 김승기 | 3 | 예체능 | 80 | | | | | | | |
| 13 | | | | | | | | | | | |

| CHOOSE | 의미 | 인덱스 번호의 위치에 있는 값을 구한다. |
|---|---|---|
| | 형식 | =CHOOSE(인덱스 번호, 값1, 값2, …) |

> **문제 3** 각 요일(일련번호)[C8:C13]가 1이면, "월", 2이면 "화", 3이면 "수", 4이면 "목", 5이면 "금", 6이면 "토", 7이면 "일"로 요일(한글)[D8:D13]에 표시하시오.

● [D8] 셀에 **=CHOOSE(C8,"월","화", "수","목","금","토","일")**을 입력하고 [D13] 셀까지 수식을 복사한다.
　→ [C8]의 요일(일련번호) 값이 1이면 "월", 2이면 "화", 3이면 "수" … 7이면 "일"을 구한다.

| | B | C | D | E | F | G |
|---|---|---|---|---|---|---|
| 7 | 날짜 | 요일<br>(일련번호) | 요일(한글) | | | |
| 8 | 2024-01-01 | 1 | 월 | | | |
| 9 | 2024-01-06 | 6 | 토 | | | |
| 10 | 2024-01-02 | 2 | 화 | | | |
| 11 | 2024-01-05 | 5 | 금 | | | |
| 12 | 2024-01-04 | 4 | 목 | | | |
| 13 | 2024-01-03 | 3 | 수 | | | |
| 14 | | | | | | |

D8 · fx =CHOOSE(C8, "월","화","수","목","금","토","일")

| MATCH | 의미 | 셀 범위에서 지정된 항목을 검색하고 범위에서 해당 항목이 차지하는 상대 위치를 구한다. |
|---|---|---|
| | 형식 | =MATCH(찾으려는 값, 찾을 값이 있는 범위, 찾는 방법) |

● 찾으려는 값: 행 이나 열 번호를 구하기 위한 값
● 값이 있는 범위:
　– 찾으려는 값과 동일한 범위만 참조해야 한다.
　– 데이터를 검색하고 추출하려는 표(참조 범위)는 수식을 복사할 때 참조 셀이 변하면 안 되므로 절대 참조한다.
● 찾는 방법:
　– 정확하게 일치하는 값을 찾으려면: 0
　– 비슷하게 일치하는 값을 찾으면서 찾을 범위가 오름차순 정렬된 것: 1
　– 비슷하게 일치하는 값을 찾으면서 찾을 범위가 내림차순 정렬된 것: -1

> **문제 4** '3'의 위치값을 [C6:C9]에서 찾아 [D9]에 표시하고 '7'의 위치값을 [C13:C16]에서 찾아 [D16]에 표시하고 '4'의 위치값을 [B21:E21]에서 찾아 [G21]에 표시하시오.

1. [D9] 셀에 **=MATCH(3,C6:C9,0)**을 입력하고 Enter를 누른다.
　→ 숫자 3은 [C6:C9] 범위 내에서 2번째 행에 위치한다.
2. [D16] 셀에 **=MATCH(7,C13:C16,-1)**을 입력하고 Enter를 누른디.
　→ 숫자 7을 내림차순 정렬된(큰 수가 위에 정렬된 표) C13:C16에서 찾는다면 1번째 행에 위치한다.
1행: 10,9,8,7,6 / 2행: 5,4 / 3행: 3,2 / 4행: 1

D9 · fx =MATCH(3,C6:C9,0)

| | B | C | D | E |
|---|---|---|---|---|
| 6 | 가 | 1 | | |
| 7 | 나 | 3 | | |
| 8 | 다 | 5 | 3의 행번호 | |
| 9 | 라 | 10 | 2 | |
| 10 | | | | |

D16 · fx =MATCH(7,C13:C16,-1)

| | B | C | D | E |
|---|---|---|---|---|
| 13 | 라 | 10 | | |
| 14 | 다 | 5 | | |
| 15 | 나 | 3 | 7의 행번호 | |
| 16 | 가 | 1 | 1 | |
| 17 | | | | |

3. [G21] 셀에 **=MATCH(4,B21:E21,1)**을 입력하고 Enter를 누른다.
   → 숫자 4를 오름차순 정렬된(작은 수가 위에 정렬된 표) [B21:E21]에서 찾는다면 2번째 열에 위치한다.(1열: 1,2 / 2열: 3,4 / 3열: 5,6,7,8,9 / 4열: 10 ~)

| G21 | | × | ✓ | fx | =MATCH(4,B21:E21,1) | |
|---|---|---|---|---|---|---|
| | B | C | D | E | F | G | H |
| 20 | 라 | 다 | 나 | 가 | | 4의 열번호 | |
| 21 | 1 | 3 | 5 | 10 | | 2 | |
| 22 | | | | | | | |

| | | |
|---|---|---|
| **INDEX** | **의미** 배열(원본 데이터) 범위에서 행과 열이 교차하는 위치의 값을 구한다. | |
| | **형식** =INDEX(배열, 행 번호, [열 번호]) | |

**문제 5** [B6:C9] 영역에서 [E6:E8]의 값을 구하기 위한 식을 [F6:F8]에 입력하시오.

1. 숫자 '5' 표시를 위한 [F6] 수식
   **=INDEX(B6:C9,2,2)** → 범위[B6:C9]에서 숫자 5는 2번째 행, 2번째 열에 위치한 값
   또는 **=INDEX(C6:C9,2)** → 범위[C6:C9]에서 숫자 5는 2번째 행에 위치한 값
2. 숫자 '3' 표시를 위한 [F7] 수식
   **=INDEX(B6:C9,3,2)** → 범위[B6:C9]에서 숫자 3은 3번째 행, 2번째 열에 위치한 값
   또는 **=INDEX(C6:C9,3)** → 범위[C6:C9]에서 숫자 3은 3번째 행에 위치한 값
3. '가' 표시를 위한 [F8] 수식
   **=INDEX(B6:C9,4,1)** → 범위[B6:C9]에서 '가'는 4번째 행, 첫 번째 열에 위치한 값
   또는 **=INDEX(B6:B9,4)** → 범위[B6:B9]에서 '가'는 4번째 행에 위치한 값

| F6 | | × | ✓ | fx | =INDEX(B6:C9,2,2) | |
|---|---|---|---|---|---|---|
| | B | C | D | E | F | G |
| 6 | 라 | 10 | | 5 | 5 | ▶ |
| 7 | 다 | 5 | | 3 | 3 | ▶ |
| 8 | 나 | 3 | | 가 | 가 | ▶ |
| 9 | 가 | 1 | | | | |
| 10 | | | | | | |

| | | |
|---|---|---|
| **ROW** | **의미** 참조셀의 행 번호를 반환한다. | |
| | **형식** =ROW() 혹은 =ROW([셀]) | |

**문제 6** 행 번호를 이용하여 번호[B7:B10] 영역에 1, 2, 3, 4 연속된 순번을 표시하시오.

● [B7] 셀에 **=ROW()-6**을 입력하고 [B10] 셀까지 수식을 복사한다.
   → [B7] 셀의 행 번호 7을 1로, [B8] 셀의 행 번호 8을 2로, [B8] 셀의 행 번호 9를 3으로, [B10] 셀의 행 번호 10을 4로 만들기 위해서는 행 번호 6을 빼면 된다.

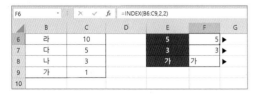

| B7 | | × | ✓ | fx | =ROW()-6 | |
|---|---|---|---|---|---|
| | B | C | D | E |
| 6 | 번호 | 성명 | | |
| 7 | 1 | 고우림 | | |
| 8 | 2 | 윤강민 | | |
| 9 | 3 | 이찬승 | | |
| 10 | 4 | 김하진 | | |
| 11 | | | | |

# 통계 함수

> 순위 구하기, 셀의 개수 구하기, 조건에 맞는 평균 구하기, K번째로 큰 값, K번째로 작은
> 값 구하기, 최댓값, 최솟값, 최빈값, 중간값 등을 구하는 함수이다.

## 1 출제 유형 이해

www.ebs.co.kr/compass(엑셀 실습 파일 다운로드)

| AVERAGE | 의미 | 인수들의 평균을 구한다. |
| | 형식 | =AVERAGE(범위) |

**문제 1** [B8:B10] 영역의 평균값을 구하고 [C8]에 표시하시오.

● [C8] 셀에 **=AVERAGE(B8:B10)**을 입력하고
Enter를 누른다.

| | B | C | D | E | F |
|---|---|---|---|---|---|
| 7 | AVERAGE | 평균값 | | | |
| 8 | 3 | | | | |
| 9 | 4 | 4 | | | |
| 10 | 5 | | | | |
| 11 | | | | | |

C8 · : × ✓ fx =AVERAGE(B8:B10)

| RANK.EQ | 의미 | 숫자 목록에서 지정한 수의 순위를 구한다. |
| | 형식 | =RANK.EQ(순위를 구할 수, 참조할 숫자 목록, [순위를 정할 방법]) |
| | ● | 순위를 정할 방법 |
| | | − 생략하거나 0: 큰 수가 1위(내림차순 순위) |
| | | − 1: 작은 수가 1위(오름차순 순위) |

**문제 2** 영어점수[B7:B11]가 큰 값이 1위가 되는 내림차순 순위를 구하여 [C7:C11]
에 표시하고, 반대로 작은 값이 1위가 되는 오름차순 순위를 구하여 [D7:
D11]에 표시하시오.

영어점수[B7]가 큰 값이 1
위일 때는 =RANK.EQ(B7,
$B$7:$B$11)과 같이 순위를
정할 방법을 생략해도 된다.

1. [C7] 셀에 **=RANK.EQ(B7,$B$7:$B$11,0)**을
입력하고 [C11] 셀까지 수식을 복사한다.
→ [B7:B11] 범위에서 영어점수[B7] 큰 수가 1
위인 순위를 구한다.(공통 값에 대해 같은
순위값을 구한다.)
2. [D7] 셀에 **=RANK.EQ(B7,$B$7:$B$11,1)**을

C7 · : × ✓ fx =RANK.EQ(B7,$B$7:$B$11,0)

| | B | C | D | E | F |
|---|---|---|---|---|---|
| 6 | 영어점수 | 내림차순 결과 | 오름차순 결과 | | |
| 7 | 40 | 5위 | 1위 | | |
| 8 | 50 | 3위 | 2위 | | |
| 9 | 50 | 3위 | 2위 | | |
| 10 | 70 | 1위 | 5위 | | |
| 11 | 65 | 2위 | 4위 | | |

입력하고 [D11] 셀까지 수식을 복사한다.
→ [B7:B11] 범위에서 영어점수[B7] 작은 수가 1위인 순위를 구한다.
(공통 값에 대해 같은 순위값을 구한다.)

| COUNT | 의미 | 범위 내에서 숫자, 날짜, 시간이 포함된 셀의 개수를 구한다. |
|---|---|---|
| | 형식 | =COUNT(범위) |

| COUNTA | 의미 | 공백을 제외한 모든 인수들(날짜, 숫자, 시간, 텍스트 등)의 개수를 구한다. |
|---|---|---|
| | 형식 | =COUNTA(범위) |

**문제 3** COUNT를 이용하여 [B6:B12]의 셀의 개수를 [E11] 셀에 표시하고, COUNTA를 이용하여 [B6:B12]의 셀의 개수를 [E12] 셀에 표시하시오.

1. [E11] 셀에 **=COUNT(B6:B12)**를 입력하고 Enter 를 누른다.
→ 숫자 40, 50과 날짜 2023-04-26만 셀 수 있다. 텍스트는 셀 수 없다.
2. [E12] 셀에 **=COUNTA(B6:B12)**를 입력하고 Enter 를 누른다.

| MAX | 의미 | 범위에서 최댓값을 구한다. |
|---|---|---|
| | 형식 | =MAX(범위) |

| MIN | 의미 | 범위에서 최솟값을 구한다. |
|---|---|---|
| | 형식 | =MIN(범위) |

**문제 4** [B6:B10] 범위의 가장 큰 값을 [E9] 셀에, 가장 작은 값을 [E10] 셀에 표시하시오.

1. 최댓값: [E9] 셀에 **=MAX(B6:B10)**을 입력하고 Enter 를 누른다.
2. 최솟값: [E10] 셀에 **=MIN(B6:B10)**을 입력하고 Enter 를 누른다.

| LARGE | 의미 | 범위 내에서 K번째로 큰 값을 구한다. |
|---|---|---|
| | 형식 | =LARGE(범위, K번째로 큰 값을 구할 숫자) |

| | | |
|---|---|---|
| **SMALL** | **의미** 범위 내에서 K번째로 작은 값을 구한다. | |
| | **형식** =SMALL(범위, K번째로 작은 값을 구할 숫자) | |

> **문제 5** [B6:B11] 영역에서 LARGE를 이용하여 100[D7]과 85[D8]를 구하기 위한 수식을 [E7], [E8]에 표시하고, SMALL을 이용하여 5[D9]와 75[D10]를 구하기 위한 수식을 [E9], [E10]에 표시하시오.

1. 100은 [B6:B11] 범위에서 가장 큰 수이므로
   [E7] 셀에 **=LARGE(B6:B11, 1)**을 입력하고 Enter를 누른다.
2. 85는 [B6:B11] 범위에서 세 번째로 큰 값이므로
   [E8] 셀에 **=LARGE(B6:B11,3)**을 입력하고 Enter를 누른다.
3. 5는 [B6:B11] 범위에서 가장 작은 값이므로
   [E9] 셀에 **=SMALL(B6:B11,1)**을 입력하고 Enter를 누른다.
4. 75는 [B6:B11] 범위에서 세 번째로 가장 작은 값이므로
   [E10] 셀에 **=SMALL(B6:B11,3)**을 입력하고 Enter를 누른다.

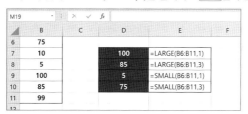

| | | |
|---|---|---|
| **MEDIAN** | **의미** 주어진 수들의 중간값을 구한다. | |
| | **형식** =MEDIAN(범위) | |

| | | |
|---|---|---|
| **STDEV.S** | **의미** 표본 집단의 표준 편차를 구한다. | |
| | ● 표준 편차: 데이터가 평균을 중심으로 얼마나 넓게 퍼져있는가를 구하는 통계값이다. | |
| | **형식** =STDEV.S(범위) | |

| | | |
|---|---|---|
| **VAR.S** | **의미** 표본 집단의 분산을 구한다. | |
| | ● 분산: 변수의 흩어진 정도를 구하는 것이다. | |
| | **형식** =VAR.S(범위) | |

> **문제 6** [B6:B10] 영역에서 MEDIAN을 이용한 중간값을 [E7]에 표시하고, 표준 편차 계산 결과값을 [E8]에 표시하고, 분산 결과값을 [E9]에 표시하시오.

1. [E7] 셀에 **=MEDIAN(B6:B10)**을 입력하고 Enter를 누른다.
2. [E8] 셀에 **=STDEV.S(B6:B10)**을 입력하고 Enter를 누른다.
3. [E9] 셀에 **=VAR.S(B6:B10)**을 입력하고 Enter를 누른다.

| COUNTIF | 의미 | 조건에 맞는 셀의 개수를 구한다. |
|---|---|---|
| | 형식 | =COUNTIF(조건을 검색할 범위, 조건) |

---

**문제 7** [표7]에서 분류별 개수를 구하여 [I9:I12]에 표시하고, [표7]에서 결제[D8: D18]가 '현금'인 개수를 구하여 [I16]에 나타내시오.

1. [I9] 셀에 **=COUNTIF($C$8:$C$18,H9)**를 입력하고 [I12] 셀까지 수식을 복사한다.
2. [I16] 셀에 **=COUNTIF(D8:D18,H16)**을 입력하고 Enter를 누른다.

| I9 | | | fx | =COUNTIF($C$8:$C$18,H9) | | | | | | | |
|---|---|---|---|---|---|---|---|---|---|---|---|
| | B | C | D | E | F | G | H | I | J | K | L |
| 6 | [표7] | | | | | | | | | | |
| 7 | 이름 | 분류 | 결제 | 회사명 | 금액 | | 분류별 개수 | | | | |
| 8 | 신지원 | S | 현금 | ABC 법인 | 7,000 | | 분류 | 개수 | | | |
| 9 | 양채은 | G | 카드 | BCD 법인 | 15,000 | | S | 4 | | | |
| 10 | 오지은 | B | 현금 | AAA 법인 | 55,000 | | G | 1 | | | |
| 11 | 오지숙 | K | 페이 | BCD 법인 | 5,000 | | B | 2 | | | |
| 12 | 김호욱 | K | 카드 | BBC 법인 | 83,000 | | K | 4 | | | |
| 13 | 오승준 | K | 현금 | ABC 법인 | 69,000 | | | | | | |
| 14 | 전우진 | B | 페이 | BBC 법인 | 21,000 | | 현금 결제 개수 | | | | |
| 15 | 권정렬 | K | 카드 | ABC 법인 | 23,400 | | 결제 | 개수 | | | |
| 16 | 김채원 | S | 페이 | ABC 법인 | 29,300 | | 현금 | 4 | | | |
| 17 | 신지수 | S | 카드 | ABC 법인 | 29,410 | | | | | | |
| 18 | 오지은 | S | 현금 | BCD 법인 | 29,300 | | | | | | |
| 19 | | | | | | | | | | | |

> 분류[C8:C18] 범위는 지속적으로 참조되므로 절대 참조한다.

---

| COUNTIFS | 의미 | 여러 조건에 맞는 셀의 개수를 구한다. |
|---|---|---|
| | 형식 | =COUNTIFS(조건을 검색할 범위1, 조건1, 조건을 검색할 범위2, 조건2, …) |

---

**문제 8** [표8]에서 분류[C8:C18]에 따른 결제[D8:D18]가 '페이'인 개수를 구하여 [I9:I12]에 나타내시오.

● [I9] 셀에 **=COUNTIFS($C$8:$C$18,H9,$D$8:$D$18,"페이")**를 입력하고 [I12] 셀까지 수식을 복사한다.

| I9 | | | fx | =COUNTIFS($C$8:$C$18,H9,$D$8:$D$18,"페이") | | | | | | | |
|---|---|---|---|---|---|---|---|---|---|---|---|
| | B | C | D | E | F | G | H | I | J | K | L |
| 6 | [표8] | | | | | | | | | | |
| 7 | 이름 | 분류 | 결제 | 회사명 | 금액 | | 분류별 페이 결제 내역의 개수 | | | | |
| 8 | 신지원 | S | 페이 | ABC 법인 | 7,000 | | 분류 | 개수 | | | |
| 9 | 양채은 | G | 페이 | BCD 법인 | 15,000 | | S | 3 | | | |
| 10 | 오지은 | B | 현금 | AAA 법인 | 55,000 | | G | 1 | | | |
| 11 | 오지숙 | K | 페이 | BCD 법인 | 5,000 | | B | 1 | | | |
| 12 | 김호욱 | K | 페이 | BBC 법인 | 83,000 | | K | 2 | | | |
| 13 | 오승준 | K | 현금 | ABC 법인 | 69,000 | | | | | | |
| 14 | 전우진 | B | 페이 | BBC 법인 | 21,000 | | | | | | |
| 15 | 권정렬 | K | 카드 | ABC 법인 | 23,400 | | | | | | |
| 16 | 김채원 | S | 페이 | BCD 법인 | 29,300 | | | | | | |
| 17 | 신지수 | S | 페이 | ABC 법인 | 29,410 | | | | | | |
| 18 | 오지은 | S | 현금 | BCD 법인 | 29,300 | | | | | | |
| 19 | | | | | | | | | | | |

> 분류[C8:C18]와 결제[D8:D18] 범위는 수식에서 지속적으로 참조되므로 절대 참조한다.

> 직접 조건을 입력할 때는 큰따옴표("") 안에 작성하지만 셀 주소를 클릭해서 조건을 넣을 때는 큰따옴표("")를 입력하지 않는다.

---

| AVERAGEIF | 의미 | 조건에 맞는 셀들의 평균을 구한다. |
|---|---|---|
| | 형식 | =AVERAGEIF(조건을 검색할 범위, 조건, 평균을 구할 범위) |

**문제 9** [표9]에서 분류[C8:C18]에 따른 금액[F8:F18] 평균을 구하여 [I9:I12]에 나타내시오.

🔊 분류[C8:C18]와 금액[F8:
F18] 범위는 움직이면 안 되
므로 절대 참조한다.

● [I9] 셀에 **=AVERAGEIF($C$8:$C$18,H9,$F$8:$F$18)**을 입력하고 [I12] 셀까지 수식을 복사한다.

| | B | C | D | E | F | G | H | I | J | K | L |
|---|---|---|---|---|---|---|---|---|---|---|---|
| 6 | [표9] | | | | | | | | | | |
| 7 | 이름 | 분류 | 결제 | 회사명 | 금액 | | 분류별 금액 평균 | | | | |
| 8 | 신지원 | B | 페이 | ABC 법인 | 9,600 | | 분류 | 평균 | | | |
| 9 | 양채은 | G | 페이 | BCD 법인 | 15,000 | | S | 29,337 | | | |
| 10 | 오지은 | B | 현금 | AAA 법인 | 55,000 | | G | 15,000 | | | |
| 11 | 오지숙 | K | 페이 | BCD 법인 | 5,000 | | B | 28,533 | | | |
| 12 | 김호욱 | K | 페이 | BBC 법인 | 83,000 | | K | 45,100 | | | |
| 13 | 오승준 | K | 현금 | ABC 법인 | 69,000 | | | | | | |
| 14 | 전우진 | B | 페이 | BBC 법인 | 21,000 | | | | | | |
| 15 | 권정렬 | K | 카드 | ABC 법인 | 23,400 | | | | | | |
| 16 | 김채원 | S | 페이 | BCD 법인 | 29,300 | | | | | | |
| 17 | 신지수 | S | 페이 | ABC 법인 | 29,410 | | | | | | |
| 18 | 오지은 | S | 현금 | BCD 법인 | 29,300 | | | | | | |
| 19 | | | | | | | | | | | |

| **AVERAGEIFS** | 의미 | 여러 조건에 맞는 셀들의 평균을 구한다. |
|---|---|---|
| | 형식 | =AVERAGEIFS(평균을 구할 범위, 조건을 검색할 범위1, 조건1, 조건을 검색할 범위2, 조건2, …) |

**문제 10** [표10]의 분류[C8:C18], 결제[D8:D18], 금액[F8:F18]을 이용하여 분류별 결제가 '카드'인 금액의 평균을 구하여 [I9:I12]에 나타내시오.

🔊 분류[C8:C18]와 금액[F8:
F18] 범위는 움직이면 안 되
므로 절대 참조한다.

● [I9] 셀에 **=AVERAGEIFS($F$8:$F$18,$C$8:$C$18,H9,$D$8:$D$18,"카드")**를 입력하고 [I12] 셀까지 수식을 복사한다.

| | B | C | D | E | F | G | H | I | J | K | L |
|---|---|---|---|---|---|---|---|---|---|---|---|
| 6 | [표10] | | | | | | | | | | |
| 7 | 이름 | 분류 | 결제 | 회사명 | 금액 | | 분류별 카드 금액 평균 | | | | |
| 8 | 신지원 | G | 카드 | ABC 법인 | 7,000 | | 분류 | 평균 | | | |
| 9 | 양채은 | G | 카드 | BCD 법인 | 15,000 | | S | 29,410 | | | |
| 10 | 오지은 | B | 카드 | AAA 법인 | 55,000 | | G | 35,000 | | | |
| 11 | 오지숙 | K | 페이 | BCD 법인 | 5,000 | | B | 55,000 | | | |
| 12 | 김호욱 | G | 카드 | BBC 법인 | 83,000 | | K | 23,400 | | | |
| 13 | 오승준 | K | 현금 | ABC 법인 | 69,000 | | | | | | |
| 14 | 전우진 | B | 페이 | BBC 법인 | 21,000 | | | | | | |
| 15 | 권정렬 | K | 카드 | ABC 법인 | 23,400 | | | | | | |
| 16 | 김채원 | S | 페이 | BCD 법인 | 29,300 | | | | | | |
| 17 | 신지수 | S | 카드 | ABC 법인 | 29,410 | | | | | | |
| 18 | 오지은 | S | 현금 | BCD 법인 | 29,300 | | | | | | |
| 19 | | | | | | | | | | | |

| **COUNTBLANK** | 의미 | 범위에서 비어 있는 셀의 개수를 구한다. |
|---|---|---|
| | 형식 | =COUNTBLANK(범위) |

**문제 11** [표11]에서 사원별 지각횟수를 구하여 [H8:H20]에 나타내시오.

- [H8] 셀에 **=COUNTBLANK(C8:G8)**을 입력하고 [H20] 셀까지 수식을 복사한다.

| H8 | ▼ : × ✓ fx | =COUNTBLANK(C8:G8) | | | | | | | | |
|---|---|---|---|---|---|---|---|---|---|---|
| ▲ | B | C | D | E | F | G | H | I | J | K |
| 6 | [표11] | | | | | | | | | |
| 7 | 이름 | 1주 | 2주 | 3주 | 4주 | 5주 | 지각횟수 | | | |
| 8 | 신지원 | O | O | O | O | O | 0 | | | |
| 9 | 양채은 | | O | O | O | O | 1 | | | |
| 10 | 오지은 | O | | | | O | 3 | | | |
| 11 | 오지숙 | O | O | O | O | O | 0 | | | |
| 12 | 김호욱 | O | O | | O | | 2 | | | |
| 13 | 오승준 | O | O | | O | O | 1 | | | |
| 14 | 전우진 | O | O | O | | O | 1 | | | |
| 15 | 권정렬 | | O | O | | | 3 | | | |
| 16 | 김채원 | O | | O | O | O | 1 | | | |
| 17 | 신지수 | O | O | O | O | O | 0 | | | |
| 18 | 오지은 | O | O | O | O | O | 0 | | | |
| 19 | 오정숙 | O | O | | O | O | 1 | | | |
| 20 | 이지우 | | O | | O | O | 2 | | | |
| 21 | | | | | | | | | | |

| MODE.SNGL | **의미** ▶ 범위에서 가장 자주 발생하는 수(최빈값)를 구한다. |
|---|---|
| | **형식** ▶ =MODE.SNGL(범위) |

**문제 12** [B7:B14] 영역에서 최빈값을 구하여 [D8] 셀에 나타내시오.

- [D8] 셀에 **=MODE.SNGL(B7:B14)**를 입력하고 Enter 을 누른다.

| D8 | ▼ : × ✓ fx | =MODE.SNGL(B7:B14) | | | |
|---|---|---|---|---|---|
| ▲ | B | C | D | E | F |
| 7 | 1 | | MODE.SNGL | | |
| 8 | 2 | | 5 | | |
| 9 | 4 | | | | |
| 10 | 4 | | | | |
| 11 | 5 | | | | |
| 12 | 5 | | | | |
| 13 | 5 | | | | |
| 14 | 6 | | | | |
| 15 | | | | | |

# 데이터베이스 함수

> 데이터베이스 함수는 데이터베이스 범위에서 조건에 해당하는 특정 필드의 합계, 평균, 개수, 최댓값, 최솟값 등을 구하는 함수이다.
> 데이터베이스 함수의 조건 지정 방법은 고급 필터와 동일하다.

## 1 개념 학습

● 데이터베이스 함수 형식: =데이터베이스 함수(데이터베이스, 필드명, 조건 범위)

● 데이터베이스 범위: 데이터베이스 범위를 선택할 때 필드명과 레코드를 포함한 전체 범위

② 필드명: 합계, 개수, 평균, 최댓값 등 ⋯ 계산을 하기 위한 필드명(혹은 필드의 열 번호)

　※ 필드의 열 번호는 첫 번째 열부터 1로 시작해서 세어진다.

③ 조건: 조건은 필드명을 포함한 연속된 범위를 지정해야 한다.

## 2 출제 유형 이해

www.ebs.co.kr/compass(엑셀 실습 파일 다운로드)

| DSUM | 의미 | 데이터베이스에서 지정한 조건에 맞는 필드의 합계를 구한다. |
|---|---|---|
| | 형식 | =DSUM(데이터베이스, 합계를 구할 필드명, 조건) |

> **문제 1** [표1]에서 학년이 '2학년'인 학생들의 회비에 대한 합계를 [G17]에 표시하시오.

● [G17] 셀에 **=DSUM(B6:G14,F6,C6:C7)**을 입력한다.

　→ 수식 입력 시 데이터베이스는 필드명을 포함해 [B6:G14] 전체 범위를, 필드는 합계를 구할 필드명으로 회비 [F6] 셀을, 조건은 [C6:C7] 범위를 지정한다.

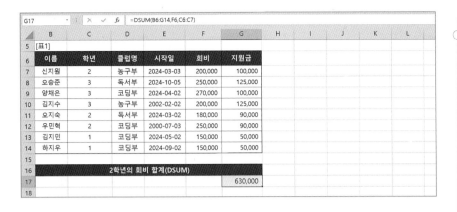

 내용: 합계를 구할 필드 회비[F6] 셀 대신 필드 번호 5를 써도 된다.

---

| DAVERAGE | 의미 | 데이터베이스에서 지정한 조건에 맞는 필드의 평균을 구한다. |
|---|---|---|
| | 형식 | =DAVERAGE(데이터베이스, 평균을 구할 필드명, 조건) |

**문제 2** [표2]에서 구분[D7:D14]이 "대형"이면서 차량코드[B7:B14]에 "A"가 포함된 차량1일 렌트가격[F7:F14]의 평균을 구하여 [G18]에 표시하시오.

▶ 조건은 [C18:D20] 영역 내에 알맞게 입력하시오.

1. [C18:D18]에 조건 필드명으로 구분, 차량코드를 차례대로 입력한다.
   → [C19] 셀에 **대형**, [D19] 셀에 **"*A*"**를 나란히 입력해 AND 조건을 완성한다.
2. [G18] 셀에 **=DAVERAGE(B6:G14, F6, C18:D19)**를 입력한다.
   → 수식 입력 시 데이터베이스는 필드명을 포함해 [B6:G14] 전체 범위를, 필드는 평균을 구할 필드명으로 차량1일 렌트가격[F6] 셀을, 조건은 작성해 둔 조건 범위[C18:D19]를 지정한다.

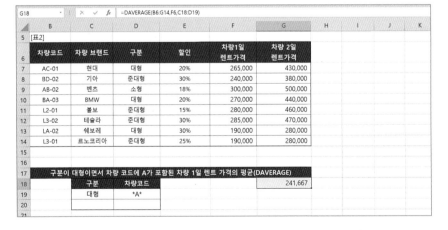

| | DCOUNT | 의미 | 데이터베이스에서 지정한 조건에 맞는 숫자 개수를 구한다. |
| --- | --- | --- | --- |
| | | 형식 | =DCOUNT(데이터베이스, 개수를 구할 필드명, 조건) |

> **문제 3** [표3]에서 차량1일 렌트가격[F7:F14]이 150,000 이상 250,000 이하인 차량 수를 구하여 [G17]에 표시하시오.
>
> ▶ 조건은 [C17:D19] 영역 내에 알맞게 입력하시오.

COUNT 함수는 범위 내에서 숫자, 날짜, 시간과 같은 셀의 개수를 구해 주는 함수이기 때문에 DCOUNT 함수의 필드명도 숫자로 작성된 필드값을 선택해야 한다. 따라서, =DCOUNT(B6:G14,F6,C17:D18) 또는 =DCOUNT(B6:G14,G6, C17:D18)와 같이 작성해도 된다.

1. [C18] 셀에 **>=150000**, [D18] 셀에 **<=250000**을 입력한다.
   → 수식 작성하기 전 [C17:D17] 범위에 조건 필드명으로 동일하게 차량1일 렌트가격을 입력한다.
2. [G17] 셀에 **=DCOUNT(B6:G14,E6,C17:D18)**을 입력한다.
   → 수식 입력 시 데이터베이스는 필드명을 포함해 [B6:G14] 전체 범위를, 개수 셀 필드명으로 할인[E6] 셀, 조건은 작성해 둔 조건 범위[C17:D18]를 지정한다.

| G17 | | × ✓ fx | =DCOUNT(B6:G14,E6,C17:D18) | | | | | | | |
| --- | --- | --- | --- | --- | --- | --- | --- | --- | --- | --- |
| ▲ | B | C | D | E | F | G | H | I | J | K |
| 5 | [표3] | | | | | | | | | |
| 6 | 차량코드 | 차량 브랜드 | 구분 | 할인 | 차량1일 렌트가격 | 차량 2일 렌트가격 | | | | |
| 7 | AC-01 | 현대 | 대형 | 20% | 265,000 | 430,000 | | | | |
| 8 | BD-02 | 기아 | 준대형 | 30% | 240,000 | 380,000 | | | | |
| 9 | AB-02 | 벤츠 | 소형 | 18% | 300,000 | 500,000 | | | | |
| 10 | BA-03 | BMW | 대형 | 20% | 270,000 | 440,000 | | | | |
| 11 | L2-01 | 볼보 | 준대형 | 15% | 280,000 | 460,000 | | | | |
| 12 | L3-02 | 테슬라 | 준대형 | 30% | 285,000 | 470,000 | | | | |
| 13 | LA-02 | 쉐보레 | 대형 | 30% | 190,000 | 280,000 | | | | |
| 14 | L3-01 | 르노코리아 | 준대형 | 25% | 190,000 | 280,000 | | | | |
| 15 | | | | | | | | | | |
| 16 | 차량1일 렌트가격이 150,000 이상 250,000 이하인 차량 수는? (DCOUNT) | | | | | | | | | |
| 17 | | 차량1일 렌트가격 | 차량1일 렌트가격 | | | 3 | | | | |
| 18 | | >=150000 | <=250000 | | | | | | | |
| 19 | | | | | | | | | | |

| | DCOUNTA | 의미 | 데이터베이스에서 지정한 조건에 맞는 필드의 개수를 구한다. |
| --- | --- | --- | --- |
| | | 형식 | =DCOUNTA(데이터베이스, 개수를 구할 필드명, 조건) |

> **문제 4** [표4]에서 할인[E7:E14]이 15% 이상 20% 이하이거나 차량코드[B7:B14]가 B로 시작하는 차량 수를 구하여 [G18]에 표시하시오.
>
> ▶ 조건은 [C18:E20] 영역 내에 알맞게 입력하시오.

COUNTA 함수는 범위 내에서 공백을 제외하고 텍스트, 숫자, 날짜, 시간 상관없이 모든 셀의 개수를 구해 주는 함수이기 때문에 DCOUNTA 함수의 필드명도 상관없이 모든 필드명 선택이 가능하다.

1. [C18:E18]에 조건 필드명으로 할인, 할인, 차량코드를 차례대로 입력한다.
   → 할인은 AND 조건으로 [C19] 셀에 **>=15%**, [D19] 셀에 **<=20%**를 입력하고, 차량 코드는 OR 조건이므로 한 행 아래 [E20] 셀에 **"B*"**를 입력한다.
2. [G18] 셀에 **=DCOUNTA(B6:G14,C6,C18:E20)**을 입력한다.
   → 수식 입력 시 데이터베이스는 필드명을 포함해 [B6:G14] 전체 범위를, 개수를 셀 필드명으로 차량 브랜드[C6] 셀을, 조건은 작성해 둔 조건 범위[C18:E20]를 지정한다.

G18 ▾ : × ✓ fx =DCOUNTA(B6:G14,C6,C18:E20)

| | B | C | D | E | F | G | H | I | J | K |
|---|---|---|---|---|---|---|---|---|---|---|
| 5 | [표4] | | | | | | | | | |
| 6 | 차량코드 | 차량 브랜드 | 구분 | 할인 | 차량1일<br>렌트가격 | 차량 2일<br>렌트가격 | | | | |
| 7 | AC-01 | 현대 | 대형 | 20% | 265,000 | 430,000 | | | | |
| 8 | BD-02 | 기아 | 준대형 | 30% | 240,000 | 380,000 | | | | |
| 9 | AB-02 | 벤츠 | 소형 | 18% | 300,000 | 500,000 | | | | |
| 10 | BA-03 | BMW | 대형 | 20% | 270,000 | 440,000 | | | | |
| 11 | L2-01 | 볼보 | 준대형 | 15% | 280,000 | 460,000 | | | | |
| 12 | L3-02 | 테슬라 | 준대형 | 30% | 285,000 | 470,000 | | | | |
| 13 | LA-02 | 쉐보레 | 대형 | 30% | 190,000 | 280,000 | | | | |
| 14 | L3-01 | 르노코리아 | 준대형 | 25% | 190,000 | 280,000 | | | | |
| 15 | | | | | | | | | | |
| 16 | | | | | | | | | | |
| 17 | 할인이 15%이상 20%이하이거나 차량코드가 B로 시작하는 차량 수(DCOUNTA) | | | | | | 5 | | | |
| 18 | | 할인 | 할인 | 차량코드 | | | | | | |
| 19 | | >=15% | <=20% | | | | | | | |
| 20 | | | | B* | | | | | | |
| 21 | | | | | | | | | | |

| DMAX | 의미 | 데이터베이스에서 지정한 조건에 맞는 필드명의 최댓값을 구한다. |
|---|---|---|
| | 형식 | =DMAX(데이터베이스, 최댓값을 구할 필드명, 조건) |

| DMIN | 의미 | 데이터베이스에서 지정한 조건에 맞는 필드명의 최솟값을 구한다. |
|---|---|---|
| | 형식 | =DMIN(데이터베이스, 최솟값을 구할 필드명, 조건) |

**문제 5** 시작일[E7:E14]이 2024-05-01 이후이거나 회비[F7:F14]가 250,000원 이상인 지원금[G7:G14]의 최댓값을 [H18], 최솟값을 [H19]에 각각 나타내시오.

▶ 조건은 [C18:D20] 영역 내에 알맞게 입력하시오.

1. [C18:D18]에 조건 필드명으로 시작일, 회비를 차례대로 입력한다. 조건은 OR 조건이므로 [C19] 셀에 **>=2024-05-01**, 한 행 아래 [D20] 셀에 **>=250000**을 입력한다.
2. 최댓값: [H18] 셀에 **=DMAX(B6:G14,G6,C18:D20)**을 입력한다.
3. 최솟값: [H19] 셀에 **=DMIN(B6:G14,G6,C18:D20)**을 입력한다.
   → 수식 입력 시 데이터베이스는 필드명을 포함해 [B6:G14] 전체 범위를, 필드는 최댓값/최솟값을 구할 지원금 필드명으로 [G6] 셀을, 조건은 작성해 둔 조건 범위[C18:D20]를 지정한다.

H18 ▾ : × ✓ fx =DMAX(B6:G14,G6,C18:D20)

| | B | C | D | E | F | G | H | I | J |
|---|---|---|---|---|---|---|---|---|---|
| 5 | [표5] | | | | | | | | |
| 6 | 이름 | 학년 | 클럽명 | 시작일 | 회비 | 지원금 | | | |
| 7 | 신지원 | 2 | 농구부 | 2024-03-03 | 200,000 | 100,000 | | | |
| 8 | 오승준 | 3 | 독서부 | 2024-10-05 | 250,000 | 125,000 | | | |
| 9 | 양채은 | 3 | 코딩부 | 2024-04-02 | 270,000 | 100,000 | | | |
| 10 | 김지수 | 3 | 농구부 | 2002-02-02 | 200,000 | 125,000 | | | |
| 11 | 오지숙 | 2 | 농구부 | 2024-03-02 | 180,000 | 90,000 | | | |
| 12 | 우민혁 | 2 | 독서부 | 2000-07-03 | 250,000 | 90,000 | | | |
| 13 | 김지민 | 1 | 코딩부 | 2024-05-02 | 150,000 | 50,000 | | | |
| 14 | 하지우 | 1 | 코딩부 | 2024-09-02 | 150,000 | 50,000 | | | |
| 15 | | | | | | | | | |
| 16 | | | | | | | | | |
| 17 | 시작일이 2024-05-01 이후 이거나 회비가 250,000 이상인 지원금의 최대값 / 최소값은 ? (DMAX/ DMIN) | | | | | | | | |
| 18 | | 시작일 | 회비 | | | DMAX : | 125,000 | | |
| 19 | >=2024-05-01 | | | | | DMIN : | 50,000 | | |
| 20 | | | >=250000 | | | | | | |
| 21 | | | | | | | | | |

# 실전 문제 마스터

---

## 문제 1

www.ebs.co.kr/compass(엑셀 실습 파일 다운로드)

1. [표1]에서 평균[F8:F17]이 70 이상이고 총점[E8:E17]이 총점 평균보다 크면 'PASS' 그 외는 공백으로 평가[G8:G17]에 표시하시오.

   ▶ IF, AND, AVERAGE 함수 사용

2. [표2]의 부서별[J8:J16] 인사평가[M8:M16] 점수가 70점 이상인 비율을 [P7:P10]에 나타내시오.

   ▶ COUNTIFS, COUNT 함수 사용

3. [표3]에서 성별[D22:D30]이 '남'이거나 평균[G22:G30]이 80점 이상인 학생 수를 [E35] 셀에 계산하시오.

   ▶ 조건은 [B33:C35]에 입력하시오.
   ▶ 학생 수 뒤에 '명'을 붙여서 표시하시오. [ 표시 예: 3명 ]
   ▶ DCOUNT, DSUM, DAVERAGE 함수 중 알맞은 함수와 & 연산자 사용

4. [표4]에서 컴퓨터일반[J22:J30]과 스프레드시트[K22:K30] 두 과목 모두 상위 3위 이내인 인원수를 구하여 수강생수[M30]에 나타내시오.

   ▶ LARGE, COUNTIFS 함수와 & 연산자 모두 사용
   ▶ 인원수 뒤에 '명'을 포함하여 표시하시오. [ 표시 예: 3명 ]

5. [표5]에서 제품코드[B40:B47]의 두 번째 문자와 코드별 단가표[B50:D54]를 이용하여 총 매출액[F40:F47]을 구하시오.

   ▶ 총 매출액: 판매가 × 판매량
   ▶ 단, 오류 발생 시 총 매출액[F40:F47]에 '판매오류'로 표시하시오.
   ▶ VLOOKUP, HLOOKUP, MID, LEFT, RIGHT, IFERROR 중 알맞은 함수를 사용하시오.

6. [표6]의 담당자[I35:I51]와 [평가표]를 참조하여 담당자별[M39:M42], 평가 [N39:N42]를 구하시오.

   ▶ HLOOKUP, COUNTIF 함수 사용

## [풀이]

### 1. 점수표

| | B | C | D | E | F | G |
|---|---|---|---|---|---|---|
| 6 | [표1] 점수표 | | | | | |
| 7 | 성명 | 엑셀 | 엑세스 | 총점 | 평균 | 평가 |
| 8 | 신지수 | 45 | 65 | 110 | 55.0 | |
| 9 | 김채원 | 60 | 75 | 135 | 67.5 | |
| 10 | 오승준 | 80 | 70 | 150 | 75.0 | |
| 11 | 오지숙 | 88 | 75 | 163 | 81.5 | PASS |
| 12 | 양채은 | 92 | 80 | 172 | 86.0 | PASS |
| 13 | 이지우 | 85 | 60 | 145 | 72.5 | |
| 14 | 김영아 | 95 | 80 | 175 | 87.5 | PASS |
| 15 | 오지수 | 93 | 60 | 153 | 76.5 | PASS |
| 16 | 김병철 | 88 | 76 | 164 | 82.0 | PASS |
| 17 | 민원우 | 79 | 60 | 139 | 69.5 | |

- [G8] 셀에 **=IF(AND(F8>=70,E8>AVERAGE($E$8:$E$17)),"PASS","")** 를 입력한 후 [G17] 셀까지 수식을 복사한다.

> ① AVERAGE($E$8:$E$17): 총점[E8:E17] 평균 범위는 지속적으로 참조되므로 절대 참조하여 구한다.
> ② AND(F8>=70,E8>AVERAGE($E$8:$E$17)): 평균[F8]이 70점 이상이고 총점[E8:E17]과 ①을 통해 구한 총점 평균과 비교해 총점이 총점 평균보다 큰 값을 구한다.
> ③ 전체 수식: ②의 조건식 결과가 참이면 평가[G8:G17]에 'PASS', 그렇지 않으면 빈칸(공백)을 구한다.

> 📢 AVERAGE(숫자1, 숫자2): 인수들의 평균값을 구한다.
>
> 📢 AND(조건1, 조건2, …): 모든 조건이 참이면 논리값 TRUE가 반환된다.
>
> 📢 =IF(조건식, 참의 결과값, 거짓의 결과값)

### 2. 부서별 인사평가 비율

| AC31 | | | ▼ | × ✓ fx | | | | |
|---|---|---|---|---|---|---|---|---|
| | I | J | K | L | M | N | O | P |
| 6 | [표2] 부서별 인사평가 비율 | | | | | | | |
| 7 | 사원명 | 부서 | 기본급 | 상여비율 | 인사평가 | | 총무팀 | 22% |
| 8 | 양채은 | 총무팀 | 3,500,000 | 70% | 70 | | 재무팀 | 11% |
| 9 | 이지우 | 총무팀 | 2,800,000 | 50% | 80 | | 인사팀 | 33% |
| 10 | 김영아 | 재무팀 | 2,700,000 | 90% | 65 | | | |
| 11 | 오지수 | 인사팀 | 3,600,000 | 20% | 70 | | | |
| 12 | 신지수 | 인사팀 | 3,100,000 | 30% | 90 | | | |
| 13 | 김채원 | 재무팀 | 2,800,000 | 40% | 75 | | | |
| 14 | 오승준 | 총무팀 | 3,200,000 | 60% | 65 | | | |
| 15 | 오지숙 | 재무팀 | 2,700,000 | 70% | 66 | | | |
| 16 | 민원우 | 인사팀 | 1,900,000 | 20% | 70 | | | |

- [P7] 셀에 **=COUNTIFS($J$8:$J$16,O7,$M$8:$M$16,">=70")/COUNT($M$8:$M$16)** 을 입력한 후 [P9] 셀까지 수식을 복사한다.

> ① COUNTIFS($J$8:$J$16,O7,$M$8:$M$16,">=70"): 전체 부서[J8:J16]에서 총무팀[O7]만의 인사평가[M8:M16] 점수가 70점 이상인 조건에 해당하는 사원수를 구한다.
> ② COUNT($M$8:$M$16): COUNT 함수를 이용해 전체 인원수를 구한다. 전체 인원수는 각 부서별 인사평가 점수가 70점 이상인 비율을 계산하는 데 지속적으로 참조되므로 범위는 절대 참조한다.
> ③ 전체 수식: 비율= ①부서별 인사평가 점수 70 이상인 인원수 / ② 전체 인원수

> 📢 전체 부서와 인사평가는 지속적으로 참조되므로 범위는 절대 참조한다.
>
> 📢 COUNTIFS(조건을 검사할 범위1, 조건1, 조건 검사할 범위2, 조건2): 입력한 여러 조건에 모두 해당되는(AND 조건) 셀의 개수를 구한다.
>
> 📢 COUNT(숫자1, 숫자2…): 범위에서 숫자, 날짜, 시간이 포함된 셀의 개수를 구한다.

## 3. 1학기 기말고사 성적

| B | C | D | E | F | G |
|---|---|---|---|---|---|
| 20 [표3] 1학기 기말고사 성적 | | | | | |
| 성명 | 학과 | 성별 | 중간고사 | 기말고사 | 평균 |
| 신지수 | 경영학과 | 여 | 90 | 65 | 77.5 |
| 김채원 | 컴퓨터 공학과 | 여 | 75 | 80 | 77.5 |
| 오승준 | 국어문학과 | 남 | 70 | 65 | 67.5 |
| 오지숙 | 경영학과 | 여 | 75 | 95 | 85.0 |
| 양채은 | 국어문학과 | 여 | 80 | 85 | 82.5 |
| 이지우 | 사회복지학 | 남 | 60 | 60 | 60.0 |
| 김영아 | 정치학과 | 여 | 35 | 60 | 47.5 |
| 오지수 | 심리학 | 남 | 55 | 85 | 70.0 |
| 김병철 | 심리학 | 남 | 75 | 90 | 82.5 |

| 성별 | 평균 | | 학생수 |
|---|---|---|---|
| [조건] | | | |
| 남 | | | 6명 |
| | >=80 | | |

- [M30] 셀에 **=DCOUNT(B21:G30,G21,B33:C35)&"명"** 을 입력한다.

> 인원수를 계산하므로 DCOUNT(데이터베이스, 필드, 조건 범위) 함수를 이용한다.
> ① 조건: [B33:C35] 영역에 조건을 성별은 남, 평균은 >=80으로 OR 조건을 입력한다.
> ② 데이터베이스: 전체 범위[B21:G30]
> ③ 필드: 숫자로 구성된 필드는 모두 가능하다. 즉, 중간고사[E21], 기말고사[F21], 평균[G21] 모두 가능하다.
> ④ &"명": DCOUNT 함수식 뒤에 "명" 문자 표시를 위해 & 연산자를 이용한다.

## 4. 실기점수 결과표

| I | J | K | L | M | N | O |
|---|---|---|---|---|---|---|
| 20 [표4] 실기점수 결과표 | | | | | | |
| 성명 | 컴퓨터일반 | 스프레드시트 | 총점 | | | |
| 김영아 | 70 | 80 | 150 | | | |
| 오지수 | 75 | 90 | 165 | | | |
| 신지수 | 35 | 60 | 95 | | | |
| 김채원 | 85 | 30 | 115 | | | |
| 양채은 | 80 | 60 | 140 | | | |
| 오승준 | 50 | 50 | 100 | | | |
| 오지숙 | 45 | 30 | 75 | | | |
| 민원우 | 55 | 60 | 115 | 수강생수 | | |
| 김병철 | 60 | 50 | 110 | 2명 | | |

- [M35] 셀에 **=COUNTIFS(J22:J30,">="&LARGE(J22:J30,3),K22:K30,">="&LARGE(K22:K30,3))&"명"** 을 입력한다.

> LARGE(범위, K): K번째로 큰 값을 구한다.
>
> COUNTIFS(조건을 검사할 범위1, 조건1, 조건 검사할 범위2, 조건2)

> ① LARGE(J22:J30,3): 컴퓨터일반 점수 범위[J22:J30]에서 3번째로 큰 값을 구한다. → 결과: 75점
> ② COUNTIFS(J22:J30,">="&LARGE(J22:J30,3)): 컴퓨터일반 점수 범위[J22:J30]에서 ①에서 구한 결과값 75점보다 크거나 같은 셀의 개수를 구한다.
> ③ LARGE(K22:K30,3): 스프레드시트 점수 범위[K22:K30]에서 3번째로 큰 값을 구한다.
> → 결과: 60점
> ④ COUNTIFS(J22:J30,">="&LARGE(J22:J30,3),K22:K30,">="&LARGE(K22:K30,3)): 컴퓨터일반 점수 범위[J22:J30]에서 ①에서 구한 값 이상이면서 스프레드시트 점수 범위[K22:K30]에서 ③에서 구한 값 이상인 데이터 개수를 구한다.
> ⑤ 전체 수식: ④에서 구한 값 뒤에 연결 연산자(&)를 이용해 "명"을 연결한다.

## 5. 제품코드별 매출액

| | B | C | D | E | F |
|---|---|---|---|---|---|
| 38 | [표5] 제품코드별 매출액 | | | | |
| 39 | 제품코드 | 제품 | 지점 | 판매량 | 총 매출액 |
| 40 | AB-101 | 소파 | 송파 | 90 | 180,000,000 |
| 41 | AB-301 | 침대 | 강남 | 75 | 150,000,000 |
| 42 | BA-101 | 식탁 | 종로 | 70 | 77,000,000 |
| 43 | BZ-102 | 화장대 | 용산 | 75 | 판매오류 |
| 44 | BC-103 | 서랍장 | 노원 | 80 | 28,000,000 |
| 45 | DC-104 | 의자 | 성동 | 60 | 21,000,000 |
| 46 | ZZ-006 | 선반 | 광진 | 35 | 판매오류 |
| 47 | ZD-856 | 탁자 | 동대문 | 55 | 57,750,000 |

| | B | C | D |
|---|---|---|---|
| 48 | | | |
| 49 | [코드별 단가표] | | |
| 50 | 제품코드 | 할인가 | 판매가 |
| 51 | A | 900,000 | 1,100,000 |
| 52 | B | 1,500,000 | 2,000,000 |
| 53 | C | 280,000 | 350,000 |
| 54 | D | 880,000 | 1,050,000 |

- [F40] 셀에 **=IFERROR(VLOOKUP(MID(B40,2,1),$B$51:$D$54,3,FALSE)*E40,"판매오류")**를 입력한 후 [F47] 셀까지 수식을 복사한다.

> ① MID(B40,2,1): 각 제품코드[B40]에서 두 번째에 위치한 글자를 추출한다.
> ② VLOOKUP(MID(B40,2,1),$B$51:$D$54,3,FALSE): ①에서 구한 각 코드를 코드별 단가표[B51: D54]의 첫 열에서 검색한 후 해당 행의 3번째 열에서 판매가를 정확하게 찾아(FALSE) 구한다.
> ③ VLOOKUP(MID(B40,2,1),$B$51:$D$54,3,FALSE)*E40: 총 매출액은 판매가*판매량이므로 ②를 통해 구해 온 판매가와 각 제품코드별 판매량을 곱한다.
> ④ 전체 수식: ③에서 에러가 발생할 때 에러 표시 대신 "판매오류" 문자열이 표시된다.

### 참고 (우측 여백)

- MID(문자열, 시작 위치, 추출할 문자 수)
- [B51:D54] 범위는 지속적으로 참조되므로 절대 참조한다.
- VLOOKUP(찾으려는 값, 찾으려는 값이 첫 번째 열에 위치한 범위, 열 번호, 찾을 방법)
- IFERROR(값, 값이 오류일 때 표현할 값)

## 6. ABC 전자제품 판매현황

| | I | J | K | L | M | N | O | P |
|---|---|---|---|---|---|---|---|---|
| 33 | [표6] ABC 전자제품 판매현황 | | | | | | | |
| 34 | 담당자 | 판매한제품명 | 판매금액 | | [평가표] | | | |
| 35 | 신지원 | 건조기 | 854,700 | | 판매횟수 | 1 | 3 | 6 |
| 36 | 전성준 | 세탁기 | 1,823,600 | | 평가 | 부진 | 보통 | 우수 |
| 37 | 박태호 | TV | 1,154,000 | | | | | |
| 38 | 신지원 | 건조기 | 854,700 | | 담당자 | 평가 | | |
| 39 | 전성준 | 건조기 | 854,700 | | 신지원 | 우수 | | |
| 40 | 신지원 | TV | 1,154,000 | | 전성준 | 보통 | | |
| 41 | 전성준 | 건조기 | 854,700 | | 박태호 | 보통 | | |
| 42 | 신지원 | 세탁기 | 1,823,600 | | 김태형 | 부진 | | |
| 43 | 신지원 | 건조기 | 854,700 | | | | | |
| 44 | 신지원 | 세탁기 | 1,823,600 | | | | | |
| 45 | 신지원 | TV | 1,154,000 | | | | | |
| 46 | 김태형 | 건조기 | 854,700 | | | | | |
| 47 | 김태형 | 세탁기 | 1,823,600 | | | | | |
| 48 | 박태호 | TV | 1,154,000 | | | | | |
| 49 | 박태호 | 세탁기 | 1,823,600 | | | | | |
| 50 | 박태호 | TV | 1,154,000 | | | | | |
| 51 | 박태호 | 건조기 | 854,700 | | | | | |
| 52 | | | | | | | | |

- [N39] 셀에 **=HLOOKUP(COUNTIF($I$35:$I$51,M39),$N$35:$P$36,2,TRUE)**를 입력한 후 [N42] 셀까지 수식을 복사한다.

> ① COUNTIF($I$35:$I$51,M39): [표6] ABC 전자제품 판매현황의 담당자[I35:I51]에서 담당자 [M39]의 개수를 세어 담당자별 판매 횟수를 구한다.
> ② 전체 수식: 평가표[N35:P36]의 첫 행에서 ①에서 구한 판매 횟수를 검색하고 범위의 2번째 행에서 각 판매횟수의 평가를 유사 일치(TRUE) 값으로 구한다.

### 참고 (우측 여백)

- COUNTIF(범위, 조건): 조건에 해당하는 셀의 개수를 구한다.
- HLOOKUP(찾으려는 값, 찾으려는 값이 첫 번째 행에 포함된 범위, 행 번호, 찾을 방법): 첫 행에서 찾으려는 값을 검색해 지정한 행에서 값을 찾는다.

## 문제 2

www.ebs.co.kr/compass(엑셀 실습 파일 다운로드)

1. [표1]에서 입사일자[B3:B12], 부서[C3:C12], 성별[D3:D12]을 참조하여 사원코드 [F3:F12]를 계산하고 표시하시오.

   ▶ 사원코드: 부서 앞 세 글자-성별 입사일자의 년도
   [ 표시 예: 부서가 "personnel", 성별이 "w", 일사일자가 "2024-01-01" → Per-W24 ]
   ▶ UPPER, PROPER, LEFT, MID 함수와 & 연산자 사용

2. [표2]에서 1일차에서 5일차까지의 참석일자에서 전체 참석이면 'A', 1번 결석이면 'B', 2번 결석이면 'C' 그 외는 'D'로 이수[N3:N8]를 표시하시오.

   ▶ CHOOSE, COUNT, COUNTA 함수 중 알맞은 함수 사용

3. [표3]에서 입사날짜[A16:A24]가 2024년 1월 1일 이후이면서 평가[C16:C24]가 'A'인 판매량[E16:E24]의 최댓값과 최솟값의 평균을 [E25] 셀에 계산하시오.

   ▶ DMAX, DMIN, AVERAGE 함수 사용
   ▶ 조건은 [F23:G24] 범위에 입력

4. [표4]에서 운행버스[J17:J23]의 오른쪽 2자리가 '버스'이면 주행기록에 2분을 더해 주행기록 [M17:M23]에 표시하시오.

   ▶ 주행기록: 도착시간 - 출발시간
   ▶ TIME, RIGHT, IF 함수 사용

5. [표5]에서 오래 달리기 시간[B29:B37] 중 가장 빠른 시간을 찾아 [표시 예]처럼 결과값[D37]에 표시하시오.

   ▶ [ 표시 예: 1:10:13인 경우 → 1시간 10분 13초로 입력할 것 ]
   ▶ HOUR, MINUTE, SECOND, SMALL 함수와 & 연산자를 사용

6. [표6]에서 국어[G29:G35], 영어[H29:H35], 수학[I29:I35] 과목을 모두 이용하여 평가[J29:J35]를 표시하시오.

   ▶ 수학이 90점 이상이면서 국어, 영어 모두 70점 이상이면 '합격' 그 외는 '불합격'을 표시하시오.
   ▶ COUNTIF, AND, IF 함수 사용

# [풀이]

## 1. 오성전자회사 직원

| | A | B | C | D | E | F |
|---|---|---|---|---|---|---|
| 1 | [표1] 오성전자회사 직원 | | | | | |
| 2 | 사원명 | 입사일자 | 부서 | 성별 | 나이 | 사원코드 |
| 3 | 신지수 | 2023-04-01 | personnel | w | 26 | Per-W01 |
| 4 | 김채원 | 2023-07-12 | general affairs | w | 25 | Gen-W11 |
| 5 | 오승준 | 2024-09-07 | accounting | m | 25 | Acc-M54 |
| 6 | 오지숙 | 2023-08-12 | finance | w | 30 | Fin-W15 |
| 7 | 양채은 | 2024-09-08 | personnel | w | 27 | Per-W54 |
| 8 | 이지우 | 2024-11-12 | accounting | m | 35 | Acc-M60 |
| 9 | 김영아 | 2024-09-05 | personnel | w | 33 | Per-W54 |
| 10 | 오지수 | 2025-08-11 | general affairs | m | 29 | Gen-M88 |
| 11 | 김병철 | 2025-01-12 | general affairs | m | 28 | Gen-M66 |
| 12 | 민원우 | 2025-07-25 | finance | m | 26 | Fin-M86 |
| 13 | | | | | | |

- [F3] 셀에 **=PROPER(LEFT(C3,3))&"-"&UPPER(D3)&MID(B3,3,2)**를 입력한 후 [F12] 셀까지 수식을 복사한다.

> ① LEFT(C3,3): 부서[C3]에서 왼쪽 3글자를 추출한다.
> ② PROPER(LEFT(C3,3)): ①에서 추출한 글자의 첫 글자만 대문자, 나머지는 소문자로 변경한다.
> ③ UPPER(D3): 성별[D3]을 대문자로 변경한다.
> ④ MID(B3,3,2): 입사일자의 연도 두 자리 즉, 앞 세 번째부터 2글자를 추출한다.
> ⑤ 전체 수식: ②에서 추출한 값에 연결 연산자(&)를 사용해 '-'의 기호, ③의 결과값, ④의 결과값을 순서대로 연결한다.

## 2. 세미나 참석률

| | H | I | J | K | L | M | N | O |
|---|---|---|---|---|---|---|---|---|
| 1 | [표2] 세미나 참석률 | | | | | | | |
| 2 | 사원명 | 1일차 | 2일차 | 3일차 | 4일차 | 5일차 | 이수 | |
| 3 | 양채은 | O | O | O | | O | B | |
| 4 | 이지우 | O | | | O | | D | |
| 5 | 김영아 | | O | O | O | | C | |
| 6 | 오지수 | O | O | O | O | | B | |
| 7 | 김병철 | | | O | | | D | |
| 8 | 오지숙 | O | O | O | O | O | A | |

- [N3] 셀에 **=CHOOSE(COUNTA(I3:M3),"D","D","C","B","A")**를 입력한 후 [N8] 셀까지 수식을 복사한다.

> ① COUNTA(I3:M3): 참석일(1일~5일차)에 'O' 표시된 개수를 모두 세어 참석 일수를 구한다. 참고로 개수가 1개는 1일 참석, 2개는 2일 참석을 의미한다.
> ② 전체 수식: 전체 5일차에서 ①의 참석 일수에 따라 5일 전체 출석은 'A', 4일 출석은 'B', 3일 출석은 'C', 그 외 2일 혹은 1일 출석은 'D'로 표현해야 하기 때문에 순서대로 1일 출석일 때부터 작성한다.

---

LEFT(문자열, K): 문자열의 왼쪽에서부터 K만큼 추출한다.

PROPER(문자열): 문자열의 첫 글자만 대문자, 그 외는 소문자로 변환한다.

UPPER(문자열): 문자열 전체를 대문자로 변환한다.

MID(문자열, 시작 위치, 추출할 문자 수): 문자열의 시작 위치에서부터 지정한 수만큼 추출한다.

=COUNTA(값1, 값2,…): 범위에서 빈칸을 제외한 모든 셀의 개수를 구한다.

=CHOOSE(인덱스 번호, 값1, 값2,…): 인덱스 번호에 맞는 값을 선택해서 구하는 함수로 인덱스 번호가 1일 때 작성될 값, 인덱스 번호가 2일 때 작성될 값 등을 구한다.

## 3. ABC전자 판매량

| | A | B | C | D | E | F | G |
|---|---|---|---|---|---|---|---|
| 14 | [표3] ABC 전자판매 직원 | | | | | | |
| 15 | 입사날짜 | 사원명 | 평가 | 지점 | 판매량 | | |
| 16 | 2023-04-01 | 신지수 | A | 송파 | 150 | | |
| 17 | 2023-07-12 | 김채원 | C | 강남 | 28 | | |
| 18 | 2024-09-07 | 오승준 | A | 강동 | 55 | | |
| 19 | 2023-08-12 | 오지숙 | C | 동대문 | 25 | | |
| 20 | 2024-09-08 | 양채은 | B | 송파 | 200 | | |
| 21 | 2024-11-12 | 이지우 | B | 강남 | 65 | | |
| 22 | 2024-09-05 | 오지수 | B | 용산 | 66 | <조건> | |
| 23 | 2025-04-20 | 김병철 | A | 동대문 | 190 | 입사날짜 | 평가 |
| 24 | 2025-04-21 | 민원우 | C | 용산 | 10 | >=2024-01-01 | A |
| 25 | 판매량의 최대값과 최소값의 평균 | | | | 122.5 | | |
| 26 | | | | | | | |

- [E25] 셀에 **=AVERAGE(DMAX(A15:E24,E15,F23:G24),DMIN(A15:E24,E15,F23:G24))**를 입력한다.

> ① [F23:G24]에 조건을 작성한다. 조건은 "입사날짜가 2024년 1월 1일 이후이면서 평가가 'A'"이므로 AND 조건으로 입사날짜에는 >=2024-01-01, 평가에는 A를 입력한다.
> ② DMAX(A15:E24,E15,F23:G24): 데이터베이스에서 ①의 조건에 해당하는 판매량[E15]의 최댓값을 구한다.
> ③ DMIN(A15:E24,E15,F23:G24): 데이터베이스에서 ①의 조건에 해당하는 판매량[E15]의 최솟값을 구한다.
> ④ 전체 수식: ②의 최댓값과 ③의 최솟값의 평균을 구한다.

DMAX(데이터베이스, 최댓값 구할 필드, 조건): 데이터베이스에서 지정한 조건에 해당하는 필드의 최댓값을 구한다.

DMIN(데이터베이스, 최솟값 구할 필드, 조건): 데이터베이스에서 지정한 조건에 해당하는 필드의 최솟값을 구한다.

AVERAGE(숫자1, 숫자2): 인수들의 평균값을 구한다.

## 4. JUN 아카데미 셔틀버스

| | I | J | K | L | M |
|---|---|---|---|---|---|
| 14 | [표4] JUN 아카데미 셔틀버스 | | | | |
| 15 | 버스번호 | 운행버스 | 출발시간 | 도착시간 | 주행기록 |
| 16 | | | | | |
| 17 | 1호차 | 역삼동버스 | 8:10 | 10:30 | 2:22 |
| 18 | 2호차 | 삼청동 버스 | 9:15 | 9:45 | 0:32 |
| 19 | 3호차 | 중동 | 9:12 | 14:35 | 5:23 |
| 20 | 4호차 | 신암동 | 8:15 | 12:00 | 3:45 |
| 21 | 5호차 | 중앙동버스 | 10:00 | 11:30 | 1:32 |
| 22 | 6호차 | 충장동 | 12:00 | 14:15 | 2:15 |
| 23 | 7호차 | 농성동버스 | 15:00 | 16:10 | 1:12 |
| 24 | | | | | |

- [M17] 셀에 **=L17-K17+IF(RIGHT(J17,2)="버스",TIME(0,2,0))**을 입력한 후 [M23] 셀까지 수식을 복사한다.

> ① L17-K17: 도착시간[L17]에서 출발시간[K17]을 빼서 주행시간을 구한다.
> ② RIGHT(J17,2): 운행버스[J17]의 오른쪽 2글자를 추출한다.
> ③ IF(RIGHT(J17,2)='버스' 위 ②에서 추출한 2글자 중 '버스'와 같은 값을 구한다.
> ④ TIME(0,2,0): 시는 0, 분은 2, 초는 0을 입력하여 '2분'의 시간을 구한다.
> ⑤ 전체 수식: ③의 조건식에 충족되면 ①에서 구한 주행시간에 ④에서 구한 2분을 더하고 나머지는 그대로의 시간을 구한다.

RIGHT(문자열, K): 문자열의 오른쪽부터 K만큼 추출한다.

TIME(시, 분, 초): 시, 분, 초 인수로 받은 값을 시간으로 나타낸다.

## 5. 달리기 시간표

| | A | B | C | D |
|---|---|---|---|---|
| 27 | [표5] 달리기 시간표 | | | |
| 28 | 이름 | 오래 달리기 시간 | | |
| 29 | 신지수 | 2:15:56 | | |
| 30 | 김채원 | 3:02:02 | | |
| 31 | 오승준 | 2:50:23 | | |
| 32 | 오지숙 | 2:05:13 | | |
| 33 | 양채은 | 2:07:44 | | |
| 34 | 이지우 | 3:01:55 | | |
| 35 | 오지수 | 2:45:11 | | |
| 36 | 김병철 | 3:10:40 | | 결과값 |
| 37 | 민원우 | 2:30:35 | | 2시간 5분 13초 |
| 38 | | | | |

● [D37] 셀에 **=HOUR(SMALL(B29:B37,1))&"시간 "&MINUTE(SMALL(B29:B37,1))&"분 "& SECOND(SMALL(B29:B37,1))&"초"**를 입력한다.

> ① SMALL(B29:B37,1): 오래 달리기 시간[B29:B37]에서 제일 빠른 시간을 구한다.
> ② HOUR(SMALL(B29:B37,1))&"시간 ": ①에서 구한 시간의 시를 구하고, 연결 연산자(&)를 이용해 '시간' 뒤에 한 칸 띄어쓰기가 있는 "시간 " 문자열을 연결한다.
> ③ MINUTE(SMALL(B29:B37,1))&"분 ": ①에서 구한 시간의 분을 구하고, 연결 연산자(&)를 이용해 "분" 뒤에 한 칸 띄어쓰기가 있는 "분 " 문자열을 연결한다.
> ④ SECOND(SMALL(B29:B37,1))&"초": ①에서 구한 시간의 초를 구하고, 연결 연산자(&)를 이용해 "초" 문자열을 연결한다.
> ⑤ 전체 수식: ①에서 구한 값과 ②에서 구한 값과 ③에서 구한 값을 연결 연산자(&)를 이용해 연결한다.

📢 SMALL(범위, K): 범위 내에서 K번째로 작은 값을 구한다.

📢 HOUR(시간): 시간에서 시의 숫자를 구한다.

📢 MINUTE(시간): 시간에서 분의 숫자를 구한다.

📢 SECOND(시간): 시간에서 초의 숫자를 구한다.

## 6. [표3] ABC 학교 시험 현황

| | F | G | H | I | J |
|---|---|---|---|---|---|
| 27 | [표6] ABC 학교 시험 현황 | | | | |
| 28 | 수험번호 | 국어 | 영어 | 수학 | 평가 |
| 29 | 201796708 | 80 | 70 | 95 | 합격 |
| 30 | 202056478 | 50 | 100 | 99 | 불합격 |
| 31 | 201748576 | 94 | 64 | 70 | 불합격 |
| 32 | 201127433 | 76 | 45 | 90 | 불합격 |
| 33 | 201988564 | 77 | 54 | 60 | 불합격 |
| 34 | 201735472 | 85 | 88 | 95 | 합격 |
| 35 | 201899048 | 76 | 90 | 90 | 합격 |
| 36 | | | | | |

● [J29] 셀에 **=IF(AND(I29>=90,COUNTIF(G29:H29,">=70")=2),"합격","불합격")**을 입력한 후 [J35] 셀까지 수식을 복사한다.

> ① COUNTIF(G29:H29,">=70")=2: 수험번호별 국어, 영어 [G29:H29]에서 2과목 모두 70점 이상인 셀의 개수를 구한다.
> ② AND(I29>=90,COUNTIF(G29:H29,">=70")=2): 수학 90점 이상인 조건과 ①에서 구한 조건 둘 다 충족된 값을 찾기 때문에 AND 함수로 연결한다.
> ③ 전체 수식: ②의 조건식에 충족되면 평가[J29] 셀에 '합격'을 그 외는 '불합격'을 입력한다.

1. [표1]에서 입차시간[C5:C12]과 출차시간[D5:D12]을 이용하여 요금계산[E5:E12]을 구하시오.

   ▶ 10분당 요금은 1000원
   ▶ HOUR, MINUTE 함수 사용

2. [표2]의 의류코드[H5:H12]와 [가격표]를 이용하여 판매총액[K5:K12]을 계산하시오.

   ▶ 판매총액: 할인가 × 판매량
   ▶ 판매총액은 백의 자리에서 올림하여 천의 자리까지 표시하시오.
     [ 표시 예: 1,235,500 → 1,236,000 ]
   ▶ INDEX, MATCH, LEFT, ROUNDUP 함수 사용

3. [표3]의 응시일[D18:D24], 기간[E18:E24]을 이용해 자격증 발급일[F18:F24]을 계산하시오.

   ▶ [ 표시 예: 2024-08-12이면 8/12로 표시 ]
   ▶ WORKDAY, MONTH, DAY 함수와 & 연산자 사용

4. [표4]에서 부서명[I18:I26] 중 '영업팀'이 아닌 비율을 구하여 [K27] 셀에 표시하시오.

   ▶ COUNTIF, COUNT 함수 사용

5. [표5]의 평균[E32:E39]을 이용하여 [등급표]에서 등급[C43:C46]을 구한 후 'A' 등급일 경우 '우수', 'B' 등급이면 '보통' 그 외는 '노력'을 등급[F32:F39]에 표시하시오.

   ▶ RANK.EQ, IFS, VLOOKUP 함수 사용

6. [표6]의 출발시간[J33:J39], 정류장 개수[K33:K39], 소요시간(분)[L33:L39]을 이용하여 도착예정시간[M33:M39]을 구하시오.

   ▶ 도착예정시간: 출발시간 + 정류장 개수 × 소요시간(분)
   ▶ 단, 초 단위는 없는 것으로 한다.
   ▶ TIME, HOUR, MINUTE 함수 사용

[풀이]

1. 주차요금 계산

| | B | C | D | E |
|---|---|---|---|---|
| 3 | [표1] 주차요금 계산 | | | |
| 4 | 차량번호 | 입차시간 | 출차시간 | 요금계산 |
| 5 | 4567 | 12:10 | 13:00 | 5,000원 |
| 6 | 1294 | 10:00 | 12:00 | 12,000원 |
| 7 | 9983 | 10:00 | 10:30 | 3,000원 |
| 8 | 1123 | 11:20 | 15:50 | 27,000원 |
| 9 | 9021 | 13:10 | 14:20 | 7,000원 |
| 10 | 5973 | 14:30 | 15:30 | 6,000원 |
| 11 | 5589 | 13:30 | 15:05 | 9,500원 |
| 12 | 4456 | 15:10 | 16:40 | 9,000원 |
| 13 | | | | |

- [E5] 셀에 **=(HOUR(D5-C5)*60+MINUTE(D5-C5))/10*1000**을 입력한 후 [E12] 셀까지 수식을 복사한다.

> ① HOUR(D5-C5): 출차시간[D5]에서 입차시간[C5]을 빼서 주차시간을 구한 후 '시'를 구한다.
> ② MINUTE(D5-C5): 출차시간[D5]에서 입차시간[C5]을 빼서 주차시간의 '분'을 구한다.
> ③ HOUR(D5-C5)*60: 요금이 '분' 단위로 표현되어 있어 ①에서 구한 '시'를 분 단위로 변경하기 위해 60을 곱한다.(1시간= 60분)
> ④ 전체 수식: ②에서 구한 값과 ③에서 구한 '분' 값을 모두 더해 전체 주차시간을 '분'으로 구한 후 10으로 나눈다. 마지막으로 요금은 10분당 1000원이므로 1000을 곱하면 요금을 구할 수 있다.

## 2. 의류 판매 현황

| | H | I | J | K |
|---|---|---|---|---|
| 3 | [표2] 의류 판매 현황 | | | |
| 4 | 의류코드 | 사이즈 | 판매량 | 판매총액 |
| 5 | AB-101 | L | 203 | 3,045,000 |
| 6 | AB-101 | S | 532 | 7,980,000 |
| 7 | CD-101 | M | 392 | 4,704,000 |
| 8 | EF-102 | M | 124 | 2,728,000 |
| 9 | AB-102 | S | 345 | 5,175,000 |
| 10 | CD-102 | L | 421 | 5,052,000 |
| 11 | CD-103 | S | 223 | 2,676,000 |
| 12 | EF-103 | M | 128 | 2,816,000 |
| 13 | | | | |

- [K5] 셀에 **=ROUNDUP(INDEX($M$5:$O$7,MATCH(LEFT(H5,2),$M$5:$M$7,0),3)*J5,-3)**을 입력한 후 [K12] 셀까지 수식을 복사한다.

> ① LEFT(H5,2): [표2]의 의류코드[H5]에서 왼쪽 2글자를 추출한다.
> ② MATCH(LEFT(H5,2),$M$5:$M$7,0): [가격표]의 의류코드[M5:M7]에서 ①의 수식 값과 일치하는 값의 행 위치를 구한다. 의류코드는 반드시 절대 참조한다.
> ③ INDEX($M$5:$O$7,MATCH(LEFT(H5,2),$M$5:$M$7,0),3): 할인가의 값을 가격표 전체 범위 [M5:O7]에서 ②에서 구한 행, 3번째 열에서 추출한다. 가격표의 범위는 절대 참조한다.
> ④ INDEX($M$5:$O$7,MATCH(LEFT(H5,2),$M$5:$M$7,0),3)*J5: ③에서 구한 할인가와 판매량[J5]을 곱해 판매총액을 구한다.
> ⑤ 전체 수식: ④에서 구한 값을 백의 자리에서 올림하여 천의 자리까지 나타낸다.

## 3. 자격증 응시일

| | B | C | D | E | F |
|---|---|---|---|---|---|
| 16 | [표3] 자격증 응시일 | | | | |
| 17 | 응시지역 | 성명 | 응시일 | 기간 | 자격증 발급일 |
| 18 | 광주 | 신지수 | 2024-12-06 | 1 | 12/9 |
| 19 | 서울 | 김채원 | 2024-05-16 | 3 | 5/21 |
| 20 | 안양 | 오승준 | 2024-09-26 | 2 | 9/30 |
| 21 | 부산 | 오지숙 | 2023-03-09 | 2 | 3/13 |
| 22 | 인천 | 양채은 | 2023-06-04 | 3 | 6/7 |
| 23 | 제주 | 이지우 | 2025-05-12 | 1 | 5/13 |
| 24 | 대전 | 정미주 | 2025-09-17 | 2 | 9/19 |
| 25 | | | | | |

- [F18] 셀에 **=MONTH(WORKDAY(D18,E18))&"/"&DAY(WORKDAY(D18,E18))**을 입력한 후 [F24] 셀까지 수식을 복사한다.

> 📢 MATCH(찾을 값, 찾을 값이 있는 범위, 찾을 방법): 범위에서 찾을 값을 검색하고, 상대 위치값을 구한다.

> 📢 INDEX(배열, 행, 열): 배열 범위에서 행과 열이 교차하는 위치의 값을 추출한다.

> 📢 ROUNDUP(숫자, 자릿수): 수를 지정한 자릿수로 올림하여 구한다.

> 📢 INDEX의 배열을 할인가 [$O$5:$O$7]의 범위만 선택하여 수식 =INDEX($O$5:$O$7,MATCH(LEFT(H5,2),$M$5:$M$7,0))을 입력해도 할인가를 구할 수 있다.

**WORKDAY**(시작일, 일수, [휴일]): 시작일에서 일수를 더하거나 뺀 전 또는 후의 날짜를 주말이나 휴일을 제외하고 구한다.

**MONTH**(날짜): 날짜의 월을 구한다.

**DAY**(날짜): 날짜의 일을 구한다.

① WORKDAY(D18,E18): 응시일[D18]에서 주말이나 휴일을 제외한 기간[E18] 후의 자격증 발급일을 구한다.
② MONTH(WORKDAY(D18,E18))&"/": ①에서 구한 자격증 발급일의 '월'을 구하고 연결 연산자(&)를 이용해 '/'(슬러시)를 연결한다.
③ 전체 수식: DAY 함수를 이용하여 ①에서 구한 자격증 발급일의 '일'을 구하고 ②의 식과 연결 연산자(&)를 이용해 연결한다.

### 4. ABC 회사 급여지급현황

| | H | I | J | K |
|---|---|---|---|---|
| 16 | [표4] ABC 회사 급여지급현황 | | | |
| 17 | 사원명 | 부서명 | 직위 | 지급액 |
| 18 | 신지수 | 총무팀 | 사원 | 1,950,000 |
| 19 | 김채원 | 영업팀 | 사원 | 2,200,000 |
| 20 | 오승준 | 인사팀 | 대리 | 4,200,000 |
| 21 | 오지숙 | 영업팀 | 차장 | 3,300,000 |
| 22 | 양채은 | 개발팀 | 부장 | 5,100,000 |
| 23 | 정미주 | 생산팀 | 대리 | 2,900,000 |
| 24 | 김정호 | 개발팀 | 차장 | 3,900,000 |
| 25 | 김수현 | 영업팀 | 사원 | 1,850,000 |
| 26 | 강우식 | 재무팀 | 부장 | 5,000,000 |
| 27 | 영업팀 아닌 비율 | | | 67% |

- [K27] 셀에 **=COUNTIF(I18:I26,"<>영업팀")/COUNT(K18:K26)**을 입력하여 완성한다.

① COUNTIF(I18:I26,"<>영업팀"): 부서명[I18:I26]에서 '영업팀'을 제외한 셀의 개수를 구한다.
② COUNT(K18:K26): 전체 지급액[K18:K26] 셀의 개수를 구한다.
③ 비율: ① 영업팀을 제외한 셀의 개수 / ② 전체 셀의 개수

### 5. 1학기 성적결과

| | B | C | D | E | F |
|---|---|---|---|---|---|
| 30 | [표5] 1학기 성적결과 | | | | |
| 31 | 성명 | 중간고사 | 기말고사 | 평균 | 등급 |
| 32 | 신지수 | 65 | 90 | 77.5 | 노력 |
| 33 | 김채원 | 70 | 65 | 67.5 | 노력 |
| 34 | 오승준 | 75 | 90 | 82.5 | 보통 |
| 35 | 오지숙 | 95 | 80 | 87.5 | 보통 |
| 36 | 양채은 | 55 | 70 | 62.5 | 노력 |
| 37 | 정미주 | 93 | 88 | 90.5 | 우수 |
| 38 | 김정호 | 70 | 85 | 77.5 | 노력 |
| 39 | 신지은 | 88 | 90 | 89 | 우수 |

| | | |
|---|---|---|
| 41 | <등급표> | |
| 42 | 순위 | 등급 |
| 43 | 1 | A |
| 44 | 3 | B |
| 45 | 5 | C |
| 46 | 7 | D |

- [F32] 셀에 **=IFS(VLOOKUP(RANK.EQ(E32,$E$32:$E$39,0),$B$43:$C$46,2,TRUE)="A","우수",VLOOKUP(RANK.EQ(E32,$E$32:$E$39,0),$B$43:$C$46,2,TRUE)="B","보통",TRUE,"노력")**을 입력한 후 [F39] 셀까지 수식을 복사한다.

**RANK.EQ**(순위 구할 수, 참조할 숫자 목록, 순위 구할 방법): 숫자 목록에서 지정한 수의 순위를 구한다.

**VLOOKUP**(찾으려는 값, 찾으려는 값이 첫 번째 열에 위치한 범위, 열 번호, 찾을 방법)

**IFS**(조건1, 결과값1, 조건2, 결과값2, … TRUE, 그 외 결과값)

① RANK.EQ(E32,$E$32:$E$39,0): 평균[F32] 값을 평균[E32:E39] 범위에서 비교하여 내림차순(큰 수가 1위)를 구한다.
② VLOOKUP(RANK.EQ(E32,$E$32:$E$39,0),$B$43:$C$46,2,TRUE): ①에서 구한 순위값을 등급표[B43:C46] 범위의 첫 열에서 검색하여 해당 행 2번째 열에서 순위에 유사하게(TRUE) 일치하는 등급을 구한다.(예: 2위 → 'A') 유사 일치로 구하는 이유는 ①에서 구한 순위 모든 값들이 등급표[B43:C46] 범위의 첫 열에서 모두 다 정확하게 검색되지 않기 때문에 근삿값으로 등급을 구한다.
③ 전체 수식: ②에서 구한 등급값이 'A' 등급이면 [F32] 셀에 "우수"를, 등급값이 'B' 등급이면 "보통"을 표시하고 그 외는 "노력"을 표시한다.

6. [표6] JUN 아카데미 셔틀버스

| | H | I | J | K | L | M |
|---|---|---|---|---|---|---|
| 30 | [표6] JUN 아카데미 셔틀버스 | | | | | |
| 31 | 버스번호 | 도착지 | 출발시간 | 정류장 개수 | 정류장당 소요시간(분) | 도착예정시간 |
| 32 | | | | | | |
| 33 | 1호차 | 역삼동버스 | 8:10 | 10 | 3 | 8:40 |
| 34 | 2호차 | 삼청동 버스 | 9:15 | 8 | 4 | 9:47 |
| 35 | 3호차 | 중동 | 9:12 | 7 | 5 | 9:47 |
| 36 | 4호차 | 신암동 | 8:15 | 5 | 7 | 8:50 |
| 37 | 5호차 | 중앙동버스 | 10:00 | 9 | 4 | 10:36 |
| 38 | 6호차 | 충장동 | 12:00 | 11 | 3 | 12:33 |
| 39 | 7호차 | 농성동버스 | 15:00 | 8 | 5 | 15:40 |
| 40 | | | | | | |

● [M33] 셀에 **=TIME(HOUR(J33),MINUTE(J33)+K33*L33,0)**을 입력한 후 [M39] 셀까지 수식을 복사한다.

① HOUR(J33): 출발시간의 시를 구한다. MINUTE(J33): 출발시간의 분을 구한다.
② TIME(HOUR(J33),MINUTE(J33),0) : TIME 인수의 '시'는 ①에서 구한 값, '분'은 ①에서 구한 값, 초 단위는 없다고 했기 때문에 TIME 인수의 '초'에는 0을 입력하여 출발시간을 완성한다.
③ 전체 수식: 정류장당 소요시간이 '분' 단위이기 때문에 정류장 개수 * 정류장당 소요시간(분)을 ② 수식의 MINUTE 인수 뒤에 더해 도착예정시간을 구한다.

## 문제 4

www.ebs.co.kr/compass(엑셀 실습 파일 다운로드)

1. [표1]의 점수[D4:D10]의 평균과 표준편차를 구해 [E10] 셀에 [표시 예]와 같이 나타내시오.
   ▶ [ 표시 예: 평균이 82.345, 표준편차가 14.456 → 평균 : 82 표준편차 : 14 ]
   ▶ TRUNC, STDEV.S, AVERAGE 함수와 & 연산자 사용

2. [표2]에서 지원학과[J4:J10]는 '컴퓨터학과', 응시지역[I4:I10]은 '광주'에 해당하는 각 과목의 점수 합계를 구하여 [표시 예]와 같이 [L13:M13]에 나타내시오.(단, 합계는 각 과목의 평균보다 크거나 같은 점수들의 합계임)
   ▶ [ 표시 예: 점수 합계가 780이라면 → 78점 ]
   ▶ SUMIFS, AVERAGE 함수와 & 연산자 사용

3. [표3]의 출발지[C17:C21], 도착지[D17:D21], [택배요금표]를 이용하여 출발지와 목적지별 택배비를 구하여 택배요금[E17:E21]에 나타내시오. 단, 도착지가 '부산'일 경우 요금의 80%로 계산하여 나타내시오.
   ▶ VLOOKUP, MATCH, IF 함수 모두 사용

4. [표4]에서 패[C26:C35]가 제일 적은 반[D26:D35]을 [D36] 셀에 표시하시오.
   ▶ VLOOKUP, SMALL 함수 사용

**5.** [표5]에서 승[I26:I35] 수가 높은 2개국은 '진출', 하위 2개국은 '탈락', 나머지는 공백으로 준결승[K26:K35]에 표시하시오.

▶ IFS, SMALL, LARGE 함수 모두 사용

**6.** [표6]에서 평균[E41:E47]을 기준으로 순위를 구하여 1위는 '1등', 2위는 '2등', 3위는 '3등', 그 외는 공백으로 순위[F41:F47]에 표시하시오.

▶ 순위는 평균 점수가 높으면 1위
▶ CHOOSE, IF, RANK.EQ 함수 모두 사용

### [풀이]

**1. 직원 점수**

| | B | C | D | E | F |
|---|---|---|---|---|---|
| 2 | [표1] 직원 점수 | | | | |
| 3 | 성명 | 소속 | 점수 | | |
| 4 | 신지수 | 서초 | 99 | | |
| 5 | 김채원 | 방배 | 85 | | |
| 6 | 오승준 | 서초 | 80 | | |
| 7 | 오지숙 | 방배 | 70 | | |
| 8 | 양채은 | 서초 | 75 | | |
| 9 | 정미주 | 방배 | 35 | 점수의 평균과 표준편차 | |
| 10 | 김정호 | 서초 | 65 | 평균 : 72 표준편차 : 19 | |
| 11 | | | | | |

- [E10] 셀에 =**"평균 : "&TRUNC(AVERAGE(D4:D10),0)&" 표준편차 : "&TRUNC(STDEV.S(D4: D10),0)**을 입력한다.

> ① AVERAGE(D4:D10): 점수[D4:D10]의 평균을 구한다.
> ② TRUNC(AVERAGE(D4:D10),0): 위 ①의 평균값을 내림하여 정수로 구한다.
> ③ "평균 : "&TRUNC(AVERAGE(D4:D10),0)&" 표준편차 : ": ②에서 구한 평균값 앞에는 :(콜론) 앞뒤로 띄어쓰기가 한 칸 추가된 "평균 : " 단위를 연결 연산자(&)로 연결하여 작성하고, 평균값 뒤에는 '표' 앞에 띄어쓰기 한 칸, :(콜론) 앞뒤로 띄어쓰기가 한 칸 추가된 " 표준편차 : " 단위를 연결 연산자(&)로 연결하여 작성한다.
> ④ TRUNC(STDEV.S(D4:D10)): STDEV.S 함수로 표준편차를 구한 후 TRUNC 함수로 내림하여 정수로 작성한다.
> ⑤ 전체 수식: ③에서 구한 결과값 뒤에 ④에서 구한 값을 연결 연산자(&)로 연결하여 작성한다.

**2. 학생 점수표**

| | H | I | J | K | L | M |
|---|---|---|---|---|---|---|
| 2 | [표2] 학생 점수표 | | | | | |
| 3 | 학생명 | 응시지역 | 지원학과 | 커뮤니케이션 | 회계 | 경영전략 |
| 4 | 양채은 | 광주 | 컴퓨터학과 | 77 | 75 | 88 |
| 5 | 정미주 | 서울 | 경영학과 | 58 | 76 | 78 |
| 6 | 김정호 | 안양 | 경영학과 | 68 | 70 | 80 |
| 7 | 신지수 | 광주 | 컴퓨터학과 | 53 | 69 | 94 |
| 8 | 김채원 | 서울 | 정보통신과 | 73 | 75 | 91 |
| 9 | 오승준 | 서울 | 정보통신과 | 55 | 67 | 88 |
| 10 | 오지숙 | 안양 | 컴퓨터학과 | 95 | 89 | 79 |
| 11 | | | | | | |
| 12 | | | | 커뮤니케이션 | 회계 | |
| 13 | | | | 77점 | 75점 | |
| 14 | | | | | | |

---

TRUNC(숫자, 자릿수): 지정한 소수점 자릿수만 남기고 나머지는 버림 하여 구한다.

STDEV.S(숫자1, 숫자2, …): 지정한 수의 표준 편차를 구한다.

- [L13] 셀에 =SUMIFS(K4:K10,$J$4:$J$10,"컴퓨터학과",$I$4:$I$10,"광주",K4:K10,">="&AVER
AGE(K4:K10))&"점"을 입력한 후 [M13] 셀까지 수식을 복사한다.

■ SUMIFS(합계를 구할 범위, 조건 범위1, 조건1, 조건 범위2, 조건2, 조건 범위3, 조건3, …)

① AVERAGE(K4:K10): 커뮤니케이션[K4:K10] 범위의 평균을 구한다.

② SUMIFS(K4:K10,$J$4:$J$10,"컴퓨터학과",$I$4:$I$10,"광주",K4:K10,">="&AVERAGE(K4:K10)): 지원학과[J4:J10] 중 '컴퓨터학과'이면서 응시지역[I4:I10] 중 '광주'이면서 커뮤니케이션[K4:K10] 범위에서 ①에서 구한 커뮤니케이션 평균보다 크거나 같은 조건에 해당하는 커뮤니케이션[K4:K10]의 합계를 구한다.

③ 전체 수식: 위와 같은 ② 수식 뒤에 "점"을 연결해서 표시하기 위해 연결 연산자(&)를 이용한다.

■ 응시지역[I4:I10]과 지원학과[K4:K10]는 [L13] 셀과 [M13] 셀에 지속적인 참조로 절대 참조한다.

## 3. 택배요금표

| | B | C | D | E | | G | H | I | J | K | L |
|---|---|---|---|---|---|---|---|---|---|---|---|
| 15 | [표3] | | | | | | [택배요금표] | | | | |
| 16 | 택배코드 | 출발지 | 도착지 | 택배요금 | | | 출발지 \ 도착지 | 서울 | 대전 | 대구 | 부산 |
| 17 | A-001 | 부산 | 대전 | 5,000 | | | 서울 | 5,000 | 7,000 | 9,000 | 10,500 |
| 18 | A-002 | 부산 | 부산 | 3,200 | | | 대전 | 7,000 | 4,000 | 4,000 | 5,000 |
| 19 | A-003 | 서울 | 부산 | 8,400 | | | 대구 | 9,000 | 4,000 | 3,000 | 4,000 |
| 20 | A-004 | 대전 | 서울 | 7,000 | | | 부산 | 10,500 | 5,000 | 4,000 | 4,000 |
| 21 | A-005 | 대구 | 대전 | 4,000 | | | | | | | |

- [E17] 셀에 =IF(D17="부산",VLOOKUP(C17,$H$17:$L$20,MATCH(D17,$I$16:$L$16,0)+1,FALSE)*80%,VLOOKUP(C17,$H$17:$L$20,MATCH(D17,$I$16:$L$16,0)+1,FALSE))를 입력한 후 [E21] 셀까지 수식을 복사한다.

① MATCH(D17,$I$16:$L$16,0): 도착지[D17]를 도착지 범위[I16:L16]에서 검색하여 도착지에 따른 열 번호를 구한다.(서울[I16]은 1열, 대전[J16]은 2열, 대구[K16]는 3열, 부산[L16]은 4열이 된다.) 이때 범위는 절대 참조로 입력한다.

② MATCH(D17,$I$16:$L$16,0)+1: ①에서 구한 도착지별 열 번호에 +1을 더하여 대전[D17] 도착지는 3열, 부산[D18] 도착지는 5열, 서울[D19] 도착지는 2열이 되도록 한다.

③ VLOOKUP(C17,$H$17:$L$20,MATCH(D17,$I$16:$L$16,0)+1,FALSE): [표3]의 출발지[C17]를 택배요금표[H17:L20] 범위의 첫 열에서 정확하게(FALSE) 검색한 후 ②에서 구한 도착지별 열 번호의 택배요금을 구한다. VLOOKUP 함수에서 참조한 범위[H17:L20]는 5개의 열로, MATCH 함수 참조 범위[I16:L16]의 4개의 열과 차이가 발생하므로 MATCH 함수 뒤에 +1을 하여 VLOOKUP 함수에서 정확한 열 번호 값을 읽어 오도록 한다.

④ 전체 수식: 도착지[D17]가 '부산'이면 ③에서 구한 택배요금의 80%를 곱한 값을 구하고, 그외에는 ③에서 구한 그대로의 택배요금을 구한다.

■ MATCH(찾을 값, 찾을 값이 있는 범위, 찾을 방법): 범위에서 찾을 값을 검색하고, 상대 위치값을 구한다.

■ VLOOKUP(찾으려는 값,찾으려는 값이 첫 번째 열에 위치한 범위,열 번호,찾을 방법)

■ 범위[H17:L20]는 절대 참조한다.

## 4. ABC 학교 체육대회

| | B | C | D |
|---|---|---|---|
| 24 | [표4] ABC 학교 체육대회 | | |
| 25 | 승 | 패 | 반 |
| 26 | 8 | 2 | A반 |
| 27 | 4 | 6 | B반 |
| 28 | 6 | 4 | C반 |
| 29 | 2 | 8 | D반 |
| 30 | 3 | 7 | E반 |
| 31 | 9 | 1 | F반 |
| 32 | 1 | 9 | G반 |
| 33 | 5 | 5 | H반 |
| 34 | 6 | 4 | I반 |
| 35 | 4 | 6 | J반 |
| 36 | 가장 적은 패의 반 | | F반 |

- [D36] 셀에 =VLOOKUP(SMALL(C26:C35,1),C26:D35,2,FALSE)를 입력한다.

① SMALL(C26:C35,1): 패[C26:C35]에서 가장 작은 수를 구한다. → 결과: 1

② 전체 수식: 참조 범위[C26:D35]의 첫 열에서 ①에서 구한 가장 작은 패 값 1을 검색한 후 2번째 열에서 해당하는 반을 정확하게(FALSE) 찾는다.

## 5. 축구 선수권 대회

| | H | I | J | K |
|---|---|---|---|---|
| 24 | [표5] 축구 선수권 대회 | | | |
| 25 | 국가 | 승 | 패 | 준결승 |
| 26 | 대한민국 | 8 | 2 | 진출 |
| 27 | 터키 | 4 | 6 | |
| 28 | 잉글랜드 | 6 | 4 | |
| 29 | 프랑스 | 2 | 8 | 탈락 |
| 30 | 싱가포르 | 3 | 7 | |
| 31 | 독일 | 9 | 1 | 진출 |
| 32 | 베트남 | 1 | 9 | 탈락 |
| 33 | 이란 | 5 | 5 | |
| 34 | 쿠웨이트 | 6 | 4 | |
| 35 | 이탈리아 | 3 | 7 | |
| 36 | | | | |

- [K26] 셀에 **=IFS(I26>=LARGE($I$26:$I$35,2),"진출",I26<=SMALL($I$26:$I$35,2),"탈락", TRUE,"")**를 입력한 후 [K35] 셀까지 수식을 복사한다.

> ① LARGE($I$26:$I$35,2): 승[I26:I35] 범위에서 2번째로 큰 값을 구한다. → 결과: 8
> ② SMALL($I$26:$I$35,2): 승[I26:I35] 범위에서 2번째로 작은 값을 구한다. → 결과: 2
> ③ 전체 수식: 승 값이 ① 수식 결과값보다 크거나 같으면 '진출'을 입력하고, 승 수가 ② 수식의 결과값보다 작거나 같으면 '탈락', 그 외에는 공백으로 입력한다.

## 6. 시험 순위

| | B | C | D | E | F |
|---|---|---|---|---|---|
| 39 | [표6] 시험 순위 | | | | |
| 40 | 수험번호 | 국어 | 영어 | 평균 | 순위 |
| 41 | 201796708 | 80 | 70 | 75 | |
| 42 | 202056478 | 90 | 100 | 95 | 1등 |
| 43 | 201748576 | 94 | 64 | 79 | |
| 44 | 201127433 | 76 | 45 | 61 | |
| 45 | 201988564 | 77 | 54 | 66 | |
| 46 | 201735472 | 85 | 88 | 87 | 2등 |
| 47 | 201899048 | 76 | 90 | 83 | 3등 |
| 48 | | | | | |

- [F41] 셀에 **=IF(RANK.EQ(E41,$E$41:$E$47,0)<=3,CHOOSE(RANK.EQ(E41,$E$41:$E$47,0),"1 등","2등","3등"),"")**을 입력한 후 [F47] 셀까지 수식을 복사한다.

> ① RANK.EQ(E41,$E$41:$E$47,0): 평균[E41]을 기준으로 내림차순 순위(큰 수가 1위)를 구한다. (1위~7위)
> ② CHOOSE(RANK.EQ(E41,$E$41:$E$47,0),"1등","2등","3등"): ①에서 구한 순위 중 1~3등에 대해서 1은 "1등", 2는 "2등", 3은 "3등"의 값을 입력하여 구한다.
> ③ 전체 수식: ①에서 계산한 순위값이 3위 이내이면 ② 수식을 적용하고 그 외의 순위이면 공백을 입력한다.

# 한.번.에. 이론

# 분석 작업

- ❯ 분석 작업은 분석 작업-1, 분석 작업-2로 문항당 10점씩 총 2문항이 출제되며 배점은 20점이다. 부분 점수가 없기 때문에 실수하지 않도록 유의한다.

- ❯ 자주 출제되는 유형은 데이터 통합, 시나리오, 데이터 표, 목표값 찾기, 부분합, 피벗 테이블, 정렬 등이다.

www.ebs.co.kr/compass

분석 작업

# 01

# 데이터 통합

**출제 비중 10% 상 난이도**

⊙ 데이터 통합은 여러 개의 데이터를 하나의 표로 통합(요약)하는 기능이다.

⊙ 표에서 첫 행과 왼쪽 열을 기준으로 통합되며 합계, 개수, 평균, 최대, 최소 등으로 요약할 수 있다.

## 1 개념 학습

● 통합 시 미리 데이터 통합 결과를 표시할 범위의 첫 행과 왼쪽 열을 포함하여 선택한 상태에서 통합 기능을 실행한다.

● 참조 범위는 데이터 통합 결과를 표시할 범위의 첫 행과 왼쪽 열이 포함되어야 한다.

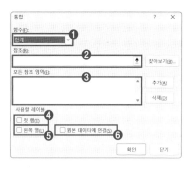

❶ 함수: 계산할 함수를 선택한다.(합계, 개수, 평균, 최대, 최소, 표준 편차 등)

❷ 참조: 통합할 데이터 범위를 지정한다.

❸ 모든 참조 영역: 지정한 모든 참조 범위를 표시한다.

❹ 첫 행: 참조 범위 중에서 첫 행(필드명)을 기준으로 통합한다.

❺ 왼쪽 열: 참조 범위 중에서 첫 열(항목)을 기준으로 통합한다.

❻ 원본 데이터에 연결: 원본 데이터가 변경될 경우 통합된 데이터에 자동으로 반영된다.

## 2 출제 유형 이해

www.ebs.co.kr/compass(엑셀 실습파일 다운로드)

**문제 1** 데이터 도구 [통합] 기능을 이용하여 [표1], [표2]에 대한 '고상환', '정지호', '유지선', '한슬기' 성명별 '국어', '수학', '영어'의 평균을 [표3]의 [H4:K7] 영역에 계산하시오. (10점)

[풀이]

1. **고상환, 정지호, 유지선, 한슬기** 성명을 [H4:H7] 범위에 차례대로 입력한다.

| | H | I | J | K | L | M | N | O | P | Q | R |
|---|---|---|---|---|---|---|---|---|---|---|---|
| 2 | **[표3] ABC 고등학교 1학기 성적표** | | | | | | | | | | |
| 3 | 성명 | 국어 | 수학 | 영어 | | | | | | | |
| 4 | 고상환 | | | | | | | | | | |
| 5 | 정지호 | | | | | | | | | | |
| 6 | 유지선 | | | | | | | | | | |
| 7 | 한슬기 | | | | | | | | | | |
| 8 | | | | | | | | | | | |

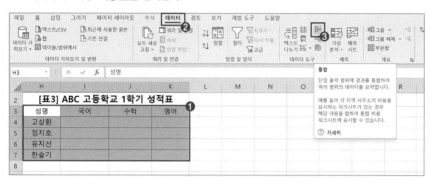

데이터 통합 결과를 표시할 표 범위에 통합 전 미리 요약할 성명을 작성한다.

2. 데이터 통합 결과를 표시할 표의 첫 행과 왼쪽 열을 포함해서 [H3:K7] 범위를 선택한 후 [데이터] → [데이터 도구] → [통합]을 선택한다.

3. [통합] 대화 상자에서 함수는 '평균'을 선택한다.

4. 데이터 통합할 범위(참조)는 [B3:F10] 범위를 선택한 후 추가 를 클릭하고 [B13:F20] 범위를 선택하고 추가 를 클릭한다.

5. 사용할 레이블은 '첫 행', '왼쪽 열'을 체크하고 확인 을 클릭한다.

[표3]에 표시할 데이터 통합 결과는 '고상환', '정지호', '유지선', '한슬기'만의 '국어', '수학', '영어'의 평균값이므로 참조 범위는 왼쪽 열에 해당하는 성명[B] 열에서 첫 행에 해당하는 국어[C] 열, 수학[D] 열, 영어[E] 열이 반드시 포함되어야 한다.

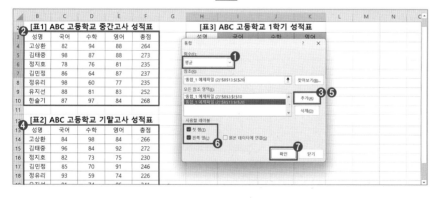

## [결과]

| | H | I | J | K | L | M | N | O | P | Q | R | S |
|---|---|---|---|---|---|---|---|---|---|---|---|---|
| 2 | **[표3] ABC 고등학교 1학기 성적표** | | | | | | | | | | | |
| 3 | 성명 | 국어 | 수학 | 영어 | | | | | | | | |
| 4 | 고상환 | 83 | 96 | 86 | | | | | | | | |
| 5 | 정지호 | 80 | 74.5 | 78 | | | | | | | | |
| 6 | 유지선 | 84.5 | 77.5 | 84.5 | | | | | | | | |
| 7 | 한슬기 | 85 | 96.5 | 79 | | | | | | | | |
| 8 | | | | | | | | | | | | |

**문제 2** 데이터 도구 [통합] 기능을 이용하여 [표1], [표2]의 성명이 '환', '호'로 끝나는 학생의 '엑셀', '액세스', '워드', '총점'의 평균을 [표3]의 [H4:L5] 영역에 계산하시오. (10점)

## [풀이]

1. **\*환**, **\*호**를 [H4:H5] 범위에 차례대로 입력한다.

| | 성명 | 엑셀 | 액세스 | 워드 | 총점 |
|---|---|---|---|---|---|
| | [표3] 전체 ITQ 시험 성적표 | | | | |
| | \*환 | | | | |
| | \*호 | | | | |

2. 데이터 통합 결과를 표시할 표의 첫 행과 왼쪽 열을 포함해서 [H3:L5] 범위를 선택한 후 [데이터] → [데이터 도구] → [통합]을 선택한다.

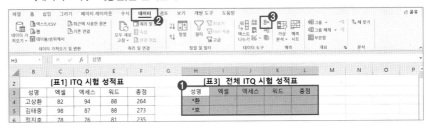

3. [통합] 대화 상자에서 함수는 '평균'을 선택한다.

4. 데이터 통합할 범위(참조)는 [B3:F10] 범위를 선택한 후 추가 를 클릭하고 [B13:F20] 범위를 선택하고 추가 를 클릭한다.

5. 사용할 레이블은 '첫 행', '왼쪽 열'을 체크하고 확인 을 클릭한다.

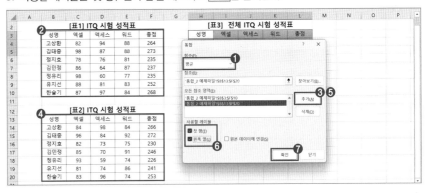

[표3]에 표시할 데이터 통합 결과는 성명이 '환' 혹은 '호'로 끝나는 사람의 '엑셀', '액세스', '워드', '총점'의 평균 값이므로 참조 범위는 왼쪽 열에 해당하는 성명[B] 열과 첫 행에 해당하는 엑셀 [C] 열, 액세스[D] 열, 워드 [E] 열, 총점[F] 열이 반드시 포함되어야 한다.

## [결과]

| | 성명 | 엑셀 | 액세스 | 워드 | 총점 |
|---|---|---|---|---|---|
| | [표3] 전체 ITQ 시험 성적표 | | | | |
| | \*환 | 83.75 | 86.75 | 85.25 | 255.75 |
| | \*호 | 82.75 | 70.75 | 83.5 | 237 |

**114 EBS** 컴퓨터활용능력 2급 실기

**문제 3** 데이터 도구 [통합] 기능을 이용하여 [표1], [표2], [표3]의 품명별 '입고량', '재고량'의 합계를 [표4] 영역에 표시하시오. (10점)

## [풀이]

1. 데이터 통합 결과를 표시할 [F13:H13] 범위를 선택하고, [데이터] → [데이터 도구] → [통합]을 선택한다.

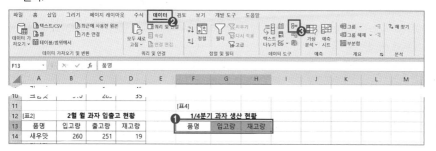

2. [통합] 대화 상자에서 함수는 '합계'를 선택한 후 데이터 통합할 범위(참조)는 [A2:D10] 범위를 선택하고, 추가 를 클릭한다. [A13:D21] 범위를 선택하고 추가 를 클릭한 후 [A24:D32] 범위를 선택하고 추가 를 클릭한다.

3. 사용할 레이블은 '첫 행', '왼쪽 열'을 체크하고 확인 을 클릭한다.

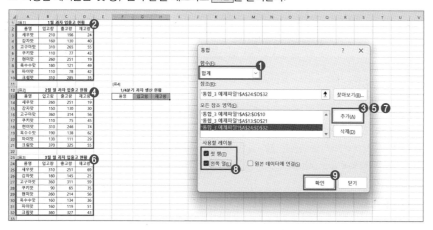

## [결과]

| | F | G | H |
|---|---|---|---|
| 11 | [표4] | | |
| 12 | 1/4분기 과자 생산 현황 | | |
| 13 | 품명 | 입고량 | 재고량 |
| 14 | 새우맛 | 780 | 112 |
| 15 | 감자맛 | 470 | 95 |
| 16 | 고구마맛 | 1,030 | 170 |
| 17 | 쿠키맛 | 310 | 123 |
| 18 | 현미맛 | 830 | 149 |
| 19 | 옥수수맛 | 510 | 147 |
| 20 | 파이맛 | 400 | 122 |
| 21 | 크림맛 | 1,040 | 133 |

[표4]에 표시할 데이터 통합 결과는 모든 과자의 '입고량', '재고량'의 합계이므로 참조 범위는 왼쪽 열에 해당하는 품명[A] 열과 첫 행에 해당하는 입고량[B] 열, 재고량[D] 열이 반드시 포함되어야 한다.
이때 출고량[C] 열을 제외한 범위 지정은 불가능하기 때문에 [A] 열부터 [D] 열까지 모든 범위를 참조 범위로 지정한 후 사용할 레이블의 '첫 행'을 체크하여 '입고량', '재고량' 값만 합계를 구하도록 한다.

# 시나리오 관리자

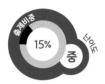

- 시나리오 관리자는 가상의 상황으로 변동되는 값에 따라 결과값 변화를 예측하는 기능이다.
- 시나리오 관리자는 변경 셀, 결과 셀을 참조하여 시나리오를 만들고 시나리오 요약 시트를 생성한다.

## 1 개념 학습

- 변경 셀과 결과 셀을 미리 파악해 시나리오를 만들기 전에 변경 셀과 결과 셀의 이름을 정의한다.
- 셀 이름 수정 단축키: Ctrl + F3

## 2 출제 유형 이해

www.ebs.co.kr/compass(엑셀 실습파일 다운로드)

> **문제 1** '시나리오 관리자_1 실습파일' 시트에 다음의 지시 사항을 처리하시오. (10점)
>
> 'ABC 중고 서점 판매' 표에서 '할인율'[E3]이 다음과 같이 변동될 경우 '판매금액합계'[E19]의 변동 시나리오를 작성하시오.
> ▶ [E3] 셀 이름은 '할인율', [E19] 셀 이름은 '판매금액합계'로 정의하시오.
> ▶ 시나리오 1: 시나리오 이름은 '할인율 감소', 할인율을 10%로 설정하시오.
> ▶ 시나리오 2: 시나리오 이름은 '할인율 증가', 할인율을 20%로 설정하시오.
> ▶ 위 시나리오에 의한 '시나리오 요약 보고서'는 '시나리오 관리자_1 실습파일' 시트 바로 앞에 위치시키시오.
> ※ 시나리오 요약 보고서 작성 시 정답과 일치해야 하며, 오자로 인한 부분 점수는 인정하지 않음

[풀이]

1. [E3] 셀을 선택한 후 이름 상자에 **할인율**을 입력하고 Enter를 누른다. 이어서 [E19] 셀을 선택한 후 이름 상자에 **판매금액합계**를 입력하고 Enter를 누른다.

시나리오가 출제되면 이름 정의를 먼저 한다. 이때 이름 상자에 이름을 입력하고 반드시 Enter를 눌러야 셀 이름이 정의된다.

| | 할인율 | | fx | 15% | |
|---|---|---|---|---|---|
| | A | B | C | D | E |
| 1 | | | | | |
| 2 | | ABC 중고 서점 판매 | | | |
| 3 | | | | 할인율 | 15% |
| 4 | | 도서명 | 출판사 | 가격 | 판매금액 |
| 5 | | 홍길동전 | 교보문고 | 14,000 | 11,900 |
| 6 | | 흥부전 | 교보문고 | 25,000 | 21,250 |
| 7 | | 황진이 | 열린책들 | 27,000 | 22,950 |
| 8 | | 신데렐라 | 한빛미디어 | 21,000 | 17,850 |
| 9 | | 백설공주 | 창비 | 13,000 | 11,050 |

| | 판매금액합계 | | fx | =SUM(E5:E18) | |
|---|---|---|---|---|---|
| | A | B | C | D | E |
| 12 | | 토끼와 거북이 | 열린책들 | 30,000 | 25,500 |
| 13 | | 가시나무 왕자 | 한빛미디어 | 25,000 | 21,250 |
| 14 | | 돈키호테 | 한빛미디어 | 30,000 | 25,500 |
| 15 | | 송곳니 아이 | 소담출판사 | 19,000 | 16,150 |
| 16 | | 주홍글씨 | 소담출판사 | 22,000 | 18,700 |
| 17 | | 자와 영자의 대모험 | 동아출판 | 27,000 | 22,950 |
| 18 | | 신밧드의 모험 | 동아출판 | 24,000 | 20,400 |
| 19 | | 판매 금액 합계 | | | 270,300 |
| 20 | | | | | |

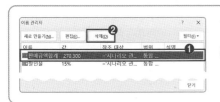

이름을 삭제하고자 할 때는 Ctrl + F3 을 눌러 [이름 관리자] 대화 상자에서 이름을 선택하고 삭제 를 클릭한다.

2. [E3] 셀을 선택한 후 [데이터] → [예측] → [가상 분석] → [시나리오 관리자]를 선택하고 [시나리오 관리자] 대화 상자가 실행되면 추가 를 클릭한다.

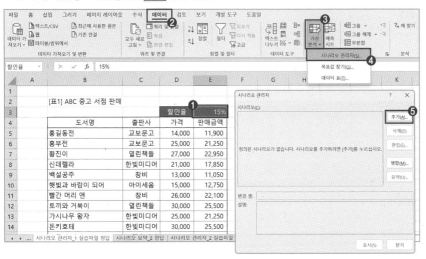

3. 시나리오 이름을 **할인율 감소**로 입력한 후 확인 을 클릭한다.

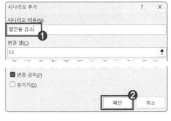

4. [시나리오 값] 대화 상자가 실행되면 할인율에 **10%**를 입력한 후 추가 를 클릭한다.

📢 10% 대신에 **0.1**을 입력해도 된다.

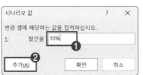

5. [시나리오 추가] 대화 상자에서 시나리오 이름을 **할인율 증가**로 입력한 후 확인 을 클릭한다.

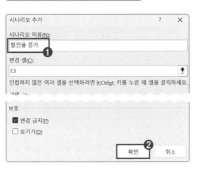

📢 시나리오 이름에 띄어쓰기가 있는지 확인하여 작성한다.
앞 단계에서 변경 셀의 이름을 '할인율'로 정의했기 때문에 시나리오 값 대화 상자의 변경 셀 주소가 자동으로 '할인율'로 표시된다. 만약 앞 단계에서 변경 셀의 이름을 정의하지 않았다면 셀 주소(절대 참조)로 표시되기 때문에 반드시 앞 단계로 돌아가 변경 셀의 이름을 정의하고 다시 시나리오를 생성하도록 한다.

▲ 변경 셀의 이름을 정의하지 않을 경우의 시나리오 값 대화 상자

6. [시나리오 값] 대화 상자가 실행되면 할인율에 **20%**를 입력한 후 [확인]을 클릭한다.

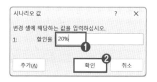

◀◀◀ 20% 대신에 **0.2**를 입력해도 된다.

7. [시나리오 관리자] 대화 상자에서 [요약]을 클릭하고 [시나리오 요약] 대화 상자가 실행되면 결과 셀에 [E19]를 선택한 후 [확인]을 클릭하여 '시나리오 요약' 시트를 생성한다.

**시나리오 결과 오류**
결과로 출력된 시나리오 요약 시트는 수정이 불가능하기 때문에 생성된 '시나리오 요약' 시트를 삭제 후 [시나리오 관리자] 대화 상자에서 편집하고 다시 생성해야 한다.
**삭제 방법**: '시나리오 요약' 시트 탭에서 마우스 오른쪽을 클릭하고 [삭제]를 클릭한다.

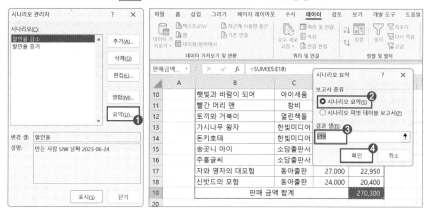

[결과]

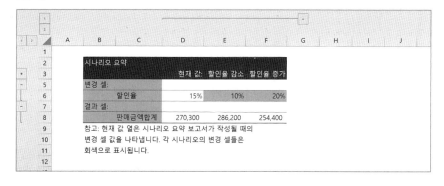

---

**문제 2**   '시나리오 관리자_2 실습파일' 시트에 다음의 지시 사항을 처리하시오. (10점)

'월별 가구 주문 내역서' 표에서 세율[B20]이 다음과 같이 변동될 경우 '월별세금합계액'[G8, G14, G18]의 변동 시나리오를 작성하시오.

▶ [B20] 셀 이름은 '세율', [G8] 셀 이름은 '소계5월', [G14] 셀 이름은 '소계6월', [G18] 셀 이름은 '소계7월'로 정의하시오.

▶ 시나리오 1: 시나리오 이름은 '세율인상', 할인율을 17%로 설정하시오.

▶ 시나리오 2: 시나리오 이름은 '세율인하', 할인율을 9%로 설정하시오.

▶ 위 시나리오에 의한 '시나리오 요약 보고서'는 '시나리오 관리자_2 실습파일' 시트 바로 앞에 위치시키시오.

※ 시나리오 요약 보고서 작성 시 정답과 일치해야 하며, 오자로 인한 부분 점수는 인정하지 않음

## [풀이]

1. [B20] 셀을 선택한 후 이름 상자에 **세율**을 입력하고 Enter를 누른다. 이어서 [G8] 셀은 **소계5월**, [G14] 셀은 **소계6월**, [G18] 셀은 **소계7월**로 입력하고 Enter를 누른다.

2. [B20] 셀을 선택한 후 [데이터] → [예측] → [가상 분석] → [시나리오 관리자]를 선택하고 [시나리오 관리자] 대화 상자가 실행되면 추가를 클릭한다.

3. 시나리오 이름을 **세율인상**으로 입력한 후 확인을 클릭한다. [시나리오 값] 대화 상자가 실행되면 세율에 **17%**를 입력한 후 추가를 클릭한다.

4. [시나리오 추가] 대화 상자에서 시나리오 이름을 **세율인하**로 입력한 후 확인을 클릭한다. [시나리오 값] 대화 상자가 실행되면 세율에 **9%**를 입력한 후 확인을 클릭한다.

5. [시나리오 관리자] 대화 상자에서 요약을 클릭하고 [시나리오 요약] 대화 상자가 실행되면 결과 셀에 [G8] 셀을 선택한 후 Ctrl을 누른 채 [G14], [G18] 셀을 선택하고 확인을 클릭하여 '시나리오 요약' 시트를 생성한다.

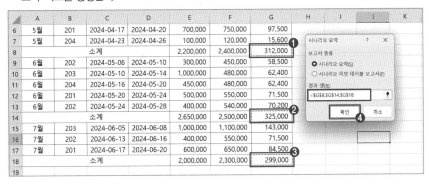

## [결과]

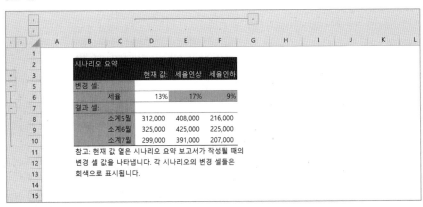

**문제 3** '시나리오 관리자_3 실습파일' 시트에 다음의 지시 사항을 처리하시오. (10점)

'가구렌탈 서비스 현황' 표에서 '다이아몬드회원'[B18], '골드회원'[C18], '실버회원'[D18]이 다음과 같이 변동될 경우 '총매출액합계'[D14]의 변동 시나리오를 작성하시오.

▶ [B18] 셀 이름은 '다이아몬드회원', [C18] 셀 이름은 '골드회원', [D18] 셀 이름은 '실버회원' [D14] 셀 이름은 '총매출액합계'로 정의하시오.

▶ 시나리오 1: 시나리오 이름은 '할인율 인상', 다이아몬드회원 20%, 골드회원 15%, 실버회원 10%로 설정하시오.

▶ 시나리오 2: 시나리오 이름은 '할인율 인하', 다이아몬드회원 12%, 골드회원 7%, 실버회원 2%로 설정하시오.

▶ 위 시나리오에 의한 '시나리오 요약 보고서'는 '시나리오 관리자_3 실습파일' 시트 바로 앞에 위치시키시오.

※ 시나리오 요약 보고서 작성 시 정답과 일치해야 하며, 오자로 인한 부분 점수는 인정하지 않음

## [풀이]

1. [B18] 셀을 선택한 후 이름 상자에 **다이아몬드회원**을 입력하고 Enter를 누른다. 이어서 [C18] 셀은 **골드회원**, [D18] 셀은 **실버회원**, [D14] 셀은 **총매출액합계**로 입력하고 Enter를 누른다.

2. [B18:D18] 범위를 선택한 후 [데이터] → [예측] → [가상 분석] → [시나리오 관리자]를 선택하고 [시나리오 관리자] 대화 상자가 실행되면 추가를 클릭한다.

3. 시나리오 이름을 **할인율 인상**으로 입력한 후 확인을 클릭한다. [시나리오 값] 대화 상자가 실행되면 다이아몬드회원 **20%**, 골드회원 **15%**, 실버회원 **10%**를 입력한 후 추가를 클릭한다.

4. [시나리오 추가] 대화 상자에서 시나리오 이름을 **할인율 인하**로 입력한 후 확인을 클릭한다. [시나리오 값] 대화 상자가 실행되면 다이아몬드회원 **12%**, 골드회원 **7%**, 실버회원 **2%**를 입력한 후 확인을 클릭한다.

5. [시나리오 관리자] 대화 상자에서 요약을 클릭하고 [시나리오 요약] 대화 상자가 실행되면 결과 셀에 [D14] 셀을 선택한 후 확인을 클릭하여 '시나리오 요약' 시트를 생성한다.

## [결과]

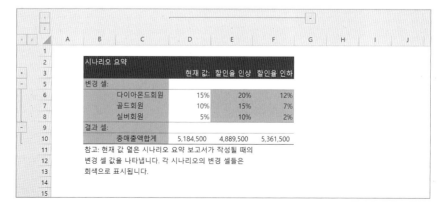

# 데이터 표

◎ 데이터 표는 1개 혹은 2개의 셀 값이 변화될 때의 결과값을 표의 형태로 표시하는 기능이다.

◎ 데이터 표를 실행하기 전 결과값을 표시할 수식, 변경될 셀 값, 결과를 표시할 셀 범위 총 3개가 모두 선택된 상태에서 실행해야 한다.

◎ 데이터 표에서 변경되는 값이 2개이면 데이터 표의 꼭짓점 부분에, 변경되는 값이 1개이면 결과값을 표시할 범위 중 제일 상단에 수식을 참조하여 입력한다.

## 1 출제 유형 이해

www.ebs.co.kr/compass(엑셀 실습파일 다운로드)

**문제 1** '데이터표_1 실습파일' 시트에 다음의 지시 사항을 처리하시오. (10점)

'테이블 렌탈 서비스'는 렌탈수량[B2], 1개 당 렌탈비[B3], 총 렌탈비[B4], 이익률[B5]을 이용해 실수령액[B7]을 계산한 것이다. [데이터 표] 기능을 이용하여 렌탈수량과 이익률의 변동에 따른 실수령액의 변화를 [F6:J12] 영역에 계산하여 표시하시오.

### [풀이]

1. [E5] 셀에 **=B7**을 입력하여 계산식을 연결한 후 Enter 를 누른다.

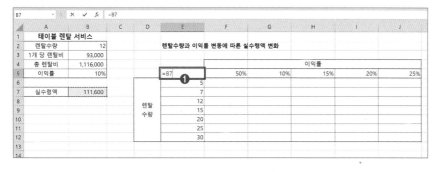

2. [E5:J12] 범위를 선택한 후 [데이터] → [예측] → [가상 분석] → [데이터 표]를 선택한다.

[데이터 표] 기능은 수식, 변경될 항목, 결과를 표시할 셀 범위 총 3개가 모두 선택된 상태에서 실행한다.

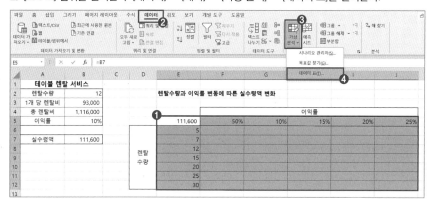

3. [데이터 표] 대화 상자가 실행되면 행 입력 셀에 [B5] 셀을 선택한 후, 열 입력 셀에 [B2] 셀을 선택하고 확인 을 클릭한다.

[데이터 표] 대화 상자의 값은 변화 값의 나열된 방향을 확인하여 입력한다.

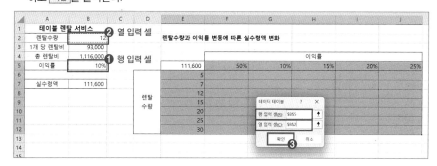

[결과]

| | A | B | C | D | E | F | G | H | I | J |
|---|---|---|---|---|---|---|---|---|---|---|
| 1 | 테이블 렌탈 서비스 | | | | | | | | | |
| 2 | 렌탈수량 | 12 | | | 렌탈수량과 이익률 변동에 따른 실수령액 변화 | | | | | |
| 3 | 1개 당 렌탈비 | 93,000 | | | | | | | | |
| 4 | 총 렌탈비 | 1,116,000 | | | | | | 이익률 | | |
| 5 | 이익률 | 10% | | | 111,600 | 50% | 10% | 15% | 20% | 25% |
| 6 | | | | | 5 | 232,500 | 46,500 | 69,750 | 93,000 | 116,250 |
| 7 | 실수령액 | 111,600 | | | 7 | 325,500 | 65,100 | 97,650 | 130,200 | 162,750 |
| 8 | | | | 렌탈 수량 | 12 | 558,000 | 111,600 | 167,400 | 223,200 | 279,000 |
| 9 | | | | | 15 | 697,500 | 139,500 | 209,250 | 279,000 | 348,750 |
| 10 | | | | | 20 | 930,000 | 186,000 | 279,000 | 372,000 | 465,000 |
| 11 | | | | | 25 | 1,162,500 | 232,500 | 348,750 | 465,000 | 581,250 |
| 12 | | | | | 30 | 1,395,000 | 279,000 | 418,500 | 558,000 | 697,500 |
| 13 | | | | | | | | | | |

**문제 2** '데이터표_2 실습파일' 시트에 다음의 지시 사항을 처리하시오. (10점)

'대출금 상환 금액'은 연이율[C5], 상환기간[C6], 대출금[C7]을 이용해서 상환금액(월)[C9]을 계산한 것이다. [데이터 표] 기능을 이용하여 상환기간과 연이율의 변동에 따른 상환금액(월)의 변화를 [G4:K10] 영역에 계산하여 표시하시오.

**[풀이]**

1. [F3] 셀에 **=C9**를 입력하여 계산식을 연결한 후 Enter를 누른다.

2. [F3:K10] 범위를 선택한 후 [데이터] → [예측] → [가상 분석] → [데이터 표]를 선택한다.

3. [데이터 표] 대화 상자가 실행되면 행 입력 셀에 [C5] 셀을 선택한 후, 열 입력 셀에 [C6] 셀을 선택하고 확인을 클릭한다.

**[결과]**

| | A | B | C | D | E | F | G | H | I | J | K |
|---|---|---|---|---|---|---|---|---|---|---|---|
| 1 | | | | | | | | | | | |
| 2 | | | | | | | | | 연이율 | | |
| 3 | | 대출금 상환 금액 | | | | ₩3,771,206,846 | 6.0% | 9.0% | 10.0% | 12.0% | 14.0% |
| 4 | | | | | | 3년 | 1,966,805,248 | 2,057,635,806 | 2,089,091,055 | 2,153,843,918 | 2,221,139,975 |
| 5 | | 연이율 | 9.00% | | 상 | 4년 | 2,704,891,611 | 2,876,035,555 | 2,936,124,592 | 3,061,130,388 | 3,192,886,794 |
| 6 | | 상환기간 | 5년 | | 환 | 5년 | 3,488,501,525 | 3,771,206,846 | 3,871,853,609 | 4,083,483,493 | 4,309,756,255 |
| 7 | | 대출금 | 50,000,000 | | 기 | 6년 | 4,320,442,785 | 4,750,351,379 | 4,905,565,681 | 5,235,496,561 | 5,593,421,268 |
| 8 | | | | | 간 | 7년 | 5,203,696,361 | 5,821,346,422 | 6,047,520,916 | 6,533,613,720 | 7,068,791,418 |
| 9 | | 상환금액(월) | ₩3,771,206,846 | | | 8년 | 6,141,427,085 | 6,992,808,188 | 7,309,053,786 | 7,996,364,628 | 8,764,496,340 |
| 10 | | | | | | 9년 | 7,136,994,988 | 8,274,161,148 | 8,702,685,633 | 9,644,628,963 | 10,713,441,277 |
| 11 | | | | | | | | | | | |

**문제 3** '데이터표_3 실습파일' 시트에 다음의 지시 사항을 처리하시오. (10점)

'오승준 점수'는 엑셀[B2], 액세스[B3], PPT[B4], 워드[B5]를 이용해서 평균을 계산한다. [데이터 표] 기능을 이용하여 엑셀 변동에 따른 평균 점수의 변화를 [F6:F12] 영역에 계산하여 표시하시오.

▶ 평균 점수: AVERAGE 함수를 이용하여 '엑셀', '액세스', 'PPT', '워드'의 평균을 구한다.

**[풀이]**

1. [F6] 셀에 **=AVERAGE(B2:B5)**를 입력하고 Enter를 누른다.

| | A | B | C | D | E | F | G | H | I | J | K | L | M |
|---|---|---|---|---|---|---|---|---|---|---|---|---|---|
| 1 | 오승준 점수 | | | | | | | | | | | | |
| 2 | 엑셀 | 75 | | | | | | | | | | | |
| 3 | 액세스 | 80 | | | | | | | | | | | |
| 4 | PPT | 65 | | | | | | | | | | | |
| 5 | 워드 | 90 | | | | | | | | | | | |
| 6 | | | | | | 평균 점수 | | | | | | | |
| 7 | | | | | | =AVERAGE(B2:B5) | | | | | | | |
| 8 | | | | | 70 | | | | | | | | |
| 9 | | | | | 75 | | | | | | | | |
| 10 | | | | 엑셀 | 80 | | | | | | | | |
| 11 | | | | | 85 | | | | | | | | |
| 12 | | | | | 90 | | | | | | | | |
| 13 | | | | | 95 | | | | | | | | |

2. [E6:F12] 범위를 선택한 후 [데이터] → [예측] → [가상 분석] → [데이터 표]를 선택한다.

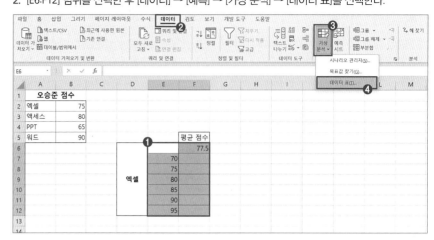

3. [데이터 표] 대화 상자가 실행되면 열 입력 셀에 [B2] 셀을 선택한 후 확인 을 클릭한다.

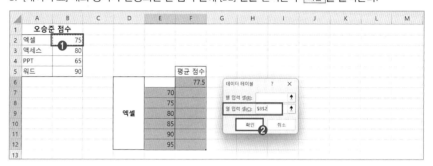

[결과]

| | A | B | C | D | E | F |
|---|---|---|---|---|---|---|
| 1 | 오승준 점수 | | | | | |
| 2 | 엑셀 | 75 | | | | |
| 3 | 액세스 | 80 | | | | |
| 4 | PPT | 65 | | | | |
| 5 | 워드 | 90 | | | | |
| 6 | | | | | | 평균 점수 |
| 7 | | | | | | 77.5 |
| 8 | | | | | 70 | 76.25 |
| 9 | | | | | 75 | 77.5 |
| 10 | | | | 엑셀 | 80 | 78.75 |
| 11 | | | | | 85 | 80 |
| 12 | | | | | 90 | 81.25 |
| 13 | | | | | 95 | 82.5 |

# 목표값 찾기

> ◑ 목표값 찾기는 결과값은 알고 있지만 결과값을 만들기 위한 변화 값을 찾고 싶을 때 사용하는 기능이다.
> ◑ 문제에서 주어진 순서 그대로 [목표값 찾기] 대화 상자에서 수식 셀 → 찾는 값 → 값을 바꿀 셀을 순서대로 입력한다.

## 1 개념 학습

● [목표값 찾기] 대화 상자

❶ 수식 셀: 수식이 작성된 셀을 선택한다.
❷ 찾는 값: 수식 셀의 목표값으로 숫자를 직접 입력한다.
❸ 값을 바꿀 셀: 목표값을 얻기 위해 변경되는 셀을 선택한다.

## 2 출제 유형 이해

www.ebs.co.kr/compass(엑셀 실습파일 다운로드)

**문제 1** '목표값 찾기_1 실습파일' 시트에 다음의 지시 사항을 처리하시오. (10점)

[목표값 찾기] 기능을 이용해 '신지원 기말고사 점수' 표에서 평균[G4]이 70점이 되려면 수학 [E4] 점수가 얼마가 되어야 하는지 계산하시오.

**[풀이]**

1. [G4] 셀을 선택한 후 [데이터] → [예측] → [가상 분석] → [목표값 찾기]를 선택한다.

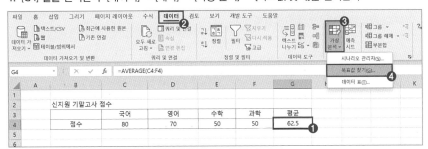

2. [목표값 찾기] 대화 상자가 실행되면 수식 셀에 [G4] 셀이 선택되었는지 확인한 후, 찾는 값에 **70**
을 입력, 값을 바꿀 셀에 [E4] 셀을 선택하고 확인 을 클릭한다. [목표값 찾기] 대화 상자에 결과가
표시되면 확인 을 클릭한다.

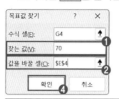

| | A | B | C | D | E | F | G | H | I | J |
|---|---|---|---|---|---|---|---|---|---|---|
| 1 | | | | | | | | | | |
| 2 | | 신지원 기말고사 점수 | | | | | | | | |
| 3 | | | 국어 | 영어 | 수학 | 과학 | 평균 | | | |
| 4 | | 점수 | 80 | 70 | 50 | 50 | 62.5 | | | |
| 5 | | | | | | | | | | |

**[결과]**

| | B | C | D | E | F | G | H | I | J | K |
|---|---|---|---|---|---|---|---|---|---|---|
| 2 | 신지원 기말고사 점수 | | | | | | | | | |
| 3 | | 국어 | 영어 | 수학 | 과학 | 평균 | | | | |
| 4 | 점수 | 80 | 70 | 80 | 50 | 70 | | | | |
| 5 | | | | | | | | | | |

목표값 찾기 전

| | B | C | D | E | F | G | H | I | J | K |
|---|---|---|---|---|---|---|---|---|---|---|
| 2 | 신지원 기말고사 점수 | | | | | | | | | |
| 3 | | 국어 | 영어 | 수학 | 과학 | 평균 | | | | |
| 4 | 점수 | 80 | 70 | 50 | 50 | 62.5 | | | | |
| 5 | | | | | | | | | | |

---

**문제 2**   '목표값 찾기_2 실습파일' 시트에 다음의 지시 사항을 처리하시오. (10점)

[목표값 찾기] 기능을 이용해 '월별 가구 주문 내역서' 표에서 전체 공급가[F19] 값이 7,500,000
이 되려면 소계 7월[F18] 값이 얼마가 되어야 하는지 계산하시오.

**[풀이]**

1. [F19] 셀을 선택한 후 [데이터] → [예측] → [가상 분석] → [목표값 찾기]를 선택한다.

2. [목표값 찾기] 대화 상자가 실행되면 수식 셀에 [F19] 셀이 선택되었는지 확인한 후, 찾는 값에
**7500000**을 입력하고 값을 바꿀 셀에 [F18] 셀을 선택하고 확인 을 클릭한다. [목표값 찾기] 대화
상자에 결과가 표시되면 확인 을 클릭한다.

**[결과]**

| | A | B | C | D | E | F | G | H | I | J | K |
|---|---|---|---|---|---|---|---|---|---|---|---|
| 8 | | | 소계 | | 2,200,000 | 2,400,000 | 312,000 | | | | |
| 9 | 6월 | 202 | 2024-05-06 | 2024-05-10 | 300,000 | 450,000 | 58,500 | | | | |
| 10 | 6월 | 203 | 2024-05-10 | 2024-05-14 | 1,000,000 | 480,000 | 62,400 | | | | |
| 11 | 6월 | 204 | 2024-05-16 | 2024-05-20 | 450,000 | 480,000 | 62,400 | | | | |
| 12 | 6월 | 201 | 2024-05-20 | 2024-05-24 | 500,000 | 550,000 | 71,500 | | | | |
| 13 | 6월 | 202 | 2024-05-24 | 2024-05-28 | 400,000 | 540,000 | 70,200 | | | | |
| 14 | | | 소계 | | 2,650,000 | 2,500,000 | 325,000 | | | | |
| 15 | 7월 | 203 | 2024-06-05 | 2024-06-08 | 1,000,000 | 1,100,000 | 143,000 | | | | |
| 16 | 7월 | 202 | 2024-06-13 | 2024-06-16 | 400,000 | 550,000 | 71,500 | | | | |
| 17 | 7월 | 201 | 2024-06-17 | 2024-06-20 | 600,000 | 650,000 | 84,500 | | | | |
| 18 | | | 소계 | | 2,000,000 | 2,600,000 | 299,000 | | | | |
| 19 | | | 전체 공급가 | | | 7,500,000 | | | | | |
| 20 | 세율 | 13% | | | | | | | | | |
| 21 | | | | | | | | | | | |

---

**문제 3** '목표값 찾기_3 실습파일' 시트에 다음의 지시 사항을 처리하시오. (10점)

[목표값 찾기] 기능을 이용해 '가구렌탈 서비스 현황' 표에서 총매출액 합계[C14] 값이 5,500,000 이 되려면 실버회원 할인율[B17] 값이 얼마가 되어야 하는지 계산하시오.

**[풀이]**

1. [C14] 셀을 선택한 후 [데이터] → [예측]→ [가상 분석] → [목표값 찾기]를 선택한다.

2. [목표값 찾기] 대화 상자가 실행되면 수식 셀에 [C14] 셀이 선택되었는지 확인한 후, 찾는 값에 **5500000**을 입력, 값을 바꿀 셀에 [B17] 셀을 선택하고 확인 을 클릭한다. [목표값 찾기] 대화 상자에 결과가 표시되면 확인 을 클릭한다.

**[결과]**

| | A | B | C | D | E | F | G | H | I |
|---|---|---|---|---|---|---|---|---|---|
| 1 | | 가구렌탈 서비스 현황 | | | | | | | |
| 2 | | | | | | | | | |
| 3 | 회원명 | 이용액 | 총매출액 | | | | | | |
| 4 | 김영수 | 550,000 | 476,378 | | | | | | |
| 5 | 이지영 | 500,000 | 433,071 | | | | | | |
| 6 | 박민준 | 1,000,000 | 866,142 | | | | | | |
| 7 | 최서연 | 650,000 | 562,992 | | | | | | |
| 8 | 정호준 | 100,000 | 86,614 | | | | | | |
| 9 | 이나래 | 500,000 | 433,071 | | | | | | |
| 10 | 강성민 | 980,000 | 848,819 | | | | | | |
| 11 | 송지원 | 170,000 | 147,244 | | | | | | |
| 12 | 장승호 | 700,000 | 606,299 | | | | | | |
| 13 | 윤현주 | 1,200,000 | 1,039,370 | | | | | | |
| 14 | | 총매출액 합계 | 5,500,000 | | | | | | |
| 15 | | | | | | | | | |
| 16 | | 실버회원 할인율 | | | | | | | |
| 17 | | 13% | | | | | | | |
| 18 | | | | | | | | | |

분석 작업
## 05 부분합

분석 비중 20% 상 난이도

> 부분합은 많은 데이터 목록을 그룹별로 분류하고 그룹별 합계, 평균, 개수와 같은 계산 값을 구하는 데이터 분석 기능이다.

## 1 개념 학습

● [부분합] 대화 상자

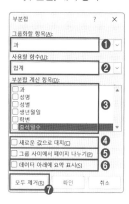

❶ 그룹화할 항목: 그룹별로 분류할 항목(정렬한 필드)을 선택한다.
❷ 사용할 함수: 계산할 함수를 선택한다.
❸ 부분합 계산 항목: 사용할 함수로 구할 계산 항목에 체크한다.
❹ 새로운 값으로 대치: 체크가 되어 있으면 이전 부분합의 결과가 제거되어 표시되고, 체크를 해제하면 이전 부분합과 새로운 부분합이 같이 표시된다.
❺ 그룹 사이에서 페이지 나누기: 그룹별로 페이지를 나눠 인쇄할 수 있다.
❻ 데이터 아래에 요약 표시: 위 설정값으로 계산된 결과를 그룹 아래에 표시한다.
❼ 모두 제거: 부분합을 제거한다.

● 주의사항
 – 부분합을 실행하기 전에 반드시 정렬부터 실행한다.
 – 문제에서 '~별'은 그룹화할 항목이고, 주어진 계산 항목을 확인해 체크한다.
 – 중첩된 부분합은 [부분합] 대화 상자에서 '새로운 값으로 대치' 체크를 해제해야 한다.
 – 부분합 기능에 대해 실수가 있다면 [부분합] 대화 상자에서 모두 제거 를 클릭하여 부분합을 모두 제거한다.

## 2 출제 유형 이해

www.ebs.co.kr/compass(엑셀 실습파일 다운로드)

**문제 1** '부분합_1 실습파일' 시트에 다음의 지시 사항을 처리하시오. (10점)

[부분합] 기능을 이용하여 '대학교 교양 수업 출석 일수' 표에서 그림과 같이 과별로 '출석일수'의 평균과 '출석일수'의 합계를 계산하시오.
▶ 정렬은 '과'를 기준으로 오름차순하고, 같은 '과'라면 '성별'을 기준으로 내림차순하시오.
▶ 평균과 합계는 위에 명시된 순서대로 처리하시오.

## [풀이]

1. 임의의 셀을 클릭하고 [데이터] → [정렬 및 필터] → [정렬]을 클릭한다.

2. [정렬] 대화 상자에서 첫 번째 정렬 기준을 '과', '셀 값', '오름차순'을 선택하고 기준 추가 를 눌러 두 번째 정렬을 추가한다. 두 번째 정렬 기준은 '성별', '셀 값', '내림차순'을 선택하고 확인 을 클릭한다.

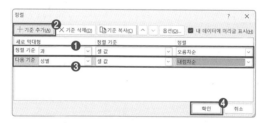

3. 임의의 셀을 클릭하고 [데이터] → [개요] → [부분합]을 선택한 후 [부분합] 대화 상자가 실행되면 그룹화할 항목은 '과', 사용할 함수는 '평균'으로 선택하고, 부분합 계산 항목은 '출석일수'에 체크한 후 확인 을 클릭한다.

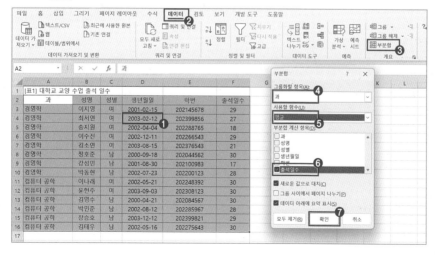

4. 다시 [부분합]을 선택한 후 그룹화할 항목은 '과', 사용할 함수는 '합계'로 변경하고 '새로운 값으로 대치'에 체크를 해제한 후 확인 을 클릭한다.

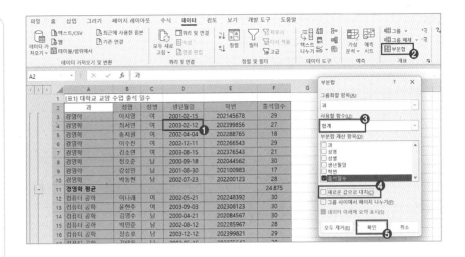

**[결과]**

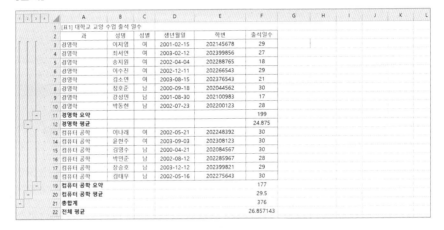

| | A | B | C | D | E | F | G | H | I | J | K | L |
|---|---|---|---|---|---|---|---|---|---|---|---|---|
| 1 | [표1] 대학교 교양 수업 출석 일수 | | | | | | | | | | | |
| 2 | 과 | 성명 | 성별 | 생년월일 | 학번 | 출석일수 | | | | | | |
| 3 | 경영학 | 이지영 | 여 | 2001-02-15 | 202145678 | 29 | | | | | | |
| 4 | 경영학 | 최서연 | 여 | 2003-02-12 | 202399856 | 27 | | | | | | |
| 5 | 경영학 | 송지원 | 여 | 2002-04-04 | 202288765 | 18 | | | | | | |
| 6 | 경영학 | 이수진 | 여 | 2002-12-11 | 202266543 | 29 | | | | | | |
| 7 | 경영학 | 김소연 | 여 | 2003-08-15 | 202376543 | 21 | | | | | | |
| 8 | 경영학 | 정호준 | 남 | 2000-09-18 | 202044562 | 30 | | | | | | |
| 9 | 경영학 | 강성민 | 남 | 2001-08-30 | 202100983 | 17 | | | | | | |
| 10 | 경영학 | 박동현 | 남 | 2002-07-23 | 202200123 | 28 | | | | | | |
| 11 | 경영학 요약 | | | | | 199 | | | | | | |
| 12 | 경영학 평균 | | | | | 24.875 | | | | | | |
| 13 | 컴퓨터 공학 | 이나래 | 여 | 2002-05-21 | 202248392 | 30 | | | | | | |
| 14 | 컴퓨터 공학 | 윤현주 | 여 | 2003-09-03 | 202308123 | 30 | | | | | | |
| 15 | 컴퓨터 공학 | 김영수 | 남 | 2000-04-21 | 202084567 | 30 | | | | | | |
| 16 | 컴퓨터 공학 | 박민준 | 남 | 2002-08-12 | 202285967 | 28 | | | | | | |
| 17 | 컴퓨터 공학 | 장승호 | 남 | 2003-12-12 | 202399821 | 29 | | | | | | |
| 18 | 컴퓨터 공학 | 김태우 | 남 | 2002-05-16 | 202275643 | 30 | | | | | | |
| 19 | 컴퓨터 공학 요약 | | | | | 177 | | | | | | |
| 20 | 컴퓨터 공학 평균 | | | | | 29.5 | | | | | | |
| 21 | 총합계 | | | | | 376 | | | | | | |
| 22 | 전체 평균 | | | | | 26.857143 | | | | | | |

---

**문제 2** '부분합_2 실습파일' 시트에 다음의 지시 사항을 처리하시오. (10점)

[부분합] 기능을 이용하여 '대학교 교양 수업 출석 일수' 표에서 그림과 같이 성별별로 '출석일수'의 최대와 과별 '생년월일'의 개수를 계산하시오.

▶ 정렬은 '성별'을 기준으로 오름차순하고, 같은 '성별'이면 '과'를 기준으로 내림차순하시오.

▶ 최대와 개수는 위에 명시된 순서대로 처리하시오.

▶ 부분합 결과에 '주황, 표 스타일 보통 3' 서식을 적용하시오.

**[풀이]**

1. 임의의 셀을 클릭하고 [데이터] → [정렬 및 필터] → [정렬]을 클릭한다.

2. [정렬] 대화 상자에서 첫 번째 정렬 기준을 '성별', '셀 값', '오름차순'을 선택하고 기준 추가를 눌러 두 번째 정렬을 추가한다. 두 번째 정렬 기준은 '과', '셀 값', '내림차순'을 선택하고 확인을 클릭한다.

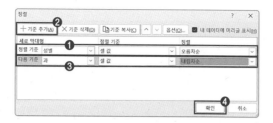

3. 임의의 셀을 클릭하고 [데이터] → [개요] → [부분합]을 선택한 후 [부분합] 대화 상자가 실행되면 그룹화할 항목은 '성별', 사용할 함수는 '최대'로 선택하고, 부분합 계산 항목은 '출석일수'에 체크한 후 확인을 클릭한다.

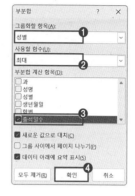

4. 다시 [부분합]을 선택한 후 그룹화할 항목은 '과', 사용할 함수는 '개수'로 변경하고, 부분합 계산 항목은 '생년월일'에 체크한 후 '새로운 값으로 대치'에 체크를 해제한 후 확인을 클릭한다.

5. [A2:F24] 범위를 선택한 후 [홈] → [스타일] → [표 서식]에서 '주황, 표 스타일 보통 3'을 선택한다.

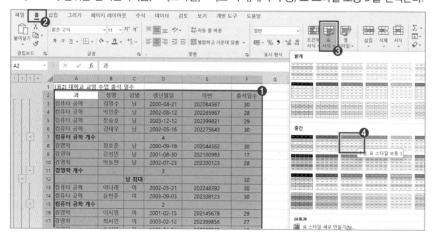

6. [표 서식] 대화 상자가 실행되면 확인 을 클릭한다.

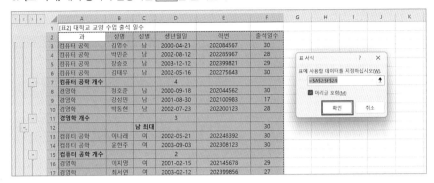

[결과]

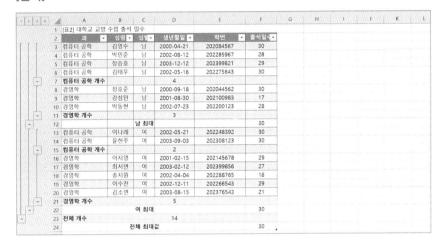

---

문제 3 '부분합_3 실습파일' 시트에 다음의 지시 사항을 처리하시오. (10점)

[부분합] 기능을 이용하여 '고등학교 1학기 성적' 표에서 그림과 같이 성별별로 '국어', '영어', '수학'의 평균과 '총 합계'의 최소를 계산하시오.

▶ 정렬은 '성별'을 기준으로 내림차순으로 처리하시오.
▶ 평균과 최소는 위에 명시된 순서대로 처리하시오.
▶ 평균 소수 자릿수는 소수 이하 1자리로 적용하시오.
▶ 부분합 결과에 '연한 파랑, 표 스타일 밝게 2' 서식을 적용하시오.

[풀이]

1. 임의의 셀을 클릭하고 [데이터] → [정렬 및 필터] → [정렬]을 클릭한다.

2. [정렬] 대화 상자에서 정렬 기준을 '성별', '셀 값', '내림차순'을 선택하고 확인 을 클릭한다.

3. 임의의 셀을 클릭하고 [데이터] → [개요] → [부분합]을 선택한 후 [부분합] 대화 상자가 실행되면 그룹화할 항목은 '성별', 사용할 함수는 '평균'으로 선택하고, 부분합 계산 항목은 '국어', '영어', '수학'에 체크한 후 확인 을 클릭한다.

4. 다시 [부분합]을 선택한 후 그룹화할 항목은 '성별', 사용할 함수는 '최소'로 변경하고, 부분합 계산 항목은 '총 합계'에 체크한 후 '새로운 값으로 대치'에 체크를 해제한 후 확인 을 클릭한다.

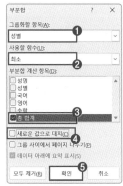

5. 부분합 결과값 평균을 소수 이하 1자리로 표시하기 위해서 [C11:E11] 범위를 선택한 후 Ctrl 을 누른 채 [C20:E20], [C22:E22] 범위를 선택하고 Ctrl + 1 을 눌러 [셀 서식] 대화 상자를 실행시킨다.

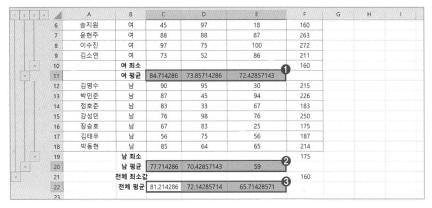

6. [표시 형식] 탭의 '사용자 지정' 범주의 형식을 **0.0**으로 입력하고 확인 을 클릭한다.

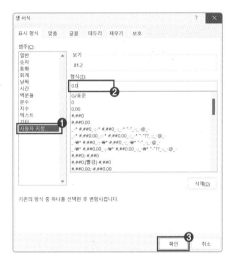

7. [A2:F22] 범위를 선택한 후 [홈] → [스타일] → [표 서식]에서 '연한 파랑, 표 스타일 밝게 2'를 선택한다.

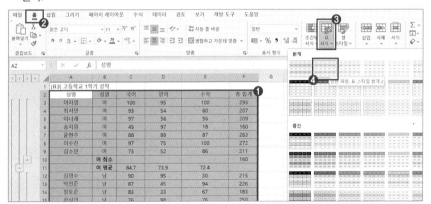

8. [표 서식] 대화 상자가 실행되면 확인 을 클릭한다.

[결과]

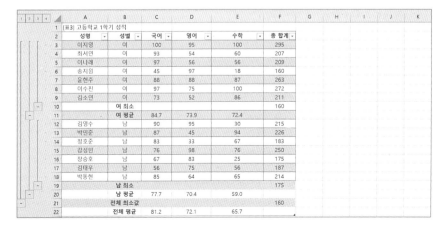

# 피벗 테이블

❷ 피벗 테이블은 많은 양의 데이터를 한눈에 쉽게 알아볼 수 있도록 요약 및 분석하여 보여 주는 기능이다.

❷ 각 필드에 대해서 다양한 조건을 지정할 수 있고, 그룹별로 묶어 데이터를 표현할 수 있다.

## 1 개념 학습

● [피벗 테이블] 구성 요소

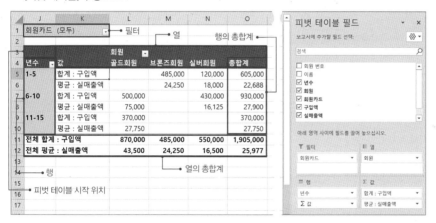

● 주의사항
  - 피벗 테이블의 시작 위치를 제대로 확인한다.
  - 값 범위의 표시 형식은 문제에서 주어진 범주만을 사용하여 설정한다.
  - 피벗 테이블 삭제 방법: 전체 피벗 테이블 범위를 선택한 후 Delete 를 누른다.

## 2 출제 유형 이해

www.ebs.co.kr/compass(엑셀 실습파일 다운로드)

**문제 1** '피벗 테이블_1 실습파일' 시트에 다음의 지시 사항을 처리하시오. (10점)

'수강생 관리' 표의 수강상태를 '필터', 과목명을 '행'으로 처리하고, '값'에 이름의 개수, 수강료의 평균을 순서대로 계산하여 피벗 테이블을 작성하시오.

▶ 피벗 테이블 보고서는 동일 시트의 [K3] 셀에서 시작하시오.

▶ 보고서 레이아웃을 '테이블 형식'으로 표시하시오.

▶ 값 영역의 표시 형식은 [셀 서식] 대화 상자에서 '숫자' 범주의 '1000 단위 구분 기호 사용'을 이용하여 지정하시오.

▶ 피벗 테이블 스타일은 '연한 노랑, 피벗 스타일 보통 5', 스타일 옵션은 '줄무늬 열'로 설정하시오.

▶ 수강 상태는 '완료'만 표시되도록 설정하시오.

**[풀이]**

1. 데이터 범위에서 임의의 셀을 선택한 후 [삽입] → [표] → [피벗 테이블]을 선택한다.

2. [피벗 테이블 만들기] 대화 상자가 실행되고 표/범위가 자동으로 [B3:H22] 범위로 지정되어 있는지 확인하고 '기존 워크시트'를 선택한 후 위치에 [K3] 셀을 선택하고 확인 을 클릭한다.

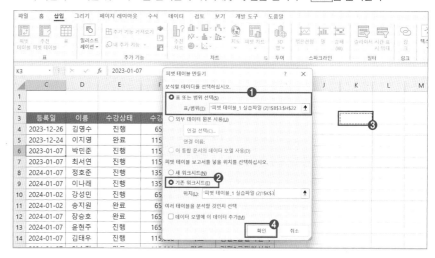

[피벗 테이블 필드] 창이 뜨지 않을 경우 [피벗 테이블 분석] → [필드 목록]을 선택한다.

3. [피벗 테이블 필드] 창에서 수강상태를 '필터', 과목명을 '행'으로, 이름과 수강료는 '값' 범위로 드래그한다.

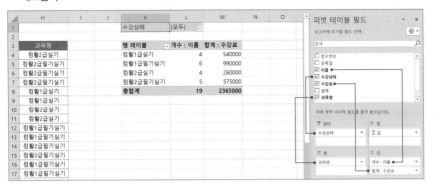

4. 피벗 테이블 레이아웃을 변경하기 위해 [디자인] → [보고서 레이아웃] → [테이블 형식으로 표시]를 선택한다.

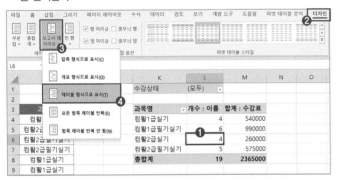

피벗 테이블의 임의의 셀이 선택되면 [피벗 테이블 분석] 탭과 [디자인] 탭이 나타난다.

5. 수강료 값 필드의 계산 유형을 변경하기 위해 [M3] 셀을 더블클릭하여 [값 필드 설정] 대화 상자를 실행시킨 후 [값 요약 기준] → [계산 유형]을 '평균'으로 선택한다.

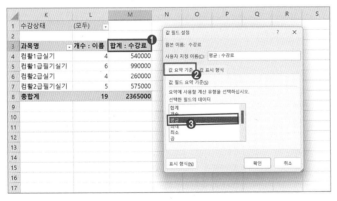

[값 필드 설정] 대화 상자는 마우스 오른쪽을 클릭하여 [값 필드 설정]을 선택해도 된다.

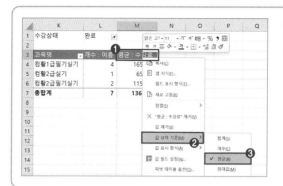

계산 유형을 변경할 셀은
마우스 오른쪽을 클릭하여 [값 요약
기준]을 선택해서 변경이 가능하다.

문제에서 주어진 범주만 사용
해야 한다.

6. 수강료 값 필드의 표시 형식을 변경하기 위해 [표시 형식]을 클릭한다. [셀 서식] 대화 상자에서 '숫
자' 범주를 선택한 후 '1000 단위 구분 기호 사용'을 체크하고 [확인]을 클릭한다.

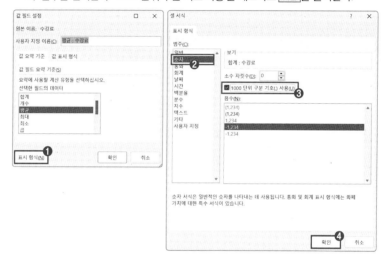

7. 이름 필드도 마찬가지로 [L3] 셀을 더블클릭하여 [값 필드 설정] 대화 상자를 실행시킨 후 [표시 형식]
을 클릭한다. [셀 서식] 대화 상자에서 '숫자' 범주를 선택한 후 '1000 단위 구분 기호 사용'을 체크하
고 [확인]을 클릭한다.

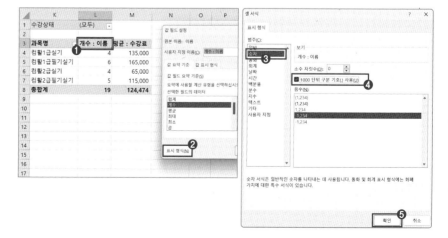

8. 피벗 테이블의 스타일을 변경하기 위해 임의의 셀을 선택한 후 [디자인] → [피벗 테이블 스타일] → '연한 노랑, 피벗 스타일 보통 5'를 선택한 후 [디자인] → [피벗 테이블 스타일 옵션] → '줄무늬 열'을 체크한다.

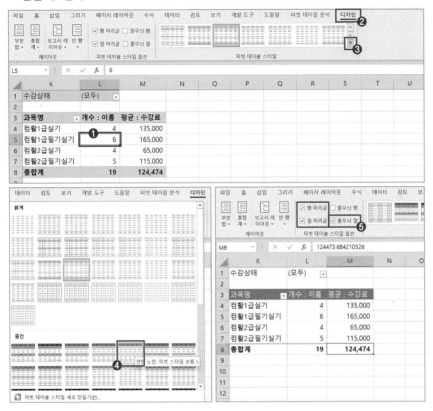

9. 수강상태는 '완료'만 표시되도록 [L1] 셀의 '수강상태' 필터에서 목록 단추를 클릭하고 '완료'를 선택한 후 확인 을 클릭한다.

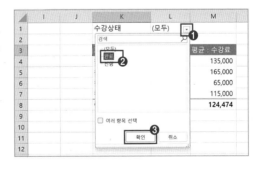

[결과]

| | J | K | L | M | N | O | P | Q | R | S | T |
|---|---|---|---|---|---|---|---|---|---|---|---|
| 1 | | 수강상태 | 완료 | | | | | | | | |
| 2 | | | | | | | | | | | |
| 3 | | 과목명 | 개수 : 이름 | 평균 : 수강료 | | | | | | | |
| 4 | | 컴활1급필기실기 | 4 | 165,000 | | | | | | | |
| 5 | | 컴활2급실기 | 1 | 65,000 | | | | | | | |
| 6 | | 컴활2급필기실기 | 2 | 115,000 | | | | | | | |
| 7 | | 총합계 | 7 | 136,429 | | | | | | | |
| 8 | | | | | | | | | | | |

**문제 2** '피벗 테이블_2 실습파일' 시트에 다음의 지시 사항을 처리하시오. (10점)

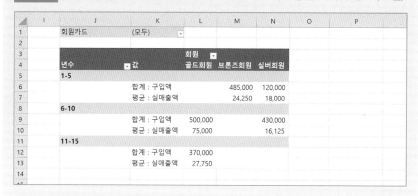

'회원 관리' 표를 이용해 피벗 테이블 보고서를 작성하고 레이아웃과 위치는 주어진 그림을 참조하여 설정하시오.

▶ 보고서 레이아웃을 '개요 형식'으로 지정하시오.
▶ '년수'를 <그림>을 참조하여 그룹으로 설정하시오.
▶ '구입액'의 값 범위의 표시 형식은 [셀 서식] 대화 상자에서 '숫자' 범주를 이용하여 '1000 단위 구분 기호 사용'을 이용하여 지정하고, '실매출액'의 값 범위의 표시 형식은 [셀 서식] 대화 상자에서 기호 없는 '회계' 범주를 이용해 지정하시오.
▶ 피벗 테이블 보고서는 행 및 열의 총합계를 해제로 지정하시오.
▶ 피벗 테이블 스타일은 '연한 파랑, 피벗 스타일 보통 9'로 설정하시오.

[풀이]

1. 데이터 범위에서 임의의 셀을 선택한 후 [삽입] → [표] → [피벗 테이블]을 선택한다.
   [피벗 테이블 만들기] 대화 상자가 실행되고 표/범위가 자동으로 지정되어 있는지 확인하고 '기존 워크시트'를 선택한 후 위치에 [J3] 셀을 선택하고 확인 을 클릭한다.

피벗 테이블 시작 위치는 보고서 필터 필드가 아닌 피벗 테이블 표의 시작 위치로 구분한다.

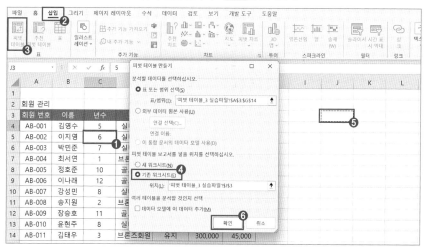

2. [피벗 테이블 필드] 창에서 회원카드를 '필터', 년수를 '행', 회원을 '열', '값'에 구입액과 실매출액을 위치시킨 후 '열'에 위치한 값 필드(Σ)를 '행'으로 드래그한다.

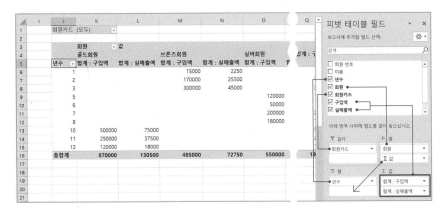

3. [디자인] → [보고서 레이아웃] → [개요 형식으로 표시]를 선택한다.

4. 년수를 그룹으로 표시하기 위해서 년수의 임의의 셀을 선택한 후 마우스의 오른쪽을 클릭하고 [그룹] 메뉴를 클릭한다. [그룹화] 대화 상자가 실행되면 시작을 **1**, 끝은 **15**, 단위는 **5**로 입력하고 확인을 클릭한다.

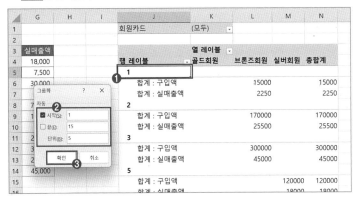

5. 구입액 필드의 표시 형식을 지정하기 위해 먼저 구입액 필드[K6]를 더블클릭한 후 [값 필드 설정] 대화 상자가 실행되면 표시 형식을 클릭하고 [셀 서식] 대화 상자의 [표시 형식] 탭에서 '숫자' 범주를 선택한 후 '1000 단위 구분 기호 사용'을 체크하고 확인을 클릭한다.

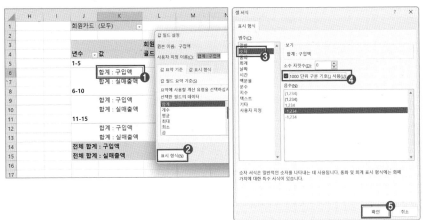

6. 매출액 필드의 표시 형식을 지정하기 위해 [K7] 셀을 더블클릭해서 [값 필드 설정] 대화 상자를 실행시킨 후 [값 요약 기준] → [계산 유형]을 '평균'으로 선택하고 표시 형식 을 클릭한다. '회계' 범주를 선택하고 기호 '없음'을 선택한 후 확인 을 클릭한다.

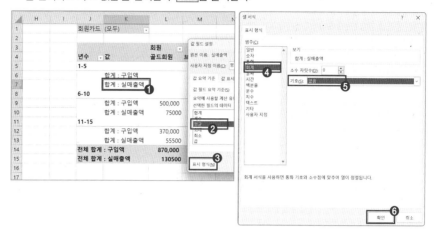

7. 피벗 테이블 보고서의 행 및 열의 총합계를 해제하기 위해 피벗 테이블의 임의의 셀을 선택한 후 [디자인] → [총합계] → [행 및 열의 총합계 해제]를 선택한다.

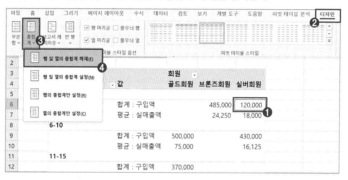

8. 피벗 테이블의 스타일을 변경하기 위해 [디자인] → [피벗 테이블 스타일] → '연한 파랑, 피벗 스타일 보통 9'를 선택한다.

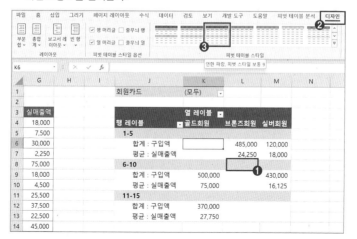

## [결과]

| | A | B | C | D | E | F | G | H | I | J | K | L | M | N |
|---|---|---|---|---|---|---|---|---|---|---|---|---|---|---|
| 1 | | | | | | | | | 회원카드 | | (모두) | ▼ | | |
| 2 | 회원 관리 | | | | | | | | | | | | | |
| 3 | 회원 번호 | 이름 | 년수 | 회원 | 회원카드 | 구입액 | 실매출액 | | | | | 회원 | ▼ | |
| | | | | | | | | | 년수 | ▼ 값 | | 골드회원 | 브론즈회원 | 실버회원 |
| 4 | AB-001 | 김영수 | 5 | 실버회원 | 유지 | 120,000 | 18,000 | | 1-5 | | | | | |
| 5 | AB-002 | 이지영 | 6 | 실버회원 | 유지 | 50,000 | 7,500 | | | 합계 : 구입액 | | | 485,000 | 120,000 |
| 6 | AB-003 | 박민준 | 7 | 실버회원 | 갱신 필요 | 200,000 | 30,000 | | | 평균 : 실매출액 | | | 24,250 | 18,000 |
| 7 | AB-004 | 최서연 | 1 | 브론즈회원 | 유지 | 15,000 | 2,250 | | | | | | | |
| 8 | AB-005 | 정호준 | 10 | 골드회원 | 갱신 필요 | 500,000 | 75,000 | | 6-10 | | | | | |
| 9 | AB-006 | 이나래 | 12 | 골드회원 | 갱신 필요 | 120,000 | 18,000 | | | 합계 : 구입액 | | 500,000 | | 430,000 |
| 10 | AB-007 | 강성민 | 8 | 실버회원 | 갱신 필요 | 30,000 | 4,500 | | | 평균 : 실매출액 | | 75,000 | | 16,125 |
| 11 | AB-008 | 송지원 | 2 | 브론즈회원 | 유지 | 170,000 | 25,500 | | 11-15 | | | | | |
| 12 | AB-009 | 장승호 | 11 | 골드회원 | 갱신 필요 | 250,000 | 37,500 | | | 합계 : 구입액 | | 370,000 | | |
| 13 | AB-010 | 윤현주 | 8 | 실버회원 | 갱신 필요 | 150,000 | 22,500 | | | 평균 : 실매출액 | | 27,750 | | |
| 14 | AB-011 | 김태우 | 3 | 브론즈회원 | 유지 | 300,000 | 45,000 | | | | | | | |
| 15 | | | | | | | | | | | | | | |

---

**문제 3** ‘피벗 테이블_3 실습파일’ 시트에 다음의 지시 사항을 처리하시오. (10점)

| | A | B | C | D | E | F | G | H | I | J | K | L |
|---|---|---|---|---|---|---|---|---|---|---|---|---|
| 1 | | | 출판사별 도서 판매 현황 | | | | | | | | | |
| 2 | | | | | | | | | | | | |
| 3 | 판매일자 | 출판사 | 관리코드 | 도서명 | 판매 권수 | 판매가 | | | | 출판사 | ▼ | |
| | | | | | | | | 판매일자 | ▼ 값 | ES | CK | JJU |
| 4 | 2024-05-01 | CK | AB-101 | 홍길동전 | 10 | 20,000 | | 5월 | | | | |
| 5 | 2024-05-05 | JJU | AB-102 | 흥부전 | 11 | 50,000 | | | 도서명(권) | 1 | 2 | 1 |
| 6 | 2024-05-06 | ES | AB-103 | 토끼와 거북이 | 12 | 25,000 | | | 평균 : 판매 권수 | 12 | 7 | 11 |
| 7 | 2024-05-10 | CK | AB-104 | 신데렐라 | 4 | 40,000 | | 6월 | | | | |
| 8 | 2024-06-12 | ES | AB-105 | 백설공주 | 3 | 35,000 | | | 도서명(권) | 1 | 1 | 2 |
| 9 | 2024-06-20 | JJU | AB-106 | 인어공주 | 2 | 25,000 | | | 평균 : 판매 권수 | 3 | 5 | 7 |
| 10 | 2024-06-14 | CK | AB-107 | 콩쥐팥쥐 | 5 | 34,000 | | 7월 | | | | |
| 11 | 2024-06-21 | JJU | AB-108 | 빨간 머리 앤 | 12 | 62,000 | | | 도서명(권) | * | 1 | 2 |
| 12 | 2024-07-11 | JJU | AB-109 | 황진이 | 15 | 22,000 | | | 평균 : 판매 권수 | * | 8 | 11 |
| 13 | 2024-07-12 | CK | AB-110 | 송곳니 아이 | 8 | 46,000 | | 전체 도서명(권) | | 2 | 4 | 5 |
| 14 | 2024-07-13 | JJU | AB-111 | 뿅뿅이 | 6 | 42,000 | | 전체 평균 : 판매 권수 | | 8 | 7 | 9 |
| 15 | | | | | | | | | | | | |
| 16 | | | | | | | | | | | | |

‘출판사별 도서 판매 현황’ 표를 이용해 판매일자를 ‘행’, 출판사를 ‘열’로 처리하고, ‘값’에 도서명의 개수, 판매 권수의 평균을 순서대로 계산하여 피벗 테이블을 작성하시오.
(단, Σ 값은 행으로 이동하시오.)

▶ 피벗 테이블 보고서는 동일 시트의 [H3] 셀에서 시작하시오.
▶ 보고서 레이아웃은 ‘개요 형식으로 표시’로 지정하시오.
▶ 판매일자를 ‘월’별로 그룹화하여 표시하고, 출판사를 ES – CK – JJU순으로 정렬하시오.
▶ ‘판매 권수’ 값 범위의 표시 형식은 [셀 서식] 대화 상자에서 ‘숫자’ 범주를 이용하여 소수점 자릿수 0으로 지정하시오.
▶ 피벗 테이블 옵션을 이용하여 행의 총합계는 나타나지 않도록 하고, 레이블이 있는 셀 병합 및 가운데 맞춤, 빈 셀에는 ‘*’를 표시하시오.
▶ 도서명의 값 필드명은 ‘도서명(권)’으로 표시될 수 있도록 적용하시오.

## [풀이]

1. 데이터 범위에서 임의의 셀을 선택한 후 [삽입] → [표] → [피벗 테이블]을 선택한다.
   [피벗 테이블 만들기] 대화 상자가 실행되고 [A3:F14] 표/범위가 자동으로 지정되어 있는지 확인하고 ‘기존 워크시트’를 선택한 후 위치에 [H3] 셀을 선택하고 확인 을 클릭한다.

2. [피벗 테이블 필드] 창에서 판매일자를 '행', 출판사를 '열', 도서명과 판매 권수는 '값'으로 드래그 한다.

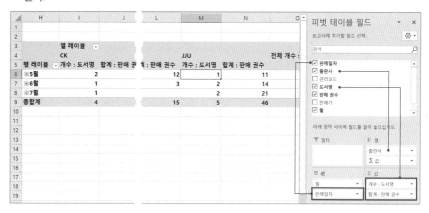

3. 값 범위에 두 개 이상의 필드를 지정하면 자동으로 표시되는 값 필드($\Sigma$)를 드래그하여 행 레이블의 제일 하단에 위치시킨다.

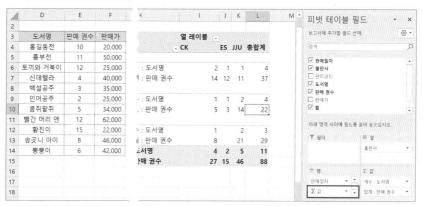

4. 보고서 레이아웃을 변경하기 위해 피벗 테이블 내에 임의의 셀을 선택하고 [디자인] → [보고서 레이아웃] → [개요 형식으로 표시]를 선택한다.

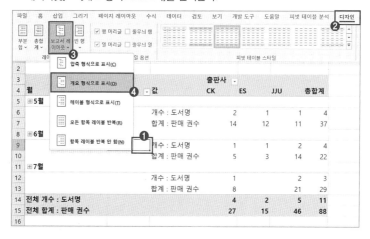

**5.** 판매일자를 그룹으로 표시하기 위해서 판매일자의 임의의 셀을 선택한 후 마우스 오른쪽을 클릭하고 [그룹]을 클릭한다.

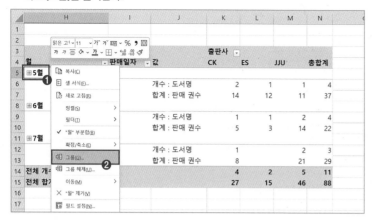

**6.** [그룹화] 대화 상자가 실행되면 단위를 '월'만 선택하고 [확인]을 클릭한다.

📢 '월'이라고 표시되어 있어도 실제로는 그룹이 되어 있지 않기 때문에 반드시 그룹을 설정해야 한다.

**7.** 출판사의 정렬을 설정하기 위해서 ES[K4]를 선택하여 테두리 위에 마우스 포인터를 위치시킨 후 왼쪽으로 드래그한다.

**8.** 판매 권수의 계산 유형과 표시 형식을 변경하기 위해 [I7] 셀이나 [I10] 셀, 또는 [I13] 셀을 더블클릭하여 [값 필드 설정] 대화 상자를 실행시킨 후 [값 요약 기준] → [계산 유형]을 '평균'으로 선택하고 [표시 형식]을 클릭한다.

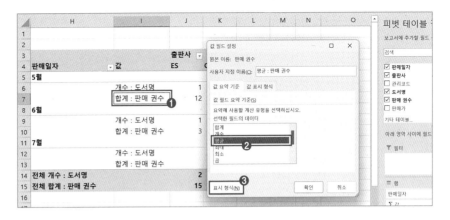

9. [셀 서식] 대화 상자가 실행되면 '숫자' 범주를 선택하고 소수 자릿수 '0'으로 설정한 후 확인을 클릭한다.

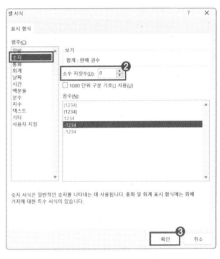

[피벗 테이블 옵션]은 피벗 테이블에서 임의의 셀을 선택한 후 [피벗 테이블 분석] → [피벗 테이블] → [피벗 테이블 옵션]을 클릭해도 표시할 수 있다.

10. 피벗 테이블 옵션을 이용하여 레이블이 있는 셀 병합 및 가운데 맞춤을 하기 위해 피벗 테이블 내의 임의의 셀을 선택한 후 마우스 오른쪽을 클릭하고 [피벗 테이블 옵션]을 클릭한다.

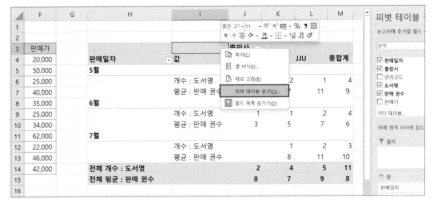

11. [피벗 테이블 옵션] 대화 상자가 실행되면 [레이아웃 및 서식] 탭의 '레이블이 있는 셀 병합 및 가운데 맞춤'을 클릭하고, 빈 셀 표시에 *를 입력한다. [피벗 테이블 옵션] 대화 상자의 [요약 및 필터] 탭의 '행 총합계 표시' 체크를 해제한 후 확인을 클릭한다.

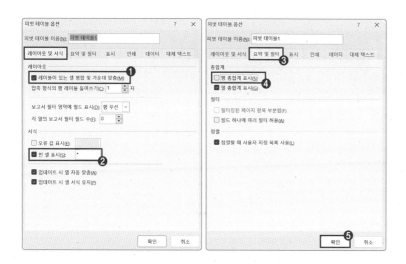

총합계는 피벗 테이블 임의의 셀을 선택한 후 [디자인] → [레이아웃] → [총합계]를 선택하여 설정할 수 있다.

12. 도서명 필드명 뒤에 '(권)'을 추가하기 위해서 도서명 [I6] 셀이나 [I9] 셀, [I12] 셀을 더블클릭하여 [값 필드 설정] 대화 상자를 실행시킨 후 '사용자 지정 이름'에 입력되어 있는 '개수 : 도서명'을 **도서명(권)**으로 수정한 후 확인 을 클릭한다.

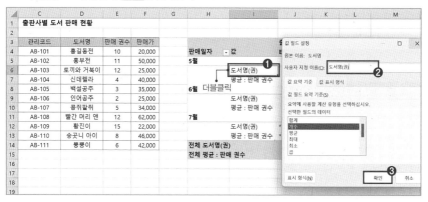

## [결과]

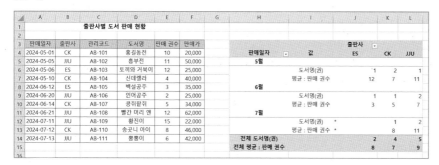

분석 작업

# 07

# 정렬

출제 비중 **15%** 중 난이도

❯ 정렬은 주어진 범위 내에서 특정 필드를 기준으로 값이나 셀 색, 글꼴 색의 순서를 재배열하는 기능이다.

## 1 개념 학습

● 정렬 방식
  – 오름차순: (한글) ㄱ … ㅎ, (영어) A … Z, (숫자) 1 … 10
  – 내림차순: (한글) ㅎ … ㄱ, (영어) Z … A, (숫자) 10 … 1
  – 사용자 지정 목록: 사용자 지정 목록에 추가한 순서대로 정렬된다.

## 2 출제 유형 이해

www.ebs.co.kr/compass(엑셀 실습파일 다운로드)

> **문제 1** [정렬] 기능을 이용하여 '과'를 기준으로 오름차순 정렬하고, 동일한 '과'인 경우 '출석일수'의 셀 색이 'RGB(221, 235, 247)'인 값이 위에 표시되도록 정렬하시오. (10점)

**[풀이]**

1. [B3:G17] 범위를 선택한 후 [데이터] → [정렬 및 필터] → [정렬]을 선택한다.

2. [정렬] 대화 상자가 실행되면 첫 번째 정렬 기준으로 '과', '셀 값', '오름차순'을 선택한다.

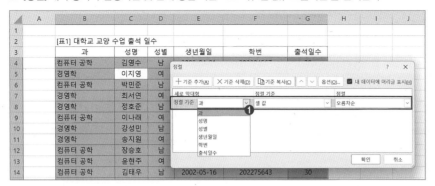

3. 두 번째 정렬 기준을 추가하기 위해 [기준 추가]를 클릭한다. 두 번째 정렬 기준으로 '출석일수', '셀 색', 'RGB(221, 235, 247)', '위에 표시'를 선택하고 [확인]을 클릭한다.

## [결과]

| 과 | 성명 | 성별 | 생년월일 | 학번 | 출석일수 |
|---|---|---|---|---|---|
| 경영학 | 이지영 | 여 | 2001-02-15 | 202145678 | 27 |
| 경영학 | 강성민 | 남 | 2001-08-30 | 202100983 | 28 |
| 경영학 | 이수진 | 여 | 2002-12-11 | 202266543 | 29 |
| 경영학 | 김소연 | 여 | 2003-08-15 | 202376543 | 30 |
| 경영학 | 최서연 | 여 | 2003-02-12 | 202399856 | 17 |
| 경영학 | 정호준 | 남 | 2000-09-18 | 202044562 | 18 |
| 경영학 | 송지원 | 여 | 2002-04-04 | 202288765 | 18 |
| 경영학 | 박동현 | 남 | 2002-07-23 | 202200123 | 17 |
| 컴퓨터 공학 | 김영수 | 남 | 2000-04-21 | 202084567 | 29 |
| 컴퓨터 공학 | 박민준 | 남 | 2002-08-12 | 202285967 | 30 |
| 컴퓨터 공학 | 이나래 | 여 | 2002-05-21 | 202248392 | 29 |
| 컴퓨터 공학 | 장승호 | 남 | 2003-12-12 | 202399821 | 30 |
| 컴퓨터 공학 | 김태우 | 남 | 2002-05-16 | 202275643 | 30 |
| 컴퓨터 공학 | 윤현주 | 여 | 2003-09-03 | 202308123 | 28 |

**문제 2** [정렬] 기능을 이용하여 '부서'를 총무팀-인사팀-재무팀 순으로 정렬하고, 동일한 부서인 경우 '상여비율'의 셀 색이 'RGB(255, 242, 204)'인 값이 아래쪽에 표시되도록 정렬하시오. (10점)

## [풀이]

1. [B4:E13] 범위를 선택한 후 [데이터] → [정렬 및 필터] → [정렬]을 선택한다.

2. [정렬] 대화 상자가 실행되면 첫 번째 정렬 기준으로 '부서', '셀 값', '사용자 지정 목록'을 선택한다.

하이픈(-)이 포함된 정렬: 사용자 지정 목록 정렬

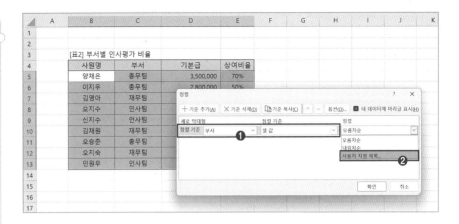

3. [사용자 지정 목록] 대화 상자가 실행되면 지정하고 싶은 정렬순으로 작성한다. 목록 항목에 **총무팀**을 입력한 후 Enter를 누른다. 이어서 두 번째 줄에 **인사팀**, 세 번째 줄에 **재무팀**을 입력한 후 추가, 확인을 클릭한다.

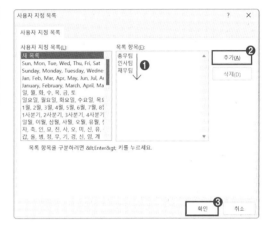

4. '부서' 정렬이 완료되면 기준 추가를 클릭하여 두 번째 정렬 기준으로 '상여비율', '셀 색', 'RGB(255, 242, 204)', '아래쪽에 표시'를 선택하고 확인을 클릭한다.

[결과]

| | B | C | D | E |
|---|---|---|---|---|
| 3 | [표2] 부서별 인사평가 비율 | | | |
| 4 | 사원명 | 부서 | 기본급 | 상여비율 |
| 5 | 이지우 | 총무팀 | 2,800,000 | 50% |
| 6 | 오승준 | 총무팀 | 3,200,000 | 60% |
| 7 | 양채은 | 총무팀 | 3,500,000 | 70% |
| 8 | 오지수 | 인사팀 | 3,600,000 | 20% |
| 9 | 민원우 | 인사팀 | 1,900,000 | 20% |
| 10 | 신지수 | 인사팀 | 3,100,000 | 30% |
| 11 | 김영아 | 재무팀 | 2,700,000 | 90% |
| 12 | 김채원 | 재무팀 | 2,800,000 | 40% |
| 13 | 오지숙 | 재무팀 | 2,700,000 | 70% |
| 14 | | | | |

# 한.번.에. 이론

# 기타 작업

## 시험 출제 정보

➤ 기타 작업은 기타 작업-1, 기타 작업-2로 총 2문항이 출제되며 배점은 20점
  이다.

➤ 기타 작업-1은 매크로를 작성한 후 도형에 연결하는 문제이며, 배점은 각
  5점 총 10점이다.
  기타 작업-1은 부분 점수도 부여되며, 난이도가 높지 않아 점수를 획득하
  기 쉬운 유형이다.

➤ 기타 작업-2는 차트를 작성할 데이터 범위를 수정하고, 차트 요소에 서식을
  지정하는 문제이며, 배점은 각 2점 총 10점이다. 신규 차트를 작성하거나
  기존 차트를 수정하는 문제가 주로 출제된다. 차트를 수정하는 문제는 신규
  차트로 작성 시 0점 처리되므로 주의해야 한다.

| www.ebs.co.kr/compass

기타 작업

# 01 매크로

출제비중 100% 하 난이도

⊙ 매크로는 기록해 두었다가 한 번에 실행하는 기능으로 반복적인 작업을 줄여 준다.
⊙ 매크로는 마우스로 클릭하고 키보드로 입력하는 모든 동작이 기록되기 때문에 문제에서 주어진 위치의 해당 기능만 기록될 수 있도록 주의해야 한다.

## 1 개념 학습

- 문제에서 주어진 영역은 시작 위치부터 매크로에 기록되기 때문에 매크로를 기록하기 전에 표 밖의 임의의 셀을 선택한 상태로 매크로 기록을 시작해야 한다.
- 주어진 서식만 기록이 되어야 하므로 매크로 [기록 중지]를 꼭 확인한다.
- [개발 도구] → [코드] → [기록 중지]

- '상태표시줄' → [기록 중지]

| 10 | 김용이 | 95 | 80 | 175 | |
| 11 | 오지수 | 93 | 60 | 153 | |
| 12 | 김병철 | 88 | 76 | 164 | |
| 13 | 민원우 | 79 | 60 | 139 | |
| 14 | | | | | |

매크로_1 실습파일 | 매크로_2 실습파일 | 매크로_3 실습파일 ⊕

준비

**[개발 도구가 보이지 않을 때]**

리본 메뉴 탭에서 마우스 오른쪽을 클릭하고 [리본 메뉴 사용자 지정]을 선택한다.

- 도형(또는 단추)에 입력할 텍스트에 불필요한 띄어쓰기를 입력하지 않도록 주의한다.
- 매크로에 잘못 기록 시 매크로를 삭제할 수 있어야 한다.

[Excel 옵션] 대화 상자가 실행되면 [리본 메뉴 사용자 지정]에서 '개발 도구'를 체크하고 확인 을 클릭한다.

**[매크로가 포함된 문서에 매크로 실행할 때]**

'보안 경고' 메시지가 표시되면 [콘텐츠 사용]을 클릭한다.

**[보안 경고 없이 모든 매크로 사용할 때]**

[개발 도구] → [코드] → [매크로 보안]을 선택하여 [보안 센터] 대화 상자가 실행되면 'VBA 매크로 사용'을 선택하고 확인 을 클릭한다.

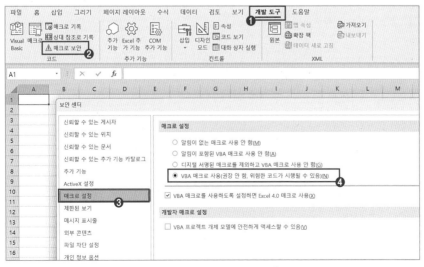

www.ebs.co.kr/compass(엑셀 실습파일 다운로드)

---

**문제 1** '매크로_1 실습파일' 시트의 다음과 같은 기능을 수행하는 매크로를 현재
통합 문서에 작성하고 실행하시오. (각 5점)

① [F4:F13] 영역에 '엑셀'과 '액세스' 평균을 계산하는 매크로를 작성하고 실행하시오.
▶ 매크로 이름: 평균
▶ AVERAGE 함수 사용
▶ [도형] – [사각형]의 '사각형: 둥근 모서리'를 동일시트의 [H4:I5] 영역에 생성하고, 텍스트
를 '평균'으로 입력한 후 도형을 클릭할 때 '평균' 매크로가 실행되도록 설정하시오.
② [B4:B13] 영역에 채우기 색을 '표준 색 – 노랑'으로 적용하는 매크로를 생성하여 실행하시오.
▶ 매크로 이름: 서식적용
▶ [개발 도구] – [삽입] – [양식 컨트롤]의 '단추'를 동일 시트의 [H7:I8] 영역에 생성하고, 텍스
트를 '서식'으로 입력한 후 단추를 클릭할 때 '서식적용' 매크로가 실행되도록 설정하시오.

※ 셀 포인터의 위치에 상관없이 현재 통합 문서에서 매크로가 실행되어야 정답으로 인정됨

---

**[① 풀이]**

1. 문제에서 주어진 도형의 [H4:I5] 범위를 먼저 선택한 뒤 [삽입] → [표] → [일러스트레이션] → [도
형] → [사각형] → [사각형: 둥근 모서리]를 선택한다.

매크로를 정확히 작성해도
매크로를 연결할 도형의 위
치가 다르면 점수가 부여되
지 않기 때문에 도형을 그리
기 전에 정확한 도형의 범위
를 확인하고 해당 도형을 그
리는 것이 바람직하다.

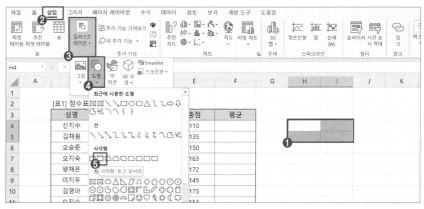

2. 마우스 포인터의 모양이 '+' 모양으로 바뀌면 [H4:I5] 범위에서 Alt 를 누른 채 드래그하여 도형을
그린다.

Alt 를 누른 채 도형을 그리
면(마우스 드래그) 셀 구분
선에 정확하게 맞춰서 그려
진다.

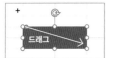

3. '사각형: 둥근 모서리' 도형을 선택하고 **평균**을 입력한다.

| | A | B | C | D | E | F | G | H | I | J | K |
|---|---|---|---|---|---|---|---|---|---|---|---|
| 1 | | | | | | | | | | | |
| 2 | | [표1] 점수표 | | | | | | | | | |
| 3 | | 성명 | 엑셀 | 엑세스 | 총점 | 평균 | | | | | |
| 4 | | 신지수 | 45 | 65 | 110 | | | | 평균 | | |
| 5 | | 김채원 | 60 | 75 | 135 | | | | | | |
| 6 | | 오승준 | 80 | 70 | 150 | | | | | | |
| 7 | | 오지숙 | 88 | 75 | 163 | | | | | | |
| 8 | | 양채은 | 92 | 80 | 172 | | | | | | |

4. '사각형: 둥근 모서리' 도형에서 마우스 오른쪽을 클릭하고 [매크로 지정]을 선택한다.

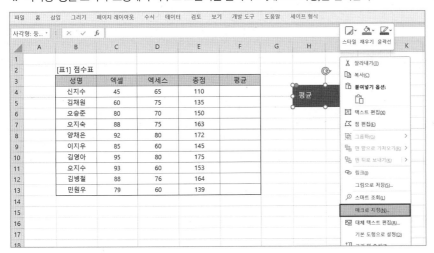

5. [매크로 지정] 대화 상자가 실행되면 매크로 이름에 **평균**을 입력하고 [기록]을 클릭한다.

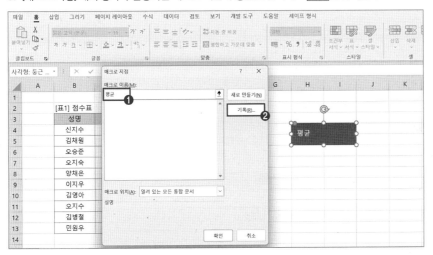

[매크로 지정] 대화 상자에서 [기록]을 클릭하지 않고 바로 [확인]을 클릭하면 기록되지 않기 때문에 주의해야 한다.

6. 자동으로 '평균'의 매크로 이름이 표시된 [매크로 기록] 대화 상자가 실행되면 [확인]을 클릭한다.

7. 매크로 기록이 시작되면 [F4] 셀을 선택한 후 **=AVERAGE(C4:D4)**를 입력하고 Enter를 눌러 결과를 추출한다.

반드시 매크로 기록이 시작되고 [F4] 셀을 처음으로 선택한다. 임의의 셀을 선택하고 매크로 기록을 시작하는 실수를 하지 않도록 한다.

**8.** [F13] 셀까지 수식을 복사한다.

매크로 기록의 시작을 [개발 도구] → [코드] → [매크로 기록]과 화면 하단의 '상태 표시줄'의 매크로 단추 모양을 보고 확인할 수 있다.

● **[개발 도구] → [코드] → [매크로 기록]**

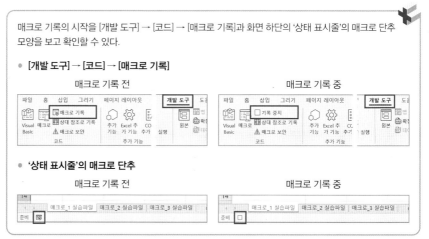

● **'상태 표시줄'의 매크로 단추**

**9.** [F13] 셀까지 수식을 복사한 후 매크로 기록을 종료하기 위해 [개발 도구] → [코드] → [기록 중지] 또는 상태 표시줄의 [기록 중지]를 선택하여 매크로 기록을 종료한다.

| | A | B | C | D | E | F | G | H | I | J | K |
|---|---|---|---|---|---|---|---|---|---|---|---|
| 1 | | | | | | | | | | | |
| 2 | | [표1] 점수표 | | | | | | | | | |
| 3 | | 성명 | 엑셀 | 엑세스 | 총점 | 평균 | | | | | |
| 4 | | 신지수 | 45 | 65 | 110 | 55.0 | ❶ | | 평균 | | |
| 5 | | 김채원 | 60 | 75 | 135 | 67.5 | | | | | |
| 6 | | 오승준 | 80 | 70 | 150 | 75.0 | | | | | |
| 7 | | 오지숙 | 88 | 75 | 163 | 81.5 | | | | | |
| 8 | | 양채은 | 92 | 80 | 172 | 86.0 | | | | | |
| 9 | | 이지우 | 85 | 60 | 145 | 72.5 | | | | | |
| 10 | | 김영아 | 95 | 80 | 175 | 87.5 | | | | | |
| 11 | | 오지수 | 93 | 60 | 153 | 76.5 | | | | | |
| 12 | | 김병철 | 88 | 76 | 164 | 82.0 | | | | | |
| 13 | | 민원우 | 79 | 60 | 139 | 69.5 | | | | | |
| 14 | | | | | | | | | | | |

## [② 풀이]

1. 문제에서 주어진 단추의 위치 [H7:I8] 범위를 먼저 선택한 뒤 [개발 도구] → [컨트롤] → [삽입] → [양식 컨트롤] → '단추(양식 컨트롤)'을 선택한다.

2. 마우스 포인터의 모양이 '+' 모양으로 바뀌면 [H7:I8] 범위에 Alt 를 누른 채 드래그하여 도형을 그린다.

| | A | B | C | D | E | F | G | H | I | J | K |
|---|---|---|---|---|---|---|---|---|---|---|---|
| 1 | | | | | | | | | | | |
| 2 | | [표1] 점수표 | | | | | | | | | |
| 3 | | 성명 | 엑셀 | 엑세스 | 총점 | 평균 | | | | | |
| 4 | | 신지수 | 45 | 65 | 110 | 55.0 | | | 평균 | | |
| 5 | | 김채원 | 60 | 75 | 135 | 67.5 | | | | | |
| 6 | | 오승준 | 80 | 70 | 150 | 75.0 | | | | | |
| 7 | | 오지숙 | 88 | 75 | 163 | 81.5 | | + | | | |
| 8 | | 양채은 | 92 | 80 | 172 | 86.0 | | | | | |
| 9 | | 이지우 | 85 | 60 | 145 | 72.5 | | | | | |

3. 드래그하여 그리는 순간 [매크로 지정] 대화 상자가 실행되고, 매크로 이름에 **서식적용**을 입력하고 기록 을 클릭한다.

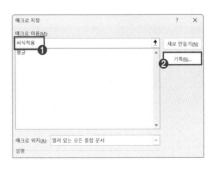

4. 자동으로 '서식적용'의 매크로 이름이 표시된 [매크로 기록] 대화 상자가 실행되면 확인 을 클릭하여 기록을 시작한다.

일반 도형은 도형에 텍스트 입력한 후 직접 매크로를 지정한다. 단추는 일반 도형과 다르게 매크로를 먼저 기록하기 때문에 기록하면서 텍스트를 작성하지 않도록 주의해야 한다.

5. 기록이 시작되면 [B4] 셀부터 선택하고 [B4:B13] 범위를 선택한 후, [홈] → [글꼴] → [채우기 색] [표준 색] → '노랑'을 선택한다.

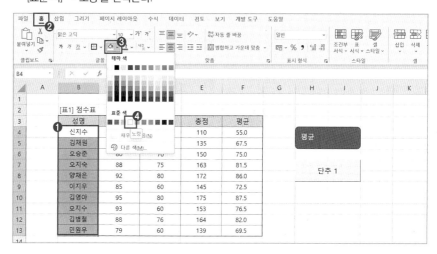

6. 매크로 기록을 종료하기 위해 [개발 도구] → [코드] → [기록 중지]를 선택하여 매크로 기록을 종료한다.

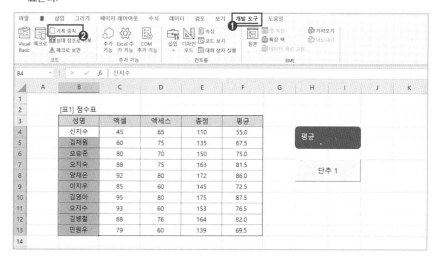

**7.** 단추에서 마우스 오른쪽을 클릭하고 [텍스트 편집] 메뉴를 선택하고 **서식**을 입력한다.

| | A | B | C | D | E | F | G | H | I | J | K |
|---|---|---|---|---|---|---|---|---|---|---|---|
| 2 | | [표1] 점수표 | | | | | | | | | |
| 3 | | 성명 | 엑셀 | 엑세스 | 총점 | 평균 | | | | | |
| 4 | | 신지수 | 45 | 65 | 110 | 55.0 | | 평균 | | | |
| 5 | | 김채원 | 60 | 75 | 135 | 67.5 | | | | | |
| 6 | | 오승준 | 80 | 70 | 150 | 75.0 | | | | | |
| 7 | | 오지숙 | 88 | 75 | 163 | 81.5 | | 단추 1 | | | |
| 8 | | 양채은 | 92 | 80 | 172 | 86.0 | | | | | |
| 9 | | 이지우 | 85 | 60 | 145 | 72.5 | | | | | |
| 10 | | 김영아 | 95 | 80 | 175 | 87.5 | | | | | |
| 11 | | 오지수 | 93 | 60 | 153 | 76.5 | | | | | |
| 12 | | 김병철 | 88 | 76 | 164 | 82.0 | | | | | |
| 13 | | 민원우 | 79 | 60 | 139 | 69.5 | | | | | |

(팝업 메뉴: 잘라내기(T), 복사(C), 붙여넣기(P), 텍스트 편집(X), 그룹화(G), 순서(R))

## [결과]

| | A | B | C | D | E | F | G | H | I | J | K |
|---|---|---|---|---|---|---|---|---|---|---|---|
| 1 | | | | | | | | | | | |
| 2 | | [표1] 점수표 | | | | | | | | | |
| 3 | | 성명 | 엑셀 | 엑세스 | 총점 | 평균 | | | | | |
| 4 | | 신지수 | 45 | 65 | 110 | 55.0 | | 평균 | | | |
| 5 | | 김채원 | 60 | 75 | 135 | 67.5 | | | | | |
| 6 | | 오승준 | 80 | 70 | 150 | 75.0 | | | | | |
| 7 | | 오지숙 | 88 | 75 | 163 | 81.5 | | 서식 | | | |
| 8 | | 양채은 | 92 | 80 | 172 | 86.0 | | | | | |
| 9 | | 이지우 | 85 | 60 | 145 | 72.5 | | | | | |
| 10 | | 김영아 | 95 | 80 | 175 | 87.5 | | | | | |
| 11 | | 오지수 | 93 | 60 | 153 | 76.5 | | | | | |
| 12 | | 김병철 | 88 | 76 | 164 | 82.0 | | | | | |
| 13 | | 민원우 | 79 | 60 | 139 | 69.5 | | | | | |
| 14 | | | | | | | | | | | |

**도형(또는 단추) 수정하는 방법**

Alt 를 누른 채 도형을 그려도 셀 구분 선에 맞춰서 그려지지 않을 경우가 있다. 매크로가 지정된 도형이나 단추를 수정할 경우, Ctrl 를 누른 채 단추를 클릭하면 단추의 크기나 글자를 수정할 수 있다.

**매크로 삭제하는 방법**

[개발 도구] → [코드] → [매크로]를 선택한 후 [매크로] 대화 상자에서 삭제할 매크로를 선택하고 삭제 를 클릭한다.

> **문제 2** '매크로_2 실습파일' 시트의 다음과 같은 기능을 수행하는 매크로를 현재 통합 문서에 작성하고 실행하시오. (각 5점)
>
> ① [D4:D12] 영역에 '통화 형식(₩)' 기호로 표시하는 '회계' 매크로를 작성하고 실행하시오.
>    ▶ 매크로 이름: 회계
>    ▶ [도형] − [기본 도형]의 '빗면'을 동일 시트의 [H3:I4] 영역에 생성하고, 텍스트를 '회계'로 입력한 후 도형을 클릭할 때 '회계' 매크로가 실행되도록 설정하시오.
> ② [B3:F3] 영역에 '강조색5'를 적용하는 매크로를 생성하여 실행하시오.
>    ▶ 매크로 이름: 서식
>    ▶ [개발 도구] − [삽입] − [양식 컨트롤]의 '단추'를 동일 시트의 [H6:I7] 영역에 생성하고, 텍스트를 '서식'으로 입력한 후 단추를 클릭할 때 '서식' 매크로가 실행되도록 설정하시오.
>
> ※ 셀 포인터의 위치에 상관없이 현재 통합 문서에서 매크로가 실행되어야 정답으로 인정됨

## [① 풀이]

1. 문제에서 주어진 도형의 위치 [H3:I4] 범위를 먼저 선택한 뒤 [삽입] → [추가기능] → [일러스트레이션] → [도형] → [기본 도형] → [사각형: 빗면]을 선택한다.

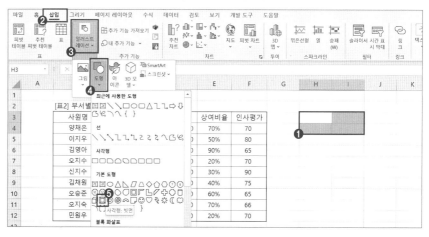

2. 마우스 포인터의 모양이 '+' 모양으로 바뀌면 [H3:I4] 범위에 Alt 를 누른 채 드래그하여 도형을 그린다.

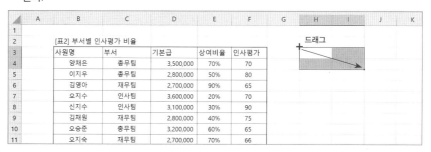

3. '사각형 : 빗면' 도형을 선택하고 **회계**를 입력한 후 '사각형: 빗면' 도형에서 마우스 오른쪽을 클릭하고 [매크로 지정] 메뉴를 선택한다.

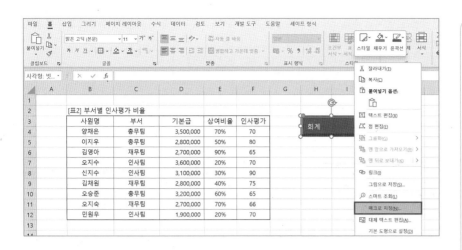

**4.** [매크로 지정] 대화 상자가 실행되면 매크로 이름에 **회계**를 입력하고 기록 을 클릭한다.

**5.** 자동으로 '회계'의 매크로 이름이 된 [매크로 기록] 대화 상자가 실행되면 확인 을 클릭한다.

**6.** 매크로 기록이 시작되면 [D4] 셀부터 선택하여 [D4:D12] 범위를 선택하고 [홈] → [표시 형식] → [회계]를 선택한다.

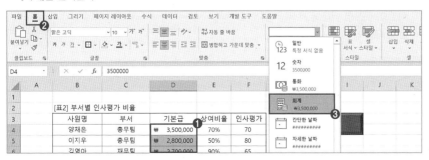

7. 매크로 기록을 종료하기 위해 [개발 도구] → [코드] → [기록 중지]를 선택하여 매크로 기록을 종료한다.

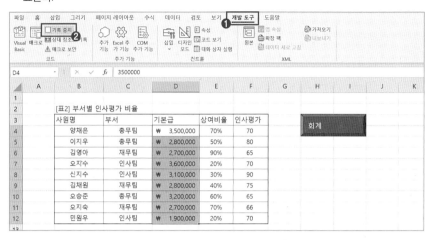

## [② 풀이]

1. 문제에서 주어진 단추의 [H6:I7] 범위를 먼저 선택한 후, [개발 도구] → [컨트롤] → [삽입] → [양식 컨트롤] → [단추(양식 컨트롤)]을 선택한다.

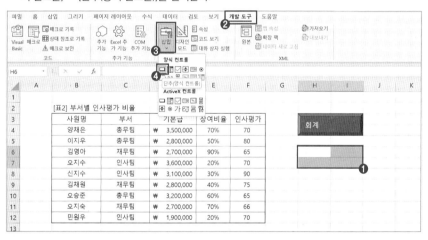

2. 마우스 포인터의 모양이 '+' 모양으로 바뀌면 [H6:I7] 범위에 Alt 를 누른 채 드래그한다.

3. 드래그하는 순간 [매크로 지정] 대화 상자가 실행되고, 매크로 이름에 **서식**을 입력하고 [기록]을 클릭한다.

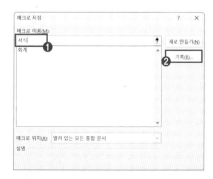

4. 자동으로 '서식'의 매크로 이름이 표시된 [매크로 기록] 대화
   상자가 나타나면 확인 을 클릭하여 기록을 시작한다.

5. 매크로 기록이 시작되면 [B3] 셀을 선택하여 [B3:F3] 범위를 선택한 후, [홈] → [스타일] → [셀 스타일] → [테마 셀 스타일] → '파랑, 강조색5'를 선택한다.

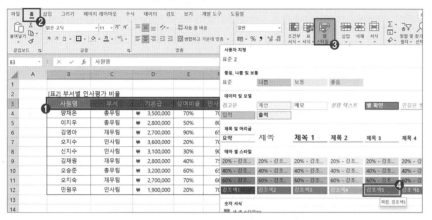

6. 매크로 기록을 종료하기 위해 [개발 도구] → [코드] → [기록 중지]를 선택하여 매크로 기록을 종료한다.

7. 도형에서 마우스 오른쪽을 클릭해 [텍스트 편집]을 선택하고 텍스트 **서식**을 입력한다.

## [결과]

| | A | B | C | D | E | F | G | H | I | J | K |
|---|---|---|---|---|---|---|---|---|---|---|---|
| 1 | | | | | | | | | | | |
| 2 | | [표2] 부서별 인사평가 비율 | | | | | | | | | |
| 3 | | 사원명 | 부서 | 기본급 | 상여비율 | 인사평가 | | 회계 | | | |
| 4 | | 양채은 | 총무팀 | ₩ 3,500,000 | 70% | 70 | | | | | |
| 5 | | 이지우 | 총무팀 | ₩ 2,800,000 | 50% | 80 | | | | | |
| 6 | | 김영아 | 재무팀 | ₩ 2,700,000 | 90% | 65 | | | | | |
| 7 | | 오지수 | 인사팀 | ₩ 3,600,000 | 20% | 70 | | 서식 | | | |
| 8 | | 신지수 | 인사팀 | ₩ 3,100,000 | 30% | 90 | | | | | |
| 9 | | 김채원 | 재무팀 | ₩ 2,800,000 | 40% | 75 | | | | | |
| 10 | | 오승준 | 총무팀 | ₩ 3,200,000 | 60% | 65 | | | | | |
| 11 | | 오지숙 | 재무팀 | ₩ 2,700,000 | 70% | 66 | | | | | |
| 12 | | 민원우 | 인사팀 | ₩ 1,900,000 | 20% | 70 | | | | | |
| 13 | | | | | | | | | | | |
| 14 | | | | | | | | | | | |

**문제 3** '매크로_3 실습파일' 시트의 다음과 같은 기능을 수행하는 매크로를 현재 통합 문서에 작성하고 실행하시오. (각 5점)

① [E4:E12] 영역에 총점을 계산하는 매크로를 작성하고 실행하시오.
- ▶ 매크로 이름: 총점
- ▶ 총점: 컴퓨터일반 + 스프레드시트
- ▶ [도형] − [블록 화살표]의 '오각형'을 동일 시트의 [G4:H5] 영역에 생성하고, 텍스트를 '총점계산'으로 입력한 후 도형을 클릭할 때 '총점' 매크로가 실행되도록 설정하시오.

② [B3:E3] 영역에 '가로-가운데 맞춤'을 적용하는 매크로를 생성하여 실행하시오.
- ▶ 매크로 이름: 정렬
- ▶ [개발 도구] − [삽입] − [양식 컨트롤]의 '단추'를 동일 시트의 [G7:H8] 영역에 생성하고, 텍스트를 '정렬'로 입력한 후 단추를 클릭할 때 '정렬' 매크로가 실행되도록 설정하시오.

※ 셀 포인터의 위치에 상관없이 현재 통합 문서에서 매크로가 실행되어야 정답으로 인정됨

## [① 풀이]

1. [G4:H5] 범위를 먼저 선택한 후, [삽입] → [표] → [일러스트레이션] → [도형] → [블록 화살표] → [화살표 : 오각형]을 선택한다.

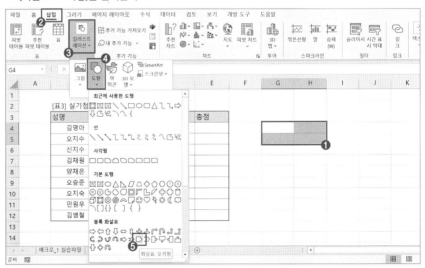

2. 마우스 포인터의 모양이 '+' 모양으로 바뀌면 [G4:H5] 범위에 Alt를 누른 채 드래그하여 도형을 그린다.

3. '화살표: 오각형' 도형을 선택하고 **총점**을 입력한 후, '화살표: 오각형' 도형에서 마우스 오른쪽을 클릭하고 [매크로 지정]을 선택한다.

4. [매크로 지정] 대화 상자가 실행되면 매크로 이름에 **총점**을 입력하고 [기록]을 클릭한다.

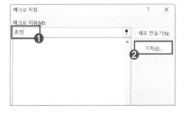

5. 자동으로 '총점'의 매크로 이름이 표시된 [매크로 기록] 대화 상자가 실행되면 확인을 클릭한다.

6. 기록이 시작되면 [E4] 셀을 선택하고 **=C4+D4**를 입력하고 Enter를 누른다.

| | A | B | C | D | E | F | G | H | I | J | K |
|---|---|---|---|---|---|---|---|---|---|---|---|
| 1 | | | | | | | | | | | |
| 2 | | [표3] 실기점수 결과표 | | | | | | | | | |
| 3 | | 성명 | 컴퓨터일반 | 스프레드시트 | 총점 | | | | | | |
| 4 | | 김영아 | 70 | 80 | 150 | | 총점 | | | | |
| 5 | | 오지수 | 75 | 90 | | | | | | | |
| 6 | | 신지수 | 35 | 60 | | | | | | | |
| 7 | | 김채원 | 85 | 30 | | | | | | | |
| 8 | | 양채은 | 80 | 60 | | | | | | | |
| 9 | | 오승준 | 50 | 50 | | | | | | | |
| 10 | | 오지숙 | 45 | 30 | | | | | | | |
| 11 | | 민원우 | 55 | 60 | | | | | | | |
| 12 | | 김병철 | 60 | 50 | | | | | | | |
| 13 | | | | | | | | | | | |

7. 결과가 추출되면 [E12] 셀까지 수식을 복사한다.

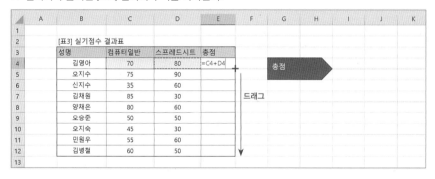

8. 매크로 기록을 종료하기 위해 [개발 도구] → [코드] → [기록 중지]를 선택하여 매크로 기록을 종료한다.

## [② 풀이]

1. [G7:H8] 범위를 먼저 선택한 후, [개발 도구] → [컨트롤] → [삽입] → [단추(양식 컨트롤)]을 클릭하고 마우스 포인터의 모양이 '+' 모양으로 바뀌면 [G7:H8] 범위에 Alt를 누른 채 드래그한다.

2. 드래그하여 그리는 순간 [매크로 지정] 대화 상자가 실행되고, 매크로 이름에 **정렬**을 입력하고 기록을 클릭한다. 자동으로 '정렬'의 매크로 이름이 표시된 [매크로 기록] 대화 상자가 실행되면 확인을 클릭하여 기록을 시작한다.

3. 기록이 시작되면 [B3] 셀부터 선택하여 [B3:E3] 범위를 선택한 후 [홈] → [맞춤] → 가로 방향의 [가운데 맞춤]을 선택한다.

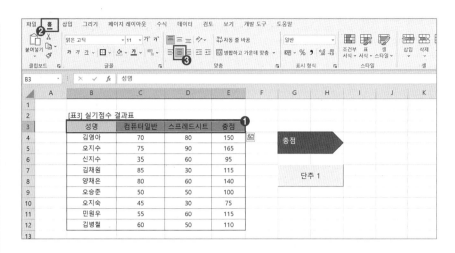

4. 매크로 기록을 종료하기 위해 [개발 도구] → [코드] → [기록 중지]를 선택하여 매크로 기록을 종료한다.

5. 단추에서 마우스 오른쪽을 클릭해 [텍스트 편집]을 선택하고 **정렬**을 입력한다.

**[결과]**

| | A | B | C | D | E | F | G | H | I | J | K |
|---|---|---|---|---|---|---|---|---|---|---|---|
| 1 | | | | | | | | | | | |
| 2 | | [표3] 실기점수 결과표 | | | | | | | | | |
| 3 | | 성명 | 컴퓨터일반 | 스프레드시트 | 총점 | | | | | | |
| 4 | | 김영아 | 70 | 80 | 150 | | 총점 | | | | |
| 5 | | 오지수 | 75 | 90 | 165 | | | | | | |
| 6 | | 신지수 | 35 | 60 | 95 | | | | | | |
| 7 | | 김채원 | 85 | 30 | 115 | | 정렬 | | | | |
| 8 | | 양채은 | 80 | 60 | 140 | | | | | | |
| 9 | | 오승준 | 50 | 50 | 100 | | | | | | |
| 10 | | 오지숙 | 45 | 30 | 75 | | | | | | |
| 11 | | 민원우 | 55 | 60 | 115 | | | | | | |
| 12 | | 김병철 | 60 | 50 | 110 | | | | | | |
| 13 | | | | | | | | | | | |

# 차트

- 차트는 데이터를 세로 막대형 그래프, 가로 막대형 그래프, 꺾은선형 그래프, 원형 그래프, 분산형 그래프 등 다양한 형태로 나타낸 기능이다.
- 차트를 이용하면 많은 양의 데이터를 보기 쉽게 요약할 수 있고, 데이터의 추세를 쉽게 파악할 수 있다.
- 실기시험에서는 주어진 데이터로 지시 사항에 맞게 차트를 생성하거나, 수정하는 문제가 출제된다. 차트의 구성 요소와 수정 방법을 정확하게 숙지한다.

## 1 개념 학습

● **차트 구성 요소**

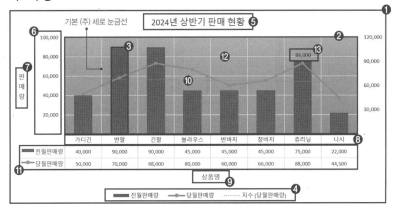

❶ 차트 영역: 차트 전체 영역

❷ 그림 영역: 그래프가 표시되는 영역

❸ 데이터 계열: 수치 자료를 막대나 선으로 표현한 것

❹ 범례: 그래프가 어떤 데이터 계열인지 알려주는 것

❺ 차트 제목: 차트의 제목

❻ 세로 (값) 축: 차트를 구성하는 데이터 계열의 수치 값을 나타내는 곳

❼ 세로 (값) 축 제목: 축 수치가 무엇을 의미하는지 알려 주는 제목

❽ 가로 (항목) 축: 차트를 구성하는 데이터 항목을 문자 데이터로 나타내는 곳

❾ 가로 (항목) 축 제목: 축이 무엇을 의미하는지 알려 주는 제목

❿ 추세선: 차트의 특정 계열에 대한 변화 추세를 파악하기 위해 표시하는 선

⓫ 데이터 테이블(표): 데이터 계열 값을 표 형태로 나타낸 것

⓬ (세로 축/가로 축) 주 눈금선: 세로(혹은 가로) 축의 눈금에서 연장한 선

⓭ 데이터 레이블: 계열의 데이터 요소 또는 값의 추가 정보를 표시한 것

주의사항
- 데이터 영역 수정 방법을 기억해 둔다.
- 차트 구성 요소의 수정 위치를 기억해 둔다.

# 2 출제 유형 이해

www.ebs.co.kr/compass(엑셀 실습파일 다운로드)

**문제 1** '차트 작업_1 실습파일' 시트의 차트를 지시 사항에 따라 아래 그림과 같이 수정하시오. (각 2점)

※ 차트는 반드시 문제에서 제공한 차트를 사용해야 하며, 신규로 작성 시 0점 처리됨

① [B14:H29] 영역에 위치할 수 있도록 차트 위치를 수정하시오.
② 제품명별 '판매량'과 '판매가(단위:원)'가 표시되도록 데이터 영역을 수정하시오.
③ '판매량' 계열은 '표식이 있는 꺾은선형'으로 표시하고, '보조 축'으로 지정하시오.
④ 차트 제목은 그림과 같이 표시되도록 하고, 글꼴은 '돋움체', 글꼴 스타일은 '굵게', 글꼴 크기는 '15'로 설정하시오.
⑤ 범례 위치를 '아래쪽', 테두리 '그림자(오프셋 대각선 오른쪽 아래)' '채우기'에서 '흰색, 배경 1'을 설정하고 범례가 그림처럼 표시되도록 하시오.

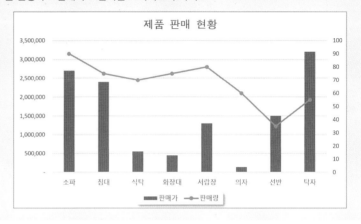

## [풀이]

1. 주어진 [B14:H29] 범위에 정확하게 위치시키기 위해서 Alt 를 누른 채 드래그하여 크기를 조절한다.

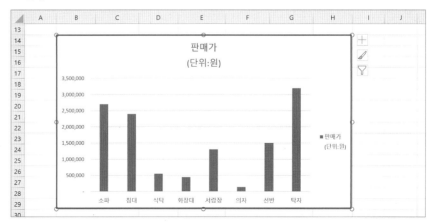

2. '판매량' 계열을 추가하기 위해 데이터 [G2:G10] 범위를 선택하고 복사(Ctrl + C)한 후, 차트를 선택하고 붙여넣기(Ctrl + V)를 한다.

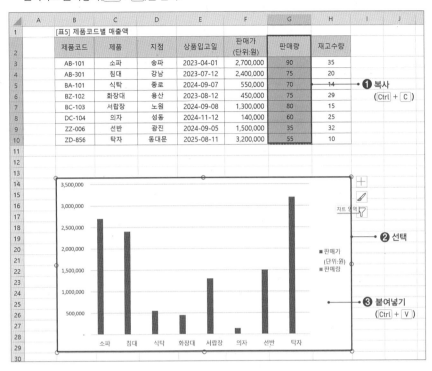

| | A | B | C | D | E | F | G | H | I | J |
|---|---|---|---|---|---|---|---|---|---|---|
| 1 | | [표5] 제품코드별 매출액 | | | | | | | | |
| 2 | | 제품코드 | 제품 | 지점 | 상품입고일 | 판매가 (단위:원) | 판매량 | 재고수량 | | |
| 3 | | AB-101 | 소파 | 송파 | 2023-04-01 | 2,700,000 | 90 | 35 | | |
| 4 | | AB-301 | 침대 | 강남 | 2023-07-12 | 2,400,000 | 75 | 20 | | |
| 5 | | BA-101 | 식탁 | 종로 | 2024-09-07 | 550,000 | 70 | 14 | | |
| 6 | | BZ-102 | 화장대 | 용산 | 2023-08-12 | 450,000 | 75 | 29 | | |
| 7 | | BC-103 | 서랍장 | 노원 | 2024-09-08 | 1,300,000 | 80 | 15 | | |
| 8 | | DC-104 | 의자 | 성동 | 2024-11-12 | 140,000 | 60 | 25 | | |
| 9 | | ZZ-006 | 선반 | 광진 | 2024-09-05 | 1,500,000 | 35 | 32 | | |
| 10 | | ZD-856 | 탁자 | 동대문 | 2025-08-11 | 3,200,000 | 55 | 10 | | |

❶ 복사 (Ctrl + C)

❷ 선택

❸ 붙여넣기 (Ctrl + V)

3. 임의의 계열을 선택한 후 마우스 오른쪽을 클릭하고 [계열 차트 종류 변경]을 선택한다.

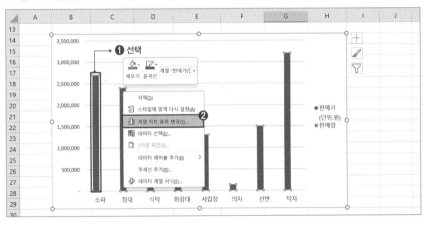

4. [차트 종류 변경] 대화 상자가 실행되면 [혼합]에서 '판매량' 계열의 차트 종류를 '표식이 있는 꺾은 선형'을 선택한 후 '판매량' 계열의 '보조 축'을 선택하고 확인 을 클릭한다.

보조 축은 차트 종류 변경한 계열만 선택한다.

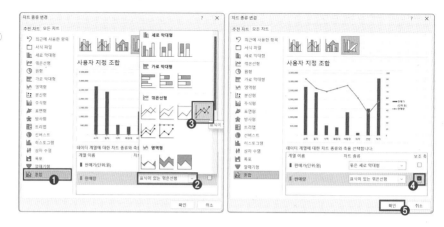

5. 차트 제목을 추가하기 위해 '차트 영역'을 선택한 후, ➕를 클릭해 [차트 요소]에서 '차트 제목'을 선택한다.

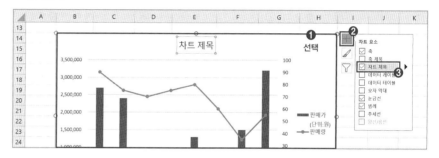

6. '차트 제목'에 **제품 판매 현황**을 입력한 후 [홈] → [글꼴]에서 '돋움체', '굵게', '15'를 설정한다.

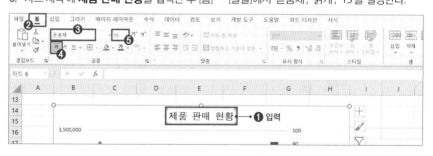

[범례 서식]은 범례에서 마우스 오른쪽을 클릭하고 [범례 서식]을 선택해도 된다.

7. '범례'를 더블클릭하고 [범례 서식]이 실행되면 범례 옵션의 범례 위치에서 '아래쪽'을 선택한다.

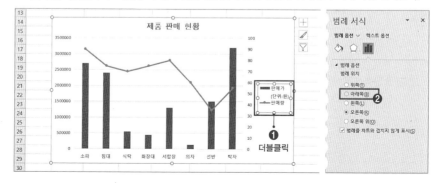

**8.** [범례 서식]에서 [범례 옵션] → [효과] → [그림자] → [미리 설정]에서 '오프셋: 오른쪽 아래'를 선택한다.

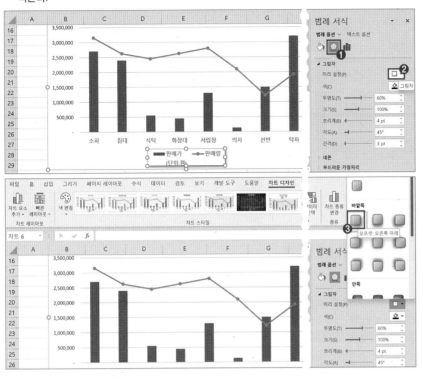

**9.** [범례 서식] → [범례 옵션] → [채우기 및 선] → [채우기] → [단색 채우기]를 선택하고 [색] → '흰색, 배경 1'을 선택한다.

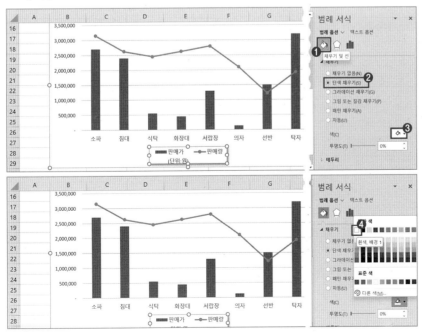

10. '판매가(단위:원)'을 '판매가'로 변경하기 위해서 차트에서 임의의 영역에서 마우스 오른쪽을 클릭하고 [데이터 선택]을 선택한다.

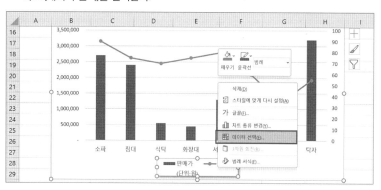

11. [데이터 원본 선택] 대화 상자가 실행되면 [범례 항목(계열)] → '판매가(단위:원)'을 선택하고 편집을 선택한다. [계열 편집] 대화 상자가 실행되면 [계열 이름]에 **판매가**를 입력하고 확인을 클릭한다.

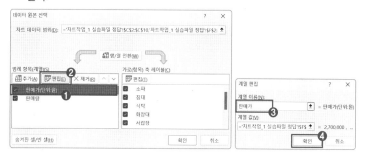

문제 2   '차트 작업_2 실습파일' 시트의 차트를 지시 사항에 따라 아래 그림과 같이 수정하시오. (각 2점)

※ 차트는 반드시 문제에서 제공한 차트를 사용해야 하며, 신규로 작성 시 0점 처리됨

① '급여' 계열이 표시되지 않도록 데이터 범위를 변경하고, '상여비율' 계열은 '표식이 있는 꺾은선형', '보조 축'으로 표시하시오.
② 차트 제목은 [B1] 셀을 연동하여 표시하고, 글꼴 '돋움', 크기 '15', 글꼴 스타일 '굵게', '밑줄'을 지정하시오.
③ '상여비율' 계열의 '김영아' 요소에만 데이터 레이블을 '값'으로 '위쪽'에 지정하시오.
④ 보조 세로 (값) 축을 그림과 같이 변경하시오.
⑤ 차트 영역의 테두리를 '주황 5pt 네온, 강조색 2'의 네온 효과, '둥근 모서리'로 지정하시오.

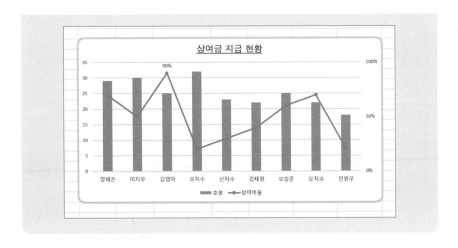

## [풀이]

1. '차트 영역'에서 '급여' 계열을 선택한 후 Delete를 눌러서 삭제한다.

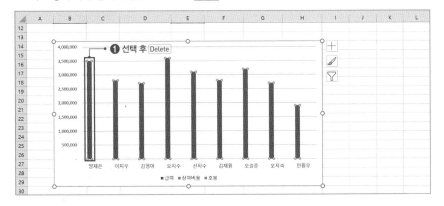

[데이터 선택]을 클릭했을 때 실행되는 [데이터 원본 선택] 대화 상자에서 '급여' 계열을 선택한 후 [제거]를 클릭해도 삭제가 가능하다.

2. 임의의 계열을 클릭한 후 마우스 오른쪽을 클릭하고 [계열 차트 종류 변경]을 선택한다.

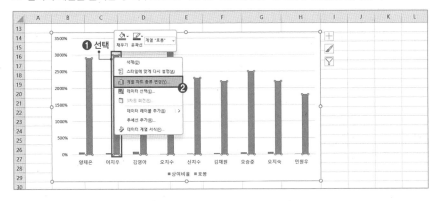

3. [차트 종류 변경] 대화 상자가 실행되면 [혼합]에서 '상여비율' 계열의 차트 종류를 '표식이 있는 꺾은선형'을 선택한다.

4. '상여비율' 계열의 '보조 축'을 선택하고 확인을 클릭한다.

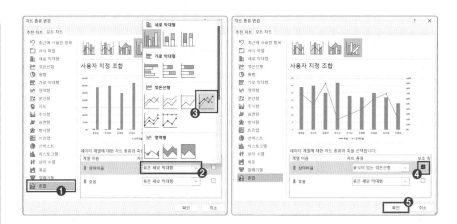

5. 차트 제목을 표시하기 위해 '차트 영역'을 선택한 후, ➕를 클릭해 [차트 요소]에서 '차트 제목'을 클릭한다.

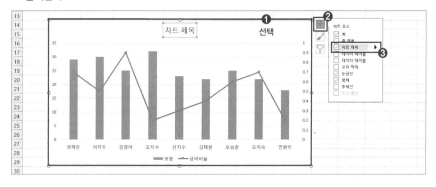

6. 차트 영역의 '차트 제목'을 선택한 후 수식 입력줄에 =를 입력하고 [B1] 셀을 선택한 후 Enter를 누른다.

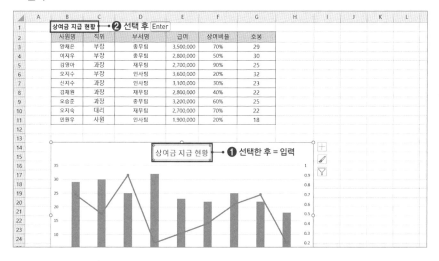

7. 차트 제목의 서식을 변경하기 위해 [홈] → [글꼴]에서 글꼴은 '돋움', 크기 '15', 글꼴 스타일 '굵게', '밑줄'을 선택한다.

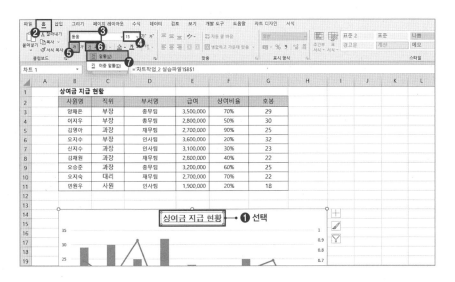

8. '김영아'의 '상여비율' 표식을 두 번 클릭하여 '김영아' 표식만 선택하고 마우스 오른쪽을 클릭해 [데이터 레이블]을 선택한다.

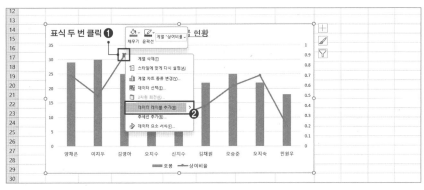

9. '데이터 레이블'을 더블클릭하여 [데이터 레이블 서식]을 실행하고 레이블 옵션의 [레이블 위치] → '위쪽'을 선택한다.

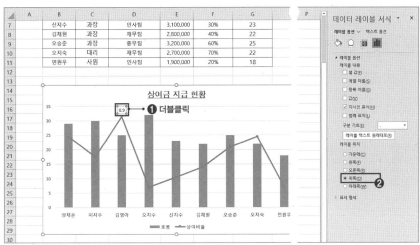

10. '보조 세로 (값) 축'을 선택한 후 [축 서식] → [축 옵션] → [표시 형식] → [범주] → '백분율'을 선택한다.

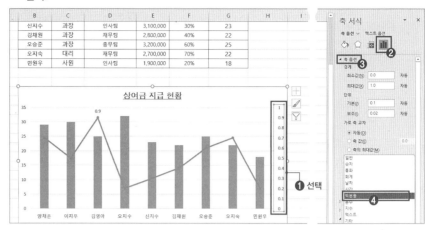

11. '보조 세로 (값) 축'을 선택한 후 [축 서식] → [축 옵션] → '최소값'은 **0**, '최대값'은 **1**, '기본 단위'는 **0.5**를 입력하고 Enter를 눌러서 보조 세로 (값) 축의 단위를 변경한다.

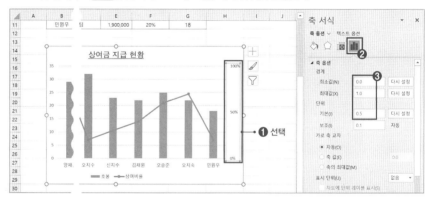

12. '차트 영역'을 선택한 후 [차트 영역 서식] → 차트 옵션의 [채우기 및 선] → [테두리] → [둥근 모서리]를 체크하고 [효과] → [네온] → '네온: 5pt, 주황, 강조색 2'의 네온 효과를 선택하여 차트 영역의 테두리를 변경한다.

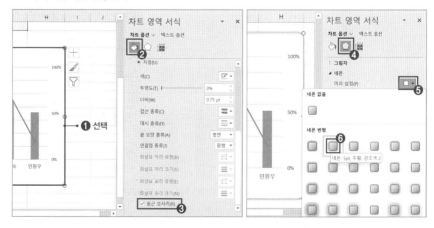

**문제 3** '차트 작업_3 실습파일' 시트의 차트를 지시 사항에 따라 아래 그림과 같이 생성하시오. (각 2점)

※ 차트는 반드시 문제에서 제공한 차트를 사용해야 하며, 신규로 작성 시 0점 처리됨

① 성명[B3:B11], 기말고사[D3:D11] 영역을 이용하여 차트 종류 '원형 대 원형' [B14:G27] 영역에 작성하시오.
② 차트 제목은 [B2] 셀과 연동시키고 도형 스타일을 '미세 효과 – 황금색 강조 4'로 설정하시오.
③ 둘째 영역 값을 '5', 간격 너비를 '60%'를 설정하고, 주어진 그림과 같이 데이터 계열에 데이터 레이블을 표시하고, 글꼴 크기 '8'로 설정, '정미주' 항목의 도형 효과를 '기본5'로 설정하시오.
④ 차트 영역은 '색 변경(단색 5)'로 지정하시오.
⑤ 계열 선의 색은 '표준 색 – 파랑', 너비는 2pt, '선 스타일 – 파선'으로 설정하시오.

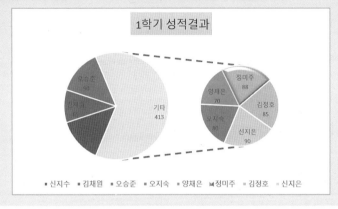

**[풀이]**

1. [B3:B11] 범위를 선택한 후, Ctrl 을 누른 채 [D3:D11] 범위를 선택한다.

| | A | B | C | D | E | F | G | H | I | J |
|---|---|---|---|---|---|---|---|---|---|---|
| 1 | | | | | | | | | | |
| 2 | | [표3] 1학기 성적결과 | | | | | | | | |
| 3 | | 성명 | 중간고사 | 기말고사 | 평균 | | | | | |
| 4 | | 신지수 | 65 | 90 | 77.5 | | | | | |
| 5 | | 김채원 | 70 | 65 | 67.5 | | | | | |
| 6 | | 오승준 | 75 | 90 | 82.5 | | | | | |
| 7 | | 오지숙 | 95 | 80 | 87.5 | | | | | |
| 8 | | 양채은 | 55 | 70 | 62.5 | | | | | |
| 9 | | 정미주 | 93 | 88 | 90.5 | | | | | |
| 10 | | 김정호 | 70 | 85 | 77.5 | | | | | |
| 11 | | 신지은 | 88 | 90 | 89 | | | | | |
| 12 | | | ❶ | | ❷ | | | | | |

2. [삽입] → [차트] → [원형] → [2차원 원형] → [원형 대 원형]을 선택한다.

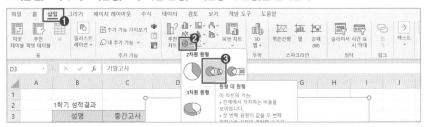

3. 차트가 생성되면 주어진 [B13:H27] 범위에 정확하게 위치시키기 위해서 **Alt**를 누른 채 드래그하여 크기를 조절한다.

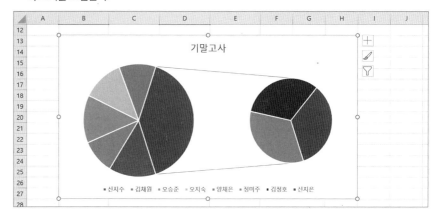

4. '차트 제목'을 선택한 후 수식 입력줄에 =를 입력하고 [B2] 셀을 선택한 후, **Enter**를 눌러 연동한다.

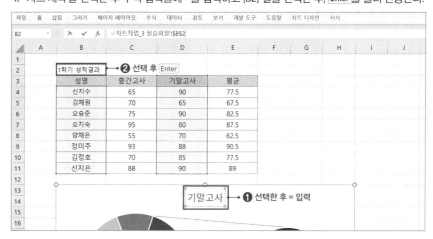

5. '차트 제목'을 선택하고 [서식] → [도형 스타일] → [테마 스타일] → '미세 효과 - 황금색, 강조 4'를 선택한다.

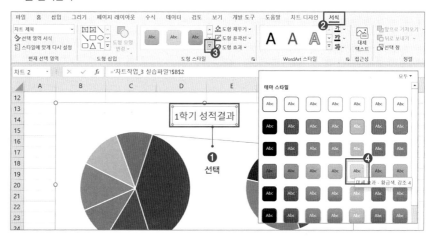

6. 둘째 영역 값 설정을 위해 임의의 계열을 더블클릭하여 [데이터 요소 서식] → [계열 옵션] → '둘째 영역 값'에 **5**, '간격 너비'에 **60%**를 입력하고 Enter를 누른다.

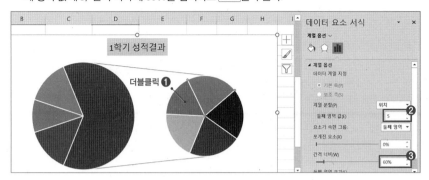

7. 데이터 레이블을 추가하기 위해 임의의 계열을 한 번 선택하고 마우스 오른쪽을 클릭한 후 [데이터 레이블 추가]를 선택한다.

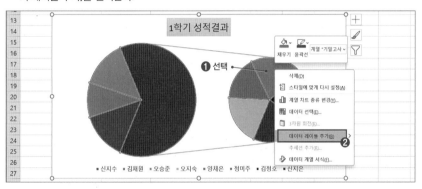

8. 주어진 그림처럼 데이터 레이블을 표시하기 위해 임의의 데이터 레이블을 클릭해 [데이터 레이블 서식] 창을 실행한 후 [레이블 옵션] → [레이블 내용] → [항목 이름]을 선택하고 [구분 기호] → '줄 바꿈'을 선택한다. [홈] → [글꼴]에서 '8'을 설정한다.

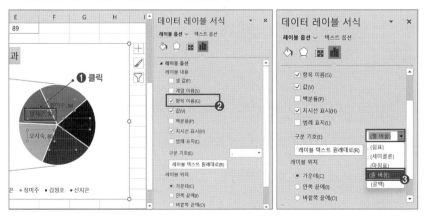

레이블이 자동으로 두 줄로 나눠 입력되어 있으면 줄 바꿈을 설정하지 않아도 된다.

9. '정미주' 항목을 두 번 클릭하여 '정미주' 항목만 선택한 후 [서식] → [도형 스타일] → [도형 효과] → [미리 설정] → '기본 설정 5'를 선택한다.

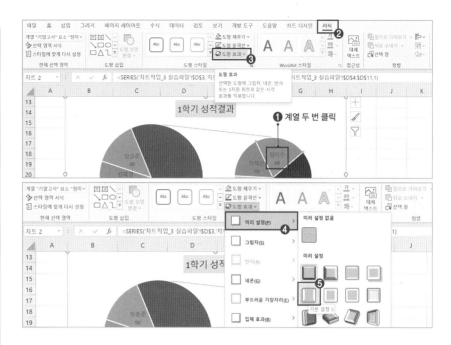

**10.** '차트 영역'을 선택한 후 [차트 디자인] → [차트 스타일] → [색 변경] → [단색형] → '단색 색상표 5'를 선택한다.

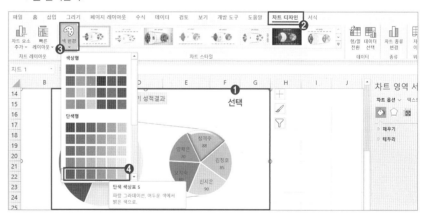

**11.** 차트의 계열선을 더블클릭하고 [계열선 서식] → [선] → [실선]을 선택하고, [색] → [표준 색] → '표준 색 – 파랑'을 선택한다.

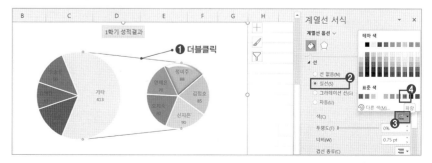

12. [계열선 서식] → '너비'에 **2**를 입력한 후 Enter 를 누르고, '대시 종류'는 '파선'을 선택한다.

# 3 실전 문제 마스터

www.ebs.co.kr/compass(엑셀 실습파일 다운로드)

**문제 1** '차트 작업_1 실습파일' 시트의 차트를 지시 사항에 따라 아래 그림과 같이 수정하시오. (각 2점)

※ 차트는 반드시 문제에서 제공한 차트를 사용해야 하며, 신규로 작성 시 0점 처리됨

① 차트 종류를 '묶은 세로 막대형'으로 변경하고 가로 (항목) 축 레이블을 상품명[C5:C12]만 표시되도록 설정하시오.
② 세로 (값) 축 단위를 그림과 같이 변경하시오.
③ '당월 판매량' 계열에 '지수' 추세선을 설정하시오.
④ 차트에 '기본 주 세로' 눈금선을 표시하고, 범례 표지가 없는 '데이터 표'를 지정하시오.
⑤ '범례'를 삭제한 후 전체 계열의 계열 겹치기를 '30%', 간격 너비를 '100%'로 설정하시오.

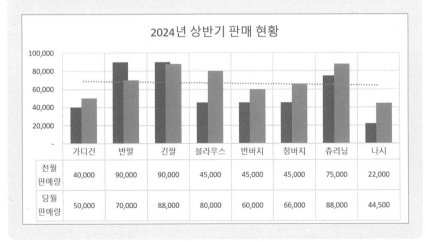

### 2024년 상반기 판매 현황

| | 가디건 | 반팔 | 긴팔 | 블라우스 | 반바지 | 청바지 | 츄리닝 | 나시 |
|---|---|---|---|---|---|---|---|---|
| 전월 판매량 | 40,000 | 90,000 | 90,000 | 45,000 | 45,000 | 45,000 | 75,000 | 22,000 |
| 당월 판매량 | 50,000 | 70,000 | 88,000 | 80,000 | 60,000 | 66,000 | 88,000 | 44,500 |

## [풀이]

1. '차트 영역'을 선택하고 마우스 오른쪽을 클릭한 후 [차트 종류 변경]을 선택한다.

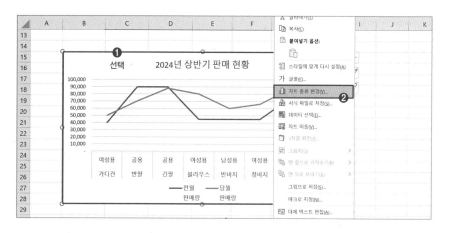

2. [차트 종류 변경] 대화 상자가 실행되면 [세로 막대형] → [묶은 세로 막대형]을 선택하고 확인을 클릭한다.

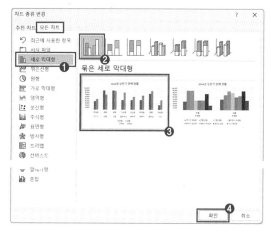

3. 가로 (항목) 축 레이블을 수정하기 위해 '차트 영역'을 선택하고 마우스 오른쪽을 클릭한 후 [데이터 선택]을 선택한다.

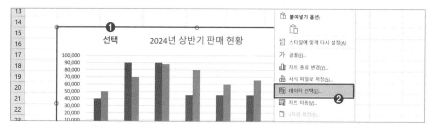

4. [데이터 원본 선택] 대화 상자가 실행되면 선택 '가로 (항목) 축 레이블' 편집을 클릭하고 [축 레이블] 대화 상자가 실행되면 '축 레이블 범위'에 워크시트의 [C5:C12] 범위를 선택한 후 확인을 클릭한다.

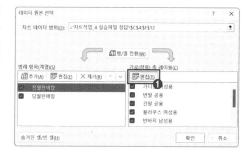

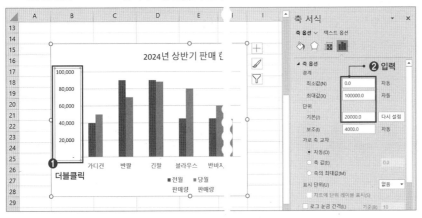

**5.** 차트에서 '세로 (값) 축'을 더블클릭하여 [축 서식] → [축 옵션]의 '최솟값'은 0, '최댓값'은 100000, '기본 단위'를 20000으로 입력하고 Enter를 누른다.

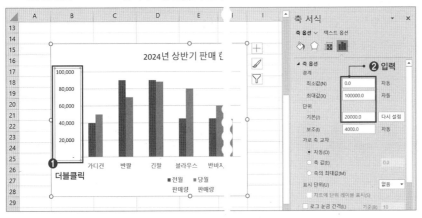

📢 표시 형식 수정이 필요하다면 [표시 형식] → [범주] → '회계', [기호] → '없음'을 선택한다.

**6.** '당월 판매량' 계열을 클릭한 후 마우스 오른쪽을 클릭하고 [추세선 추가]를 선택한다.

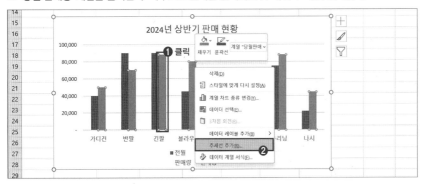

**7.** [추세선 추가]를 선택한 후 [추세선 서식] → [추세선 옵션] → '지수'를 선택하여 '지수' 추세선을 추가한다.

**8.** '차트 영역'을 선택한 후 [차트 요소]에서 [눈금선] → [기본 주 세로]를 선택하여 주 세로 눈금선을 추가한다.

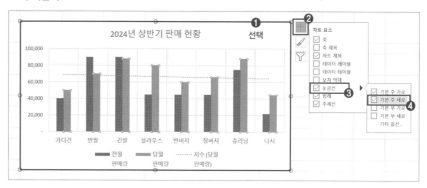

**9.** 다시 '차트 영역'을 선택한 후 [차트 요소]에서 [데이터 테이블] → [범례 표지 없음]을 선택하여 데 이터 표를 추가한다.

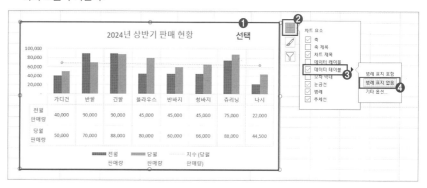

**10.** '범례'를 선택한 후 Delete 를 눌러 삭제한다. 임의의 계열을 더블클릭하여 [데이터 계열 서식] → [계열 옵션] → '계열 겹치기'에 **30%**, '간격 너비'에 **100%**를 입력하고 Enter 를 누른다.

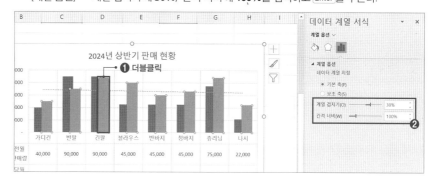

---

**문제 2**  '차트 작업_2 실습파일' 시트의 차트를 지시 사항에 따라 아래 그림과 같이 수정하시오. (각 2점)

※ 차트는 반드시 문제에서 제공한 차트를 사용해야 하며, 신규로 작성 시 0점 처리됨

① '아반떼' 요소가 제거되도록 데이터 범위를 수정하시오.
② 차트 종류를 '3차원 묶은 세로 막대형'으로 변경하고 '여자' 계열만 '원통형' 차트로 변경하시오.
③ '3차원 회전'에서 직각으로 축을 고정하고, 간격 깊이는 '150%', 간격 너비는 '100%'로 설정하시오.
④ 차트 제목은 [B3] 셀을 연동하여 설정하고, 축 제목은 그림과 같이 입력한 후 축 제목의 텍스트 방향을 '스택형'으로 지정하시오.
⑤ '차트 밑면'을 '미세 효과 – 파랑, 강조 1'의 서식을 적용하고, 차트 영역의 테두리를 '색 윤곽선 – 파랑, 강조 1'로 적용하시오.

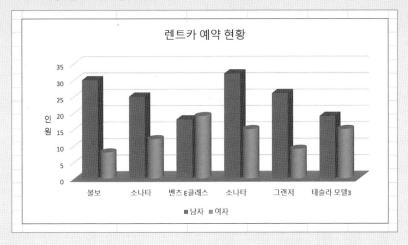

## [풀이]

1. '차트 영역'을 선택한 후 마우스 오른쪽을 클릭하고 [데이터 선택] 메뉴를 선택한다.

   [데이터 원본 선택] 대화 상자가 실행되면 행/열 전환 을 클릭하고 '범례 항목(계열)'에서 '아반떼' 항목을 선택한 후 제거 를 클릭해 삭제하고 다시 행/열 전환 을 클릭한 후 확인 을 클릭한다.

   차트 데이터 범위 수정: [C5] 셀을 선택한 후 Ctrl 을 누른 채 [C6:C7] 범위, [C9:C12] 범위, [E5:F5] 범위, [E6:F7] 범위, [E9:E12] 범위를 순서대로 드래그하고 행/열 전환 을 클릭한 후 확인 을 클릭해 수정할 수도 있다.

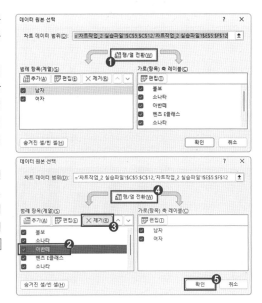

2. '차트 영역'을 선택하고 마우스 오른쪽을 클릭한 후 [차트 종류 변경]을 선택한다. [차트 종류 변경] 대화 상자가 실행되면 [세로 막대형] → [3차원 묶은 세로 막대형]을 선택하고 확인을 클릭한다.

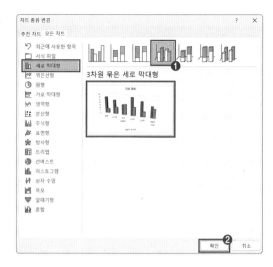

3. 차트에서 '여자' 계열을 더블클릭하고 [데이터 계열 서식] → [계열 옵션] → '세로 막대 모양'에서 '원통형'을 선택한다.

2차원/3차원 차트의 데이터 계열 종류 변경 방법
 - 일반 2차원 차트: 변경할 계열 선택한 후 마우스 오른쪽을 클릭하고 [계열 차트 종류 변경] 메뉴를 선택한다.
 - 3차원 차트: 변경할 계열을 더블클릭한 후 [데이터 계열 서식] → '세로 막대 모양'에서 변경한다.

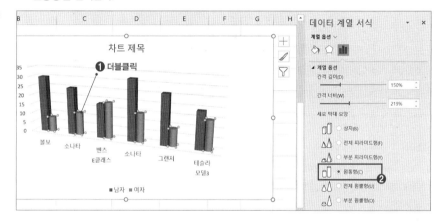

4. '차트 영역'을 선택하고 마우스 오른쪽을 클릭한 후 [3차원 회전]을 선택한다.

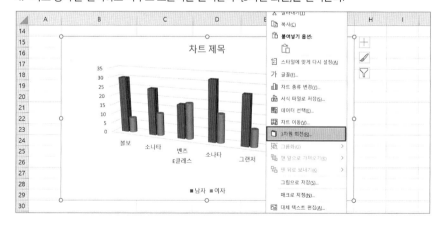

5. [차트 영역 서식]이 실행되면 [3차원 회전] → '직각으로 축 고정'을 선택한다.

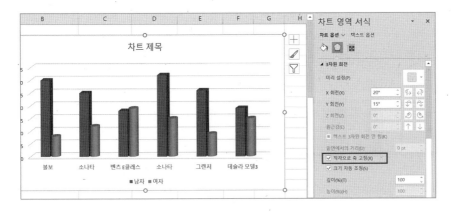

6. 임의의 계열을 선택한 후 [데이터 계열 서식] → [계열 옵션] → '간격 깊이'에 **150**, '간격 너비'에 **100**을 입력하고 Enter 를 누른다.

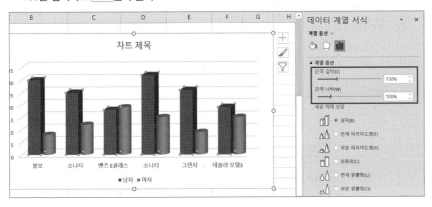

7. '차트 제목'을 선택하고 수식 입력줄에 **=**를 입력한 후 [B3] 셀을 선택하고 Enter 를 누른다.

8. '차트 영역'을 선택한 후 [차트 요소] → [축 제목] → [기본 세로]를 선택한다.

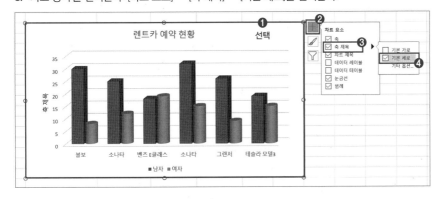

9. '축 제목'에 **인원**을 입력한 후 축 제목 테두리를 더블클릭하여 [축 제목 서식] → [텍스트 옵션] → [텍스트 상자] → [텍스트 방향] → '스택형'을 선택한다.

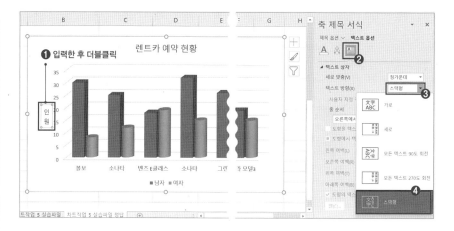

**10.** 차트의 '밑면'을 선택한 후 [서식] → [도형 스타일] → [테마 스타일] → '미세 효과 – 파랑, 강조 1'
을 선택한다.

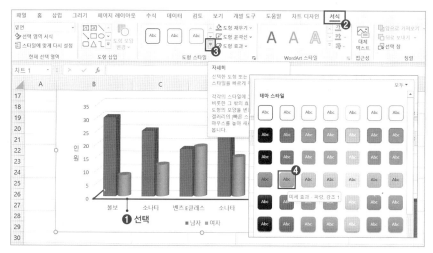

**11.** '차트 영역'을 선택한 후 [서식] → [도형 스타일] → [테마 스타일] → '색 윤곽선 – 파랑, 강조 1'을
선택한다.

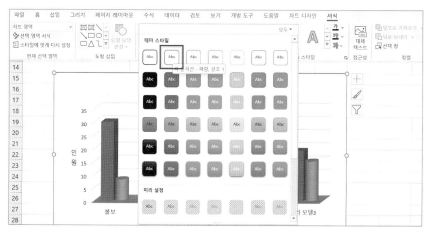

**문제 3** '차트 작업_3 실습파일' 시트의 차트를 지시 사항에 따라 아래 그림과 같이 수정하시오. (각 2점)

※ 차트는 반드시 문제에서 제공한 차트를 사용해야 하며, 신규로 작성 시 0점 처리됨

① 그림을 참조하여 C반의 '국어', '수학 가형', '수학 나형', '영어'가 차트에 표시될 수 있도록 데이터 범위를 추가하시오.
② 그림을 참조하여 B반의 표식(네모, 크기 7)을 설정하시오.
③ 그림을 참조하여 차트 구성 요소 중 '방사형 (값) 축'이 보이지 않도록 설정하시오.
④ '범례'의 위치는 '오른쪽', 범례 테두리에 '그림자(오프셋: 오른쪽 아래)', 채우기에 '흰색, 배경 1', 테두리 색은 '실선 – 검정'을 설정하시오.
⑤ '차트 영역'을 '미세 효과 – 검정, 어둡게 1'로 설정하시오.

[풀이]

1. [B8:F8] 범위를 선택하고 복사(Ctrl + C)한 후, 차트를 선택하고 붙여넣기(Ctrl + V)하여 C반을 추가한다.

2. 'C반'의 범례 항목(계열)을 제외한 나머지 계열의 이름을 편집하기 위해 차트를 선택하고 마우스 오른쪽을 클릭해 [데이터 선택]을 선택한다. [데이터 원본 선택] 대화 상자가 실행되면 '범례 항목 (계열)'에서 '계열1'을 선택한 후 편집을 클릭하고, [계열 편집] 대화 상자가 실행되면 '계열 이름'

에 [B6] 셀을 선택하고 확인 을 클릭하여 'A반' 계열 수정을 완료한다. 나머지 계열도 같은 방법으로 [계열 편집] 대화 상자의 '계열 이름'을 수정한다. 이때 '계열2'는 [B7] 셀을 선택하여 'B반'으로 변경, '계열3'은 [B9] 셀을 선택하여 'D반'으로 변경한다.

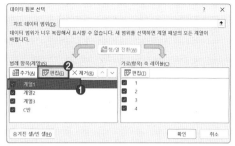

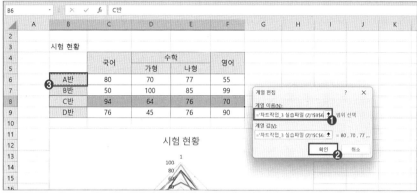

3. '범례 항목(계열)'에서 'C반'을 선택하고 화살표를 눌러 한 단계 위로 이동시킨다.

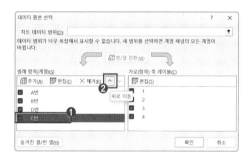

4. [데이터 원본 선택] 대화 상자의 '가로(항목) 축 레이블' 편집 을 클릭하고 [축 레이블] 대화 상자가 실행되면 '축 레이블 범위'에 [C4:F5]를 드래그하여 입력한 후 확인 을 클릭한다.

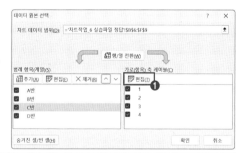

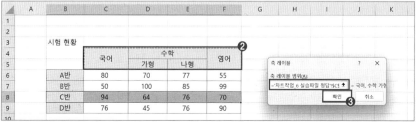

5. 'B반'의 계열 꼭짓점 부분을 더블클릭하여 [데이터 계열 서식]을
   실행한다. [계열 옵션] → [채우기 및 선] → [표식] → [표식 옵
   션] → '기본 제공'을 선택하고 형식은 네모(■), 크기는 7을 선택
   하고 Enter를 누른다.

6. '방사형 (값) 축'을 선택하고 [축 서식] → [축 옵션] → [레이블] → [레이블 위치] → '없음'을 선택한다.

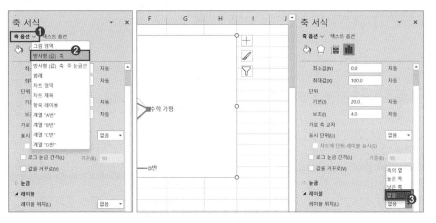

– '축의 레이블의 위치'를
  '없음'으로 설정하면 차트
  구성 요소에 남아 있으면
  서 축이 차트에 보이지 않
  는다.
– 축을 Delete로 삭제하면
  차트 구성 요소에 남아 있
  지 않고 차트에서도 보이
  지 않는다.

7. '범례'를 선택하고 [범례 서식] → [범례 옵션] → [범례 위치]에서 '오른쪽'을 선택한다.

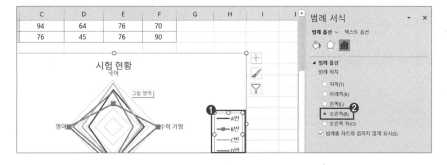

8. [범례 서식] → [효과] → [그림자] → [미리 설정] → '오프셋: 오른쪽 아래'를 선택한다.

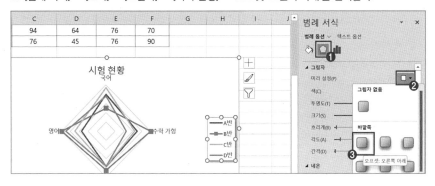

9. [범례 서식] → [범례 옵션] → [채우기 및 선] → [채우기] → [단색 채우기] → '흰색, 배경 1'을 선택하고, [테두리] → [실선] → '검정, 텍스트 1'을 선택한다.

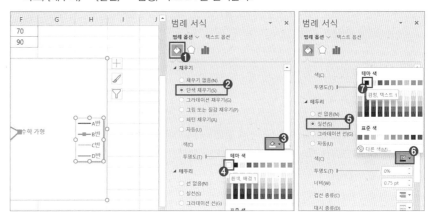

10. '차트 영역'을 선택한 후 [서식] → [도형 스타일] → [테마 스타일] → '미세 효과 - 검정, 어둡게 1'을 선택한다.

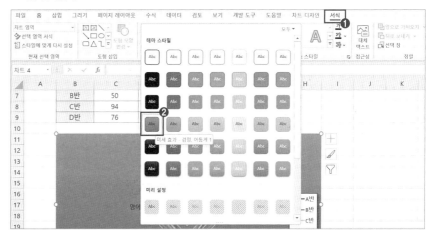

---

**문제 4**  '차트 작업_4 실습파일' 시트의 차트를 지시 사항에 따라 아래 그림과 같이 생성하시오. (각 2점)

※ 차트는 반드시 문제에서 제공한 차트를 사용해야 하며, 신규로 작성 시 0점 처리됨

① '모델명'별로 '2025년'과 '증감'의 데이터를 이용하여 '묶은 가로 막대형'으로 [B12:H26] 영역에 차트를 생성하시오.
② '증감' 계열을 '누적 꺾은선형'으로 표시하시오.
③ '차트 제목'과 '축 제목'은 그림과 같이 표시되도록 하고, 범례의 위치는 '위쪽'으로 설정하시오.
④ 그림을 참조하여 축 데이터 순서를 수정하시오.
⑤ 차트의 눈금선을 삭제하고, 차트 영역의 테두리 스타일은 '둥근 모서리'로 설정하시오.

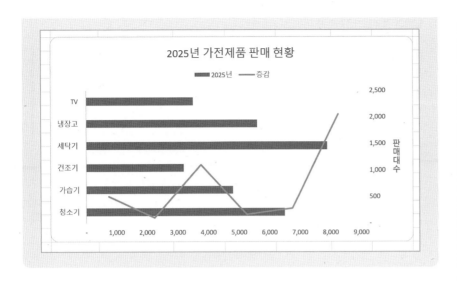

## [풀이]

**1.** [B3:B9] 범위를 선택한 후 Ctrl 를 누른 채 [E3:F9] 범위를 선택한다.

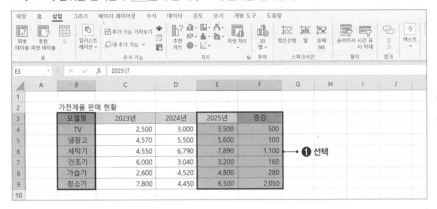

**2.** [삽입] → [차트] → [세로 또는 가로 막대형 차트 삽입] → [2차원 가로 막대형] → '묶은 가로 막대형'을 선택한 후 주어진 [B12:H26] 범위에 정확하게 위치시키기 위해서 Alt 를 누른 채 드래그하여 크기를 조절한다.

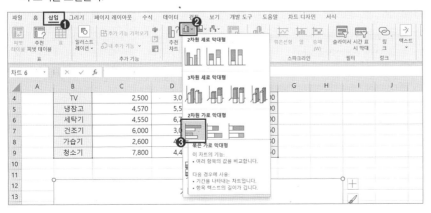

3. 임의의 계열을 선택한 후 마우스 오른쪽을 클릭하고 [계열 차트 종류 변경] 메뉴를 선택한다. [차트 종류 변경] 대화 상자가 실행되면 '증감' 계열의 차트 종류는 '누적 꺾은선형'을 선택하고 확인 을 클릭한다.

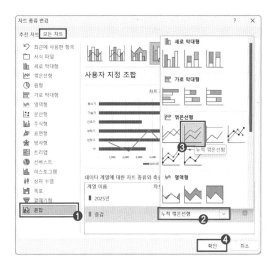

4. '차트 제목'에 **2025년 가전제품 판매 현황**이라고 입력하여 차트 제목을 완성한다. 차트를 선택하고 [차트 요소] → [축 제목] → [보조 세로]를 선택하여 '보조 세로 (값) 축 제목'을 선택한다.

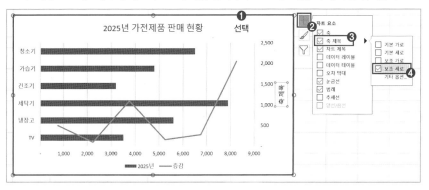

5. '축 제목'에 **판매대수**라고 입력하여 축 제목을 완성한다. 테두리를 더블클릭하고 [축 제목 서식] 창 → [텍스트 옵션] → [텍스트 상자] → [텍스트 방향] → '세로'를 선택하여 텍스트 방향을 수정한다.

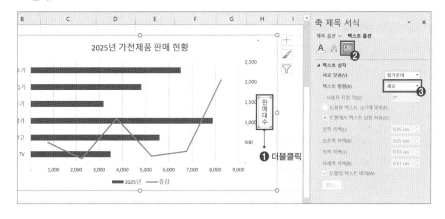

6. '범례'를 선택한 후 [범례 서식] → [범례 옵션] → [범례 위치] → '위쪽'을 선택한다.

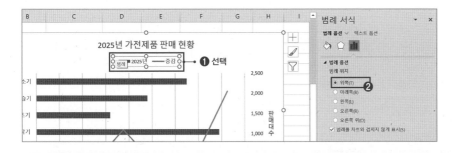

7. '세로 축'을 선택한 후 [축 서식] → [축 옵션] → [가로 축 교차] → '최대 항목'을 선택하고, [축 위치]
   → '항목을 거꾸로'로 선택하여 순서를 변경한다.

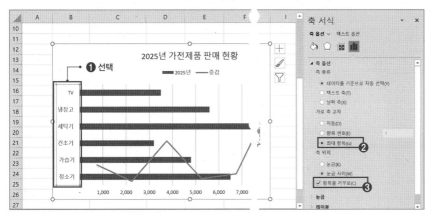

8. 차트의 '주 눈금선'을 선택한 후 Delete 를 눌러 삭제한다. '차트 영역'을 선택하고 [차트 영역 서식]
   → [차트 옵션] → [채우기 및 선] → [테두리] → '둥근 모서리'를 선택한다.

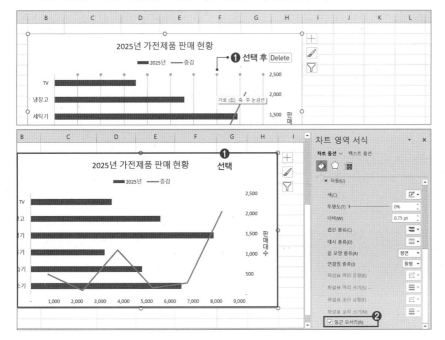

이론에서 실전까지
기초에서 심화까지
교재에서 모바일까지

**한 번**에 **만**나는 컴퓨터활용능력 수험서

한 · 번 · 만

**EBS** 컴퓨터활용능력 **2급** 실기

# 한.번.더. 최신 기출문제

# 한.번.만. 모의고사

www.ebs.co.kr/compass

# 2024년 상공회의소 샘플 A형

01

| 프로그램명 | 제한시간 |
|---|---|
| EXCEL 2021 | 40분 |

수험번호 :

성    명 :

| 2급 | A형 |
|---|---|

## < 유 의 사 항 >

■ 인적 사항 누락 및 잘못 작성으로 인한 불이익은 수험자 책임으로 합니다.

■ 화면에 암호 입력 창이 나타나면 아래의 암호를 입력하여야 합니다.
  ○ **암호: 6752$2**

■ 작성된 답안은 주어진 경로 및 파일명을 변경하지 마시고 그대로 저장해야 합니다.
  이를 준수하지 않으면 실격 처리됩니다.
  **답안 파일명의 예: C:₩OA₩수험번호8자리.xlsm**

■ **외부 데이터 위치: C:₩OA₩파일명**

■ 별도의 지시 사항이 없는 경우, 다음과 같이 처리 시 실격 처리됩니다.
  ○ 제시된 시트 및 개체의 순서나 이름을 임의로 변경한 경우
  ○ 제시된 시트 및 개체를 임의로 추가 또는 삭제한 경우
  ○ 외부데이터를 시험 시작 전에 열어본 경우

■ 답안은 반드시 문제에서 지시 또는 요구한 셀에 입력하여야 하며 다음과 같이 처리 시 채점 대상에서 제외됩니다.
  ○ 제시된 함수가 있을 경우 제시된 함수만을 사용하여야 하며 그 외 함수 사용 시 채점 대상에서 제외
  ○ 수험자가 임의로 지시하지 않은 셀의 이동, 수정, 삭제, 변경 등으로 인해 셀의 위치 및 내용이 변경된 경우 해당 작업에 영향을 미치는 관련 문제 모두 채점 대상에서 제외
  ○ 도형 및 차트의 개체가 중첩되어 있거나 동일한 계산 결과 시트가 복수로 존재할 경우 해당 개체나 시트는 채점 대상에서 제외

■ 수식 작성 시 제시된 문제 파일의 데이터는 변경 가능한(가변적) 데이터임을 감안하여 문제 풀이를 하시오.

■ 별도의 지시 사항이 없는 경우, 주어진 각 시트 및 개체의 설정값 또는 기본 설정값(Default)으로 처리하시오.

■ 저장 시간은 별도로 주어지지 않으므로 제한된 시간 내에 저장을 완료해야 하며, 제한 시간 내에 저장이 되지 않은 경우에는 실격 처리됩니다.

■ 출제된 문제의 용어는 MS Office LTSC Professional Plus 2021 버전으로 작성되어 있습니다.

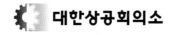

대한상공회의소

## 문제 1    기본 작업(20점)   주어진 시트에서 다음 과정을 수행하고 저장하시오.

1. '기본 작업-1' 시트에 다음의 자료를 주어진 대로 입력하시오. (5점)

| | A | B | C | D | E | F |
|---|---|---|---|---|---|---|
| 1 | 교원확보율 | | | | | |
| 2 | | | | | | |
| 3 | 학과코드 | 학과명 | 전체 학생수 | 전체교원 | 정원/전임(겸임) | 전임비율 |
| 4 | KA-45267 | 경영정보과 | 140 | 6명 | 6/3(3) | 50.00% |
| 5 | SQ-89163 | 사회복지과 | 150 | 7명 | 7/4(3) | 57.14% |
| 6 | TB-37245 | 유아교육과 | 210 | 9명 | 9/6(3) | 66.67% |
| 7 | AV-32896 | 정보통신과 | 150 | 8명 | 8/3(5) | 37.50% |
| 8 | CT-92578 | 컴퓨터공학과 | 105 | 4명 | 7/3(1) | 75.00% |
| 9 | PW-41283 | 식품생명공학과 | 120 | 7명 | 7/5(2) | 71.43% |

2. '기본 작업-2' 시트에 대하여 다음의 지시 사항을 처리하시오. (각 2점)

① [A1:F1] 영역은 '병합하고 가운데 맞춤', 글꼴 '맑은 고딕', 글꼴 크기 '16', 글꼴 스타일 '굵게', 밑줄 '이중 실선'으로 지정하시오.

② [A4:A6], [A7:A9], [B4:B6], [F4:F6], [F7:F9] 영역은 '병합하고 가운데 맞춤'을 지정하고, [A3:F3] 영역에 셀 스타일 '파랑, 강조색5'를 적용하시오.

③ [C4:C6] 영역은 사용자 지정 표시 형식을 이용하여 문자 뒤에 '%'를 [표시 예]와 같이 표시하시오.
   [ 표시 예: 80~90 → 80~90% ]

④ [D4:D9] 영역의 이름을 '배점'으로 정의하시오.

⑤ [A3:F9] 영역에 '모든 테두리(田)'를 적용한 후 '굵은 바깥쪽 테두리(⬚)'를 적용하여 표시하시오.

3. '기본 작업-3' 시트에서 다음의 지시 사항을 처리하시오. (5점)

[A4:H18] 영역에서 학번이 '2019'로 시작하는 행 전체에 대하여 글꼴 색을 '표준 색 – 빨강'으로 지정하는 조건부 서식을 작성하시오.
▶ LEFT 함수 사용
▶ 단, 규칙 유형은 '수식을 사용하여 서식을 지정할 셀 결정'을 사용하고, 한 개의 규칙으로만 작성하시오.

## 문제 2    계산 작업(40점)   '계산 작업' 시트에서 다음 과정을 수행하고 저장하시오.

1. [표1]에서 응시일[C3:C9]이 월요일부터 금요일이면 '평일', 그 외에는 '주말'로 요일[D3:D9]에 표시하시오. (8점)

▶ 단, 요일 계산 시 월요일이 1인 유형으로 지정
▶ IF, WEEKDAY 함수 사용

2. [표2]에서 중간고사[G3:G9], 기말고사[H3:H9]와 학점기준표[G12:K14]를 참조하여 학점[I3:I9]을 계산하시오. (8점)

▶ 평균은 각 학생의 중간고사와 기말고사로 구함
▶ AVERAGE, HLOOKUP 함수 사용

3. [표3]에서 학과[A14:A21]가 '경영학과'인 학생들의 평점에 대한 평균을 [D24] 셀에 계산하시오. (8점)

   ▶ 평균은 소수점 이하 셋째 자리에서 반올림하여 둘째 자리까지 표시 [ 표시 예: 3.5623 → 3.56 ]
   ▶ 조건은 [A24:A25] 영역에 입력하시오.
   ▶ DAVERAGE, ROUND 함수 사용

4. [표4]에서 커뮤니케이션[B29:B35], 회계[C29:C35], 경영전략[D29:D35]이 모두 70 이상인 학생 수를 [D37] 셀에 계산하시오. (8점)

   ▶ COUNT, COUNTIF, COUNTIFS 중 알맞은 함수 사용

5. [표5]에서 학과[F29:F36]의 앞 세 문자와 입학일자[G29:G36]의 연도를 이용하여 입학코드[H29:H36]를 표시하시오. (8점)

   ▶ 학과의 첫 글자만 대문자로 표시
      [ 표시 예: 학과가 'HEALTHCARE', 입학일자가 '2021-03-01'인 경우 → Hea2021 ]
   ▶ LEFT, PROPER, YEAR 함수와 & 연산자 사용

## 문제 3　분석 작업(20점)　주어진 시트에서 다음 작업을 수행하고 저장하시오.

1. '분석 작업-1' 시트에 대하여 다음의 지시 사항을 처리하시오. (10점)

   [부분합] 기능을 이용하여 '소양인증포인트 현황' 표에 <그림>과 같이 학과별 '합계'의 최대를 계산한 후 '기본영역', '인성봉사', '교육훈련'의 평균을 계산하시오.
   ▶ 정렬은 '학과'를 기준으로 오름차순으로 처리하시오.
   ▶ 최대와 평균은 위에 명시된 순서대로 처리하시오.

| | A | B | C | D | E | F |
|---|---|---|---|---|---|---|
| 1 | **소양인증포인트 현황** | | | | | |
| 2 | | | | | | |
| 3 | **학과** | **성명** | **기본영역** | **인성봉사** | **교육훈련** | **합계** |
| 4 | 경영정보 | 정소영 | 85 | 75 | 75 | 235 |
| 5 | 경영정보 | 주경철 | 85 | 85 | 75 | 245 |
| 6 | 경영정보 | 한기철 | 90 | 70 | 85 | 245 |
| 7 | **경영정보 평균** | | 87 | 77 | 78 | |
| 8 | **경영정보 최대값** | | | | | 245 |
| 9 | 유아교육 | 강소미 | 95 | 65 | 65 | 225 |
| 10 | 유아교육 | 이주현 | 100 | 90 | 80 | 270 |
| 11 | 유아교육 | 한보미 | 80 | 70 | 90 | 240 |
| 12 | **유아교육 평균** | | 92 | 75 | 78 | |
| 13 | **유아교육 최대값** | | | | | 270 |
| 14 | 정보통신 | 김경호 | 95 | 75 | 95 | 265 |
| 15 | 정보통신 | 박주영 | 85 | 50 | 80 | 215 |
| 16 | 정보통신 | 임정민 | 90 | 80 | 60 | 230 |
| 17 | **정보통신 평균** | | 90 | 68 | 78 | |
| 18 | **정보통신 최대값** | | | | | 265 |
| 19 | **전체 평균** | | 89 | 73 | 78 | |
| 20 | **전체 최대값** | | | | | 270 |
| 21 | | | | | | |

**2.** '분석 작업-2' 시트에 대하여 다음의 지시 사항을 처리하시오. (10점)

데이터 도구 [통합] 기능을 이용하여 [표1], [표2], [표3]에 대한 학과별 '정보인증', '국제인증', '전공인증'의 합계를 [표4]의 [G5:I8] 영역에 계산하시오.

---

**문제 4** **기타 작업(20점)** 주어진 시트에서 다음 작업을 수행하고 저장하시오.

**1.** '매크로 작업' 시트의 [표]에서 다음과 같은 기능을 수행하는 매크로를 현재 통합 문서에 작성하고 실행하시오. (각 5점)

① [E4:E8] 영역에 총점을 계산하는 매크로를 생성하여 실행하시오.
   ▶ 매크로 이름: 총점                          ▶ 총점 = 소양인증 + 직무인증
   ▶ [개발 도구] → [컨트롤] → [삽입] → [양식 컨트롤]의 '단추'를 동일 시트의 [G3:H4] 영역에 생성하고, 텍스트를 '총점'으로 입력한 후 단추를 클릭할 때 '총점' 매크로가 실행되도록 설정하시오.

② [A3:E3] 영역에 채우기 색으로 '표준 색 − 노랑'을 적용하는 매크로를 생성하여 실행하시오.
   ▶ 매크로 이름: 채우기
   ▶ [삽입] → [일러스트레이션] → [도형] → [기본 도형]의 '사각형: 빗면(□)'을 동일 시트의 [G6:H7] 영역에 생성하고, 텍스트를 '채우기'로 입력한 후 도형을 클릭할 때 '채우기' 매크로가 실행되도록 설정하시오.

※ 셀 포인터의 위치에 상관없이 현재 통합 문서에서 매크로가 실행되어야 정답으로 인정됨

**2.** '차트 작업' 시트의 차트를 지시 사항에 따라 아래 그림과 같이 수정하시오. (각 2점)

※ 차트는 반드시 문제에서 제공한 차트를 사용하여야 하며, 신규로 작성 시 0점 처리됨

① '합계' 계열과 '2020년' 요소가 제거되도록 데이터 범위를 수정하시오.
② 차트 종류를 '누적 세로 막대형'으로 변경하시오.
③ 차트 제목은 '차트 위'로 지정한 후 [A1] 셀과 연동되도록 설정하시오.
④ '근로장학' 계열에만 데이터 레이블 '값'을 표시하고, 레이블의 위치를 '안쪽 끝에'로 설정하시오.
⑤ 차트 영역의 테두리에는 '둥근 모서리'를 설정하시오.

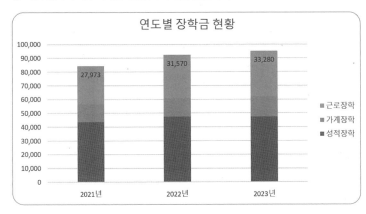

**문제 1** 기본 작업(20점)

**1. '기본 작업-1' 정답**  <생략>

**2. '기본 작업-2' 정답**

| | A | B | C | D | E | F |
|---|---|---|---|---|---|---|
| 1 | | | 인성인증 항목 및 배점표 | | | |
| 2 | | | | | | |
| 3 | 인증영역 | 인증항목 | 내용 | 배점 | 회수 | 최대배점 |
| 4 | 기본영역 | 출석률 | 95~100% | 45 | 2 | 90 |
| 5 | | | 90~95% | 40 | 2 | |
| 6 | | | 80~89% | 40 | 2 | |
| 7 | 인성점수 | 문화관람 | 영화/연극/전시회 | 3 | 10 | 30 |
| 8 | | 헌혈 | 헌혈참여 | 10 | 5 | |
| 9 | | 교외봉사 | 봉사시간 | 2 | 35 | |

① [A1:F1] 범위를 선택한 후 [홈] → [맞춤] → [병합하고 가운데 맞춤]을 선택하고, [홈] → [글꼴] → [글꼴] → '맑은 고딕', [글꼴 크기] → '16', [굵게], [밑줄] → '이중 밑줄'을 선택한다.

② [A4:A6] 범위를 선택한 후 Ctrl 을 누른 채 [A7:A9], [B4:B6], [F4:F6], [F7:F9]를 선택하고 [홈] → [맞춤] → [병합하고 가운데 맞춤]을 선택한다. [A3:F3] 범위를 선택한 후 [홈] → [스타일] → [셀 스타일] → '파랑, 강조색5'를 선택해 지정한다.

③ [C4:C6] 범위를 선택한 후 Ctrl + 1 을 눌러 [셀 서식] 대화 상자를 실행한다. [표시 형식 → '사용자 지정' 범주를 선택한 후 형식 입력 창에 @"%"를 입력하고 확인 을 클릭한다.

📣 숫자 데이터 사이에 특수 문자(~)가 포함되어 [C4:C6] 범위는 문자이므로 @ 서식 코드와 함께 문자 뒤에 %는 큰따옴표로 묶어서 "%"로 표현한다.

④ [D4:D9] 범위를 선택한 후 이름 상자에 **배점**을 입력하고 Enter 를 누른다.

⑤ [A3:F9] 범위를 선택한 후 [홈] → [글꼴] → [테두리] → '모든 테두리'를 선택하고, 이어서 [테두리] → '굵은 바깥쪽 테두리'를 선택한다.

**3. '기본 작업-3' 정답**

| | A | B | C | D | E | F | G | H |
|---|---|---|---|---|---|---|---|---|
| 1 | 컴퓨터활용 성적 | | | | | | | |
| 2 | | | | | | | | |
| 3 | 학번 | 이름 | 중간 | 중간(40) | 기말 | 기말(40) | 출석(20) | 합계 |
| 4 | 201713056 | 김대훈 | 25 | 63 | 15 | 58 | 18 | 66 |
| 5 | 201809060 | 김세인 | 68 | 84 | 10 | 55 | 16 | 72 |
| 6 | 201621010 | 김송희 | 38 | 69 | 8 | 54 | 18 | 67 |
| 7 | 201618036 | 김은지 | 30 | 65 | 30 | 65 | 20 | 72 |
| 8 | 201915093 | 김지수 | 88 | 94 | 90 | 95 | 20 | 96 |
| 9 | 201714036 | 박병재 | 44 | 72 | 5 | 53 | 18 | 68 |
| 10 | 201830056 | 박준희 | 43 | 71 | 20 | 60 | 16 | 69 |
| 11 | 201809025 | 박하늘 | 25 | 63 | 20 | 60 | 16 | 65 |
| 12 | 201906050 | 윤경운 | 88 | 94 | 50 | 75 | 16 | 84 |
| 13 | 201618046 | 이다정 | 88 | 94 | 80 | 90 | 20 | 94 |
| 14 | 201915058 | 이종희 | - | 50 | 10 | 55 | 18 | 60 |
| 15 | 201915087 | 임천규 | 50 | 75 | 40 | 70 | 20 | 78 |
| 16 | 201702075 | 임태현 | 20 | 60 | 15 | 58 | 20 | 67 |
| 17 | 201915065 | 최서현 | 50 | 75 | 40 | 70 | 20 | 78 |
| 18 | 201820030 | 홍주희 | 34 | 67 | 10 | 55 | 16 | 65 |

=LEFT($A4,4)="2019"

① [A4:H18] 범위를 선택한 후 [홈] → [스타일] → [조건부 서식] → [새 규칙]을 선택한다.

② [새 서식 규칙] 대화 상자가 실행되면 '수식을 사용하여 서식을 지정할 셀 결정' 입력 창에 =LEFT($A4,4)="2019"를 입력하고 서식 을 클릭한다. 이때 행 전체에 대해서 서식을 지정하기 위해서는 셀의 열을 고정한다.

📣 LEFT 함수는 문자열 추출 함수이다. 따라서 찾는 값 2019에 큰따옴표를 입력해=LEFT($A4,4)="2019"로 입력한다.

③ [글꼴] - '표준 색 - 빨강'을 선택하고 확인 을 클릭한다.

**문제 2** 계산 작업(40점)

**1. 정답**

| | A | B | C | D | E |
|---|---|---|---|---|---|
| 1 | [표1] 자격증 응시일 | | | | |
| 2 | 응시지역 | 성명 | 응시일 | 요일 | |
| 3 | 광주 | 김종민 | 2022-12-06 | 평일 | |
| 4 | 서울 | 강원철 | 2023-05-14 | 주말 | |
| 5 | 안양 | 이진수 | 2022-09-26 | 평일 | |
| 6 | 부산 | 박정민 | 2023-03-09 | 평일 | |
| 7 | 인천 | 한수경 | 2023-06-03 | 주말 | |
| 8 | 제주 | 유미진 | 2023-05-12 | 평일 | |
| 9 | 대전 | 정미영 | 2022-09-17 | 주말 | |

[D3] 셀에 **=IF(WEEKDAY(C3,2)<=5,"평일","주말")** 수식을 입력하고 [D9] 셀까지 수식을 복사한다.

- WEEKDAY(C3,2): 응시일[C3]의 요일값을 2번 형식의 숫자 값으로 반환한다.(월요일 1, 화요일 2, 수요일 3, ⋯ 일요일 7)
- IF(WEEKDAY(C3,2)<=5,"평일","주말"): WEEKDAY로 구한 숫자 값이 5 이하이면 "평일"을 입력하고, 그 외는 "주말"을 입력한다.

## 2. 정답

| | F | G | H | I | J | K |
|---|---|---|---|---|---|---|
| 1 | [표2] | | | | | |
| 2 | 성명 | 중간고사 | 기말고사 | 학점 | | |
| 3 | 김미정 | 85 | 90 | B | | |
| 4 | 서진수 | 65 | 70 | D | | |
| 5 | 박주영 | 70 | 95 | B | | |
| 6 | 원영현 | 90 | 75 | B | | |
| 7 | 오선영 | 60 | 75 | D | | |
| 8 | 최은미 | 95 | 85 | A | | |
| 9 | 박진희 | 70 | 85 | C | | |
| 10 | | | | | | |
| 11 | 학점기준표 | | | | | |
| 12 | 평균 | 0 이상 | 60 이상 | 70 이상 | 80 이상 | 90 이상 |
| 13 | | 60 미만 | 70 미만 | 80 미만 | 90 미만 | 100 이하 |
| 14 | 학점 | F | D | C | B | A |

[I3] 셀에 **=HLOOKUP(AVERAGE(G3:H3),$G$12:$K$14,3,TRUE)** 수식을 입력하고 [I9] 셀까지 수식을 복사한다.

- AVERAGE(G3:H3): 각 사람별 중간고사와 기말고사의 평균을 구한다.
- HLOOKUP(AVERAGE(G3:H3),$G$12:$K$14,3,TRUE): AVERAGE로 구한 평균값을 [$G$12:$K$14] 범위의 첫 행에서 유사한 값(TRUE)으로 검색한 다음 3번째 행에서 학점을 찾는다.

## 3. 정답

| | A | B | C | D | E | F |
|---|---|---|---|---|---|---|
| 12 | [표3] | | | | | |
| 13 | 학과 | 성명 | 생년월일 | 평점 | | |
| 14 | 컴퓨터학과 | 유창상 | 2005-10-20 | 3.45 | | |
| 15 | 경영학과 | 김현수 | 2004-03-02 | 4.02 | | |
| 16 | 경영학과 | 한경수 | 2004-08-22 | 3.67 | | |
| 17 | 컴퓨터학과 | 정수연 | 2002-01-23 | 3.89 | | |
| 18 | 정보통신과 | 최경철 | 2005-05-12 | 3.12 | | |
| 19 | 정보통신과 | 오태환 | 2006-07-05 | 3.91 | | |
| 20 | 컴퓨터학과 | 임장미 | 2005-10-26 | 4.15 | | |
| 21 | 경영학과 | 이민호 | 2003-06-27 | 3.52 | | |
| 22 | | | | | | |
| 23 | 조건 | | | | | |
| 24 | 학과 | 경영학과 평균 평점 | | 3.74 | | |
| 25 | 경영학과 | | | | | |

[A24] 셀에는 **학과**, [A25] 셀에는 **경영학과**를 입력해 조건을 완성하고 [D24] 셀에 **=ROUND(DAVERAGE(A13:D21,D13,A24:A25),2)** 수식을 입력한다.

- DAVERAGE(A13:D21,D13,A24:A25): 데이터베이스[A13:D21]에서 학과가 경영학과인 조건[A24:A25]에 해당하는 평점[D13]에 대한 평균값을 구한다.
- ROUND(DAVERAGE(A13:D21,D13,A24:A25),2): DAVERAGE로 구한 값을 반올림해 소수점 이하 둘째 자리까지 구한다.

## 4. 정답

| | A | B | C | D | E |
|---|---|---|---|---|---|
| 27 | [표4] | | | | |
| 28 | 학생명 | 커뮤니케이션 | 회계 | 경영전략 | |
| 29 | 유창상 | 77 | 75 | 88 | |
| 30 | 김현수 | 58 | 76 | 78 | |
| 31 | 한경수 | 68 | 70 | 80 | |
| 32 | 정수연 | 53 | 69 | 94 | |
| 33 | 최경철 | 73 | 75 | 91 | |
| 34 | 오태환 | 55 | 67 | 88 | |
| 35 | 임장미 | 95 | 89 | 79 | |
| 37 | 모든 과목이 70 이상인 학생 수 | | | 3 | |

[D37] 셀에 **=COUNTIFS(B29:B35,">=70",C29:C35,">=70",D29:D35,">=70")** 수식을 입력한다.

- COUNTIFS(B29:B35,">=70",C29:C35,">=70",D29:D35,">=70"): 커뮤니케이션[B29:B35]이 70점 이상이면서 회계[C29:C35]가 70점 이상이고 경영전략[D29:D35]이 70점 이상인 개수를 구한다.

## 5. 정답

| | F | G | H | I | J | K |
|---|---|---|---|---|---|---|
| 27 | [표5] | | | | | |
| 28 | 학과 | 입학일자 | 입학코드 | | | |
| 29 | HEALTHCARE | 2021-03-01 | Hea2021 | | | |
| 30 | HEALTHCARE | 2023-03-02 | Hea2023 | | | |
| 31 | COMPUTER | 2021-03-01 | Com2021 | | | |
| 32 | COMPUTER | 2023-03-02 | Com2023 | | | |
| 33 | DESIGN | 2020-03-01 | Des2020 | | | |
| 34 | DESIGN | 2022-03-02 | Des2022 | | | |
| 35 | ARTS-THERAPY | 2020-03-01 | Art2020 | | | |
| 36 | ARTS-THERAPY | 2022-03-02 | Art2022 | | | |

[H29] 셀에 **=PROPER(LEFT(F29,3))&YEAR(G29)** 수식을 입력하고 [H36] 셀까지 수식을 복사한다.

- LEFT(F29,3): 학과[F29]에서 왼쪽으로부터 3글자를 추출한다.
- PROPER(LEFT(F29,3)): LEFT로 추출한 값을 첫 글자만 대문자, 나머지는 소문자로 구한다.
- YEAR(G29): 입학일자[G29]에서 연도를 추출한다.
- PROPER(LEFT(F29,3))&YEAR(G29): PROPER로 구한 값과 YEAR로 구한 값에 연결 연산자(&)를 붙여 결과를 구한다.

## 문제 3  분석 작업(20점)

### 1. '분석 작업-1' 정답

① [A3:F12] 범위에서 임의의 셀을 선택한 후 [데이터] → [정렬 및 필터] → [정렬]을 선택한다.

② [정렬] 대화 상자가 실행되면 정렬 기준으로 '학과', '셀 값', '오름차순'을 선택하고 확인 을 클릭한다.

③ 정렬이 된 데이터 [A3:F12] 범위에서 임의의 셀을 선택한 후 [데이터] → [개요] → [부분합]을 선택한다.

④ [부분합] 대화 상자가 실행되면 그룹화할 항목은 '학과', 사용할 함수는 '최대', 부분합 계산 항목은 '합계'를 체크하고 확인 을 클릭한다.

⑤ 다시 [부분합]을 선택한 후 그룹화할 항목은 '학과', 사용할 함수는 '평균', 부분합 계산 항목은 '기본영역', '인성봉사', '교육훈련'을 체크한 다음 '새로운 값으로 대치'에 체크를 해제한 후 확인 을 클릭한다.

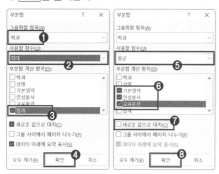

### 2. '분석 작업-2' 정답

| 학과 | 정보인증 | 국제인증 | 전공인증 |
|---|---|---|---|
| 컴퓨터정보과 | 31,520 | 21,860 | 36,200 |
| 컴퓨터게임과 | 25,320 | 26,200 | 24,000 |
| 유아교육과 | 22,500 | 32,040 | 25,600 |
| 특수교육과 | 13,440 | 26,520 | 34,100 |

① [F4:I8] 범위를 선택한 후 [데이터] → [데이터 도구] → [통합]을 선택한다.

② [통합] 대화 상자가 실행되면 함수는 '합계', 참조는 [A4:D8] 범위를 선택하고 추가 를 클릭, [A11:D15] 범위를 선택하고 추가 를 클릭, [A18:D22] 범위를 선택하고 추가 를 클릭한다.

③ 사용할 레이블에 '첫 행'과 '왼쪽 열'을 체크한 후 확인 을 클릭한다.

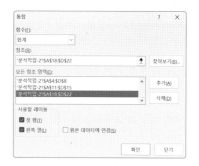

## 문제 4  기타 작업(20점)

### 1. '기타 작업-1' 정답

① 총점 매크로

1) 주어진 단추의 위치 [G3:H4] 범위를 미리 선택한 뒤 [개발 도구] → [컨트롤] → [삽입] → [단추(양식 컨트롤)]을 선택하고 마우스 포인터의 모양이 '+' 모양으로 바뀌면 [G3:H4] 범위에 Alt 를 누른 채 드래그한다.

2) [매크로 지정] 대화 상자의 매크로 이름에 **총점**을 입력하고 기록 을 클릭한 후, 확인 을 클릭한다.

3) [E4] 셀을 선택한 후 **=C4+D4**를 입력하고 Enter 를 누른다. [E8] 셀까지 수식을 복사한 후 상태 표시줄의 [기록 중지]를 클릭 혹은 [개발 도구] → [코드] → [기록 중지]를 선택하여 매크로 기록을 종료한다.

4) 도형에서 마우스 오른쪽을 클릭한 후 [텍스트 편집]을 선택하고 **총점**을 입력한다.

② 채우기 매크로

1) 문제에서 주어진 도형의 위치 [G6:H7] 범위를 미리 선택한 뒤 [삽입] → [일러스트레이션] → [도형] → [기본 도형] − '사각형: 빗면'을 클릭한다.

2) 마우스 포인터의 모양이 '+' 모양으로 바뀌면 [G6:H7] 범위에 Alt 를 누른 채 드래그한다. '빗면' 도형에 **채우기**로 입력한다.

3) '빗면' 도형에서 마우스 오른쪽을 클릭하고 [매크로 지정] 메

뉴를 선택한다.

4) [매크로 지정] 대화 상자가 나타나면 매크로 이름에 **채우기**를 입력하고 기록 을 클릭한다. 자동으로 '채우기' 매크로 이름이 선택된 [매크로 기록] 대화 상자가 나타나면 확인 을 클릭한다.

5) 매크로 기록이 시작되면 [A3:E3] 범위를 지정한 후 [홈] → [글꼴] → [채우기 색] → '표준 색 − 노랑'을 선택한 후 상태 표시줄의 [기록 중지]를 클릭 혹은 [개발 도구] → [코드] → [기록 중지]를 선택하여 매크로 기록을 종료한다.

## 2. '기타 작업-2' 정답

① 차트 데이터 범위 수정

차트 영역을 선택한 후 마우스 오른쪽을 클릭하고 [데이터 선택]을 선택한다. [데이터 원본 선택] 대화 상자가 실행되면 '범례 항목(계열)'에서 '합계'를 선택하고 제거 를 클릭한다. 다시 행/열 전환 을 클릭하고 '범례 항목(계열)'에서 '2020년' 항목을 선택한 후 제거 를 클릭하고 다시 행/열 전환 을 클릭한 후 확인 을 클릭한다.

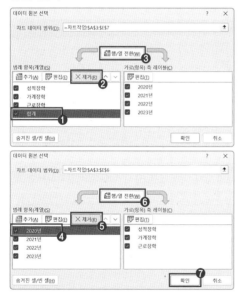

② 차트 종류 변경

차트를 선택한 후 마우스 오른쪽을 클릭해 [차트 종류 변경]을 선택한다. [차트 종류 변경] 대화 상자가 실행되면 [세로 막대형] → '누적 세로 막대형'을 선택하고 확인 을 클릭한다.

③ 차트 제목 설정

차트를 선택한 후 차트 요소( + ) → [차트 제목] → '차트 위'에 체크한다. 차트 제목이 선택된 상태에서 수식 입력줄에 = 를 입력한 후 [A1] 셀을 선택하고 Enter 를 누른다.

④ 차트 데이터 레이블 설정

차트의 '근로장학' 계열만 선택한 후 차트 요소( + ) → [데이터

레이블] → '안쪽 끝에'를 선택한다.

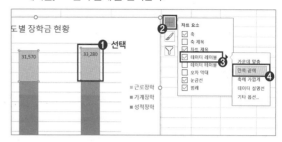

⑤ 차트 범위 테두리 설정

차트 영역을 더블클릭한 후 [차트 영역 서식] → [차트 옵션] → [채우기 및 선] → [테두리] → '둥근 모서리'에 체크한다.

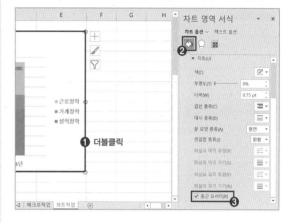

# 02

# 2024년 상공회의소 샘플 B형

| 프로그램명 | 제한시간 |
|---|---|
| EXCEL 2021 | 40분 |

수험번호 :

성    명 :

www.ebs.co.kr/compass
(EBS 홈페이지에서 엑셀 실습파일 다운로드)
파일명: 기출(문제) – 24년 B형

**문제 1**  **기본 작업(20점)**  주어진 시트에서 다음 과정을 수행하고 저장하시오.

1. '기본 작업-1' 시트에 다음의 자료를 주어진 대로 입력하시오. (5점)

| | A | B | C | D | E | F | G | H |
|---|---|---|---|---|---|---|---|---|
| 1 | 상공마트 인사기록 | | | | | | | |
| 2 | | | | | | | | |
| 3 | 사번 | 성명 | 부서 | 입사일자 | 직통번호 | 주소지 | 실적 | |
| 4 | Jmk-3585 | 김충희 | 경리부 | 2015-05-18 | 02) 302-4915 | 강북구 삼양동 | 12,530 | |
| 5 | Gpc-2273 | 박선종 | 식품부 | 2017-02-18 | 02) 853-1520 | 도봉구 쌍문동 | 35,127 | |
| 6 | Aud-3927 | 이국명 | 총무부 | 2016-03-01 | 02) 652-4593 | 마포구 도화동 | 65,238 | |
| 7 | Sbu-4528 | 최미란 | 가전부 | 2018-11-15 | 02) 526-2694 | 성북구 돈암동 | 58,260 | |
| 8 | | | | | | | | |

2. '기본 작업-2' 시트에 대하여 다음의 지시 사항을 처리하시오. (각 2점)

① [A5:A6], [A7:A9], [A10:A12], [A13:B13] 영역은 '병합하고 가운데 맞춤'을 지정하고, [C4:G4] 영역은 글꼴 스타일 '굵게', 채우기 색 '표준 색 – 노랑'으로 지정하시오.

② [C5:H13] 영역은 사용자 지정 표시 형식을 이용하여 1000 단위 구분 기호와 숫자 뒤에 '개'를 [표시 예]와 같이 표시하시오.
   [ 표시 예: 3456 → 3,456개, 0 → 0개 ]

③ [A3:H13] 영역에 '모든 테두리(田)'를 적용한 후 '굵은 바깥쪽 테두리(□)'를 적용하여 표시하시오.

④ [B5:B12] 영역의 이름을 '제품명'으로 정의하시오.

⑤ [H7] 셀에 '최고인기품목'이라는 메모를 삽입한 후 항상 표시되도록 지정하고, 메모 서식에서 맞춤 '자동 크기'를 설정하시오.

3. '기본 작업-3' 시트에서 다음의 지시 사항을 처리하시오. (5점)

[A4:G15] 영역에 대하여 직위가 '주임'이면서 총급여가 4,000,000 미만인 행 전체에 대하여 글꼴 스타일을 '굵게', 글꼴 색을 '표준 색 – 파랑'으로 지정하는 조건부 서식을 작성하시오.

▶ AND 함수 사용

▶ 단, 규칙 유형은 '수식을 사용하여 서식을 지정할 셀 결정'을 사용하고, 한 개의 규칙으로만 작성하시오.

**문제 2** 계산 작업(40점) '계산 작업' 시트에서 다음 과정을 수행하고 저장하시오.

1. [표1]에서 지점[A3:A10]이 동부인 매출액[C3:C10]의 합계를 [C13] 셀에 계산하시오. (8점)

   ▶ 동부지점 합계는 백의 자리에서 올림하여 천의 자리까지 표시 [ 표시 예: 1,234,123 → 1,235,000 ]
   ▶ 조건은 [A12:A13] 영역에 입력하시오.
   ▶ DSUM, ROUND, ROUNDUP, ROUNDDOWN 함수 중 알맞은 함수들을 선택하여 사용

2. [표2]에서 상여금[J3:J10]이 1,200,000보다 크면서 기본급이 기본급의 평균 이상인 인원수를 [J12] 셀에 표시하시오. (8점)

   ▶ 계산된 인원 수 뒤에 '명'을 포함하여 표시 [ 표시 예: 2명 ]
   ▶ AVERAGE, COUNTIFS 함수와 & 연산자 사용

3. [표3]에서 주민등록번호[C17:C24]의 왼쪽에서 8번째 문자가 '1' 또는 '3'이면 '남', '2' 또는 '4'이면 '여'를 성별 [D17:D24]에 표시하시오. (8점)

   ▶ CHOOSE, MID 함수 사용

4. [표4]에서 총점[I17:I24]이 첫 번째로 높은 사람은 '최우수', 두 번째로 높은 사람은 '우수', 그렇지 않은 사람은 공백을 순위[J17:J24]에 표시하시오. (8점)

   ▶ IF, LARGE 함수 사용

5. [표5]에서 원서번호[A29:A36]의 왼쪽에서 첫 번째 문자와 [B38:D39] 영역을 참조하여 지원학과[D29:D36]를 표시하시오. (8점)

   ▶ 단, 오류 발생 시 지원학과에 '코드오류'로 표시
   ▶ IFERROR, HLOOKUP, LEFT 함수 사용

**문제 3** 분석 작업(20점) 주어진 시트에서 다음 작업을 수행하고 저장하시오.

1. '분석 작업-1' 시트에 대하여 다음의 지시 사항을 처리하시오. (10점)

   [시나리오 관리자] 기능을 이용하여 [표1]에서 집행률계[D10]가 다음과 같이 변동하는 경우 집행액 합계[C10]의 변동 시나리오를 작성하시오.

   ▶ [C10] 셀의 이름은 '집행액합계', [D10] 셀의 이름은 '집행률계'로 정의하시오.
   ▶ 시나리오1: 시나리오 이름은 '비율인상', 집행률계를 80으로 설정하시오.
   ▶ 시나리오2: 시나리오 이름은 '비율인하', 집행률계를 50으로 설정하시오.
   ▶ 시나리오 요약 시트는 '분석 작업-1' 시트의 바로 왼쪽에 위치해야 함

   ※ 시나리오 요약 보고서 작성 시 정답과 일치해야 하며, 오자로 인한 부분 점수는 인정하지 않음

**2.** '분석 작업-2' 시트에 대하여 다음의 지시 사항을 처리하시오. (10점)

[정렬] 기능을 이용하여 [표1]에서 '포지션'을 투수–포수–내야수–외야수순으로 정렬하고, 동일한 포지션인 경우 '가입기간'의 셀 색이 'RGB(219, 219, 219)'인 값이 위에 표시되도록 정렬하시오.

---

## 문제 4   기타 작업(20점)   주어진 시트에서 다음 작업을 수행하고 저장하시오.

**1.** '매크로 작업' 시트의 [표1]에서 다음과 같은 기능을 수행하는 매크로를 현재 통합 문서에 작성하고 실행하시오. (각 5점)

  ① [N4:N14] 영역에 1월부터 12월까지의 평균을 계산하는 매크로를 생성하여 실행하시오.
    ▶ 매크로 이름: 평균             ▶ AVERAGE 함수 사용
    ▶ [개발 도구] → [삽입] → [양식 컨트롤]의 '단추'를 동일 시트의 [C17:D19] 영역에 생성하고, 텍스트를 '평균'으로 입력한 후 단추를 클릭할 때 '평균' 매크로가 실행되도록 설정하시오.
  ② [B3:B14], [D3:D14] 영역에 글꼴 색을 '표준 색 – 빨강'으로 적용하는 매크로를 생성하여 실행하시오.
    ▶ 매크로 이름: 서식
    ▶ [삽입] → [일러스트레이션] → [도형] → [기본 도형]의 '사각형: 빗면(▢)'을 동일 시트의 [F17:G19] 영역에 생성하고, 텍스트를 '서식'으로 입력한 후 도형을 클릭할 때 '서식' 매크로가 실행되도록 설정하시오.

  ※ 셀 포인터의 위치에 상관없이 현재 통합 문서에서 매크로가 실행되어야 정답으로 인정됨

**2.** '차트 작업' 시트의 차트를 지시 사항에 따라 아래 그림과 같이 수정하시오. (각 2점)

  ※ 차트는 반드시 문제에서 제공한 차트를 사용해야 하며, 신규로 작성 시 0점 처리됨

  ① '별정통신서비스' 계열이 제거되도록 데이터 범위를 수정하시오.
  ② 차트 종류를 '누적 세로 막대형'으로 변경하시오.
  ③ 차트 제목은 '차트 위'로 지정한 후 [A1] 셀과 연동되도록 설정하시오.
  ④ '부가통신서비스' 계열의 '2023년' 요소에만 데이터 레이블 '값'을 표시하고, 레이블의 위치를 '안쪽 끝에'로 설정하시오.
  ⑤ 전체 계열의 계열 겹치기와 간격 너비를 각각 0%로 설정하시오.

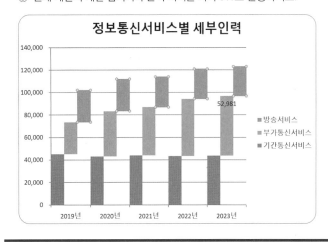

## 문제 1 기본 작업(20점)

### 1. '기본 작업-1' 정답    &lt;생략&gt;

### 2. '기본 작업-2' 정답

| | A | B | C | D | E | F | G | H | I |
|---|---|---|---|---|---|---|---|---|---|
| 1 | 상공유통 3월 라면류 매출현황 | | | | | | | | |
| 2 | | | | | | | | | |
| 3 | 제품군 | 제품명 | 강북 | | 강서 | 경기 | | 제품별합계 | |
| 4 | | | 삼양마트 | 수유마트 | 화곡마트 | 김포마트 | 강화마트 | | |
| 5 | 짜장 | 왕자장면 | 25개 | 58개 | 56개 | 32개 | 24개 | 195개 | |
| 6 | | 첨자장면 | 52개 | 36개 | 27개 | 47개 | 36개 | 198개 | |
| 7 | 짬뽕 | 왕짬뽕면 | 125개 | 156개 | 204개 | 157개 | 347개 | 989개 | 최고인기품목 |
| 8 | | 첨짬뽕면 | 34개 | 62개 | 62개 | 34개 | 82개 | 274개 | |
| 9 | | 핫짬뽕면 | 85개 | 36개 | 75개 | 64개 | 28개 | 288개 | |
| 10 | 비빔면 | 열무비빔면 | 68개 | 92개 | 51개 | 73개 | 54개 | 338개 | |
| 11 | | 고추장면 | 31개 | 30개 | 42개 | 17개 | 25개 | 145개 | |
| 12 | | 메밀면 | 106개 | 88개 | 124개 | 64개 | 72개 | 454개 | |
| 13 | 마트별합계 | | 526개 | 558개 | 641개 | 488개 | 668개 | 2,881개 | |
| 14 | | | | | | | | | |
| 15 | | | | | | | | | |

① [A5:A6] 범위를 선택한 후 Ctrl 을 누른 채 [A7:A9], [A10:A12], [A13:B13]을 선택하고 [홈] → [맞춤] → [병합하고 가운데 맞춤]을 선택한다. [C4:G4] 범위를 선택한 후 [홈] → [글꼴] → '굵게', [채우기 색] → '표준 색 – 노랑'을 선택한다.

② [C5:H13] 범위를 선택한 후 Ctrl + 1 을 눌러 [셀 서식] 대화 상자가 실행되면 [표시 형식]의 '사용자 지정' 범주를 선택하고 형식 입력 창에 #,##0"개"를 입력한 후 확인 을 클릭한다.

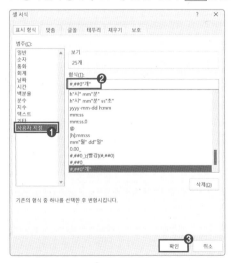

③ [A3:H13] 범위를 선택한 후 [홈] → [글꼴] → [테두리] → '모든 테두리'를 선택하고 이어서 [테두리] → '굵은 바깥쪽 테두리'를 선택한다.

④ [B5:B12] 범위를 선택한 후 [이름 상자]에 **제품명**을 입력하고 Enter 를 누른다.

⑤ [H7] 셀을 선택한 후 마우스 오른쪽을 클릭해 [메모 삽입]을 선택한 후 **최고인기품목**을 입력한다. [H7] 셀을 선택한 후 마우스 오른쪽을 클릭해 [메모 표시/숨기기] 메뉴를 선택한다. 메모 테두리를 선택한 후 마우스 오른쪽을 클릭해 [메모 서식]을 선택하고 [메모 서식] 대화 상자가 실행되면 [맞춤] → '자동 크기'에 체크하고 확인 을 클릭한다.

### 3. 기본 작업-3 정답

| | A | B | C | D | E | F | G |
|---|---|---|---|---|---|---|---|
| 1 | 상공상사 3월분 급여지급명세서 | | | | | | |
| 2 | | | | | | | |
| 3 | 사번 | 성명 | 직위 | 기본급 | 제수당 | 상여금 | 총급여 |
| 4 | SJ01-023 | 민제필 | 부장 | 4,273,000 | 882,000 | 1,068,250 | 6,223,250 |
| 5 | SJ04-012 | 나일형 | 과장 | 3,697,000 | 724,000 | 924,250 | 5,345,250 |
| 6 | SJ11-002 | 재선영 | 주임 | 2,856,000 | 430,000 | 714,000 | 4,000,000 |
| 7 | SJ10-021 | 박민준 | 대리 | 3,047,000 | 524,000 | 761,750 | 4,332,750 |
| 8 | SJ09-015 | 최세연 | 대리 | 3,140,000 | 480,000 | 785,000 | 4,405,000 |
| 9 | SJ13-007 | 장태현 | 사원 | 2,510,000 | 320,000 | 627,500 | 3,457,500 |
| 10 | SJ06-019 | 추양선 | 과장 | 3,506,000 | 542,000 | 876,500 | 4,924,500 |
| 11 | SJ08-004 | 피종현 | 대리 | 3,200,000 | 360,000 | 800,000 | 4,360,000 |
| 12 | SJ12-031 | 김나리 | 주임 | 2,734,000 | 324,000 | 683,500 | 3,741,500 |
| 13 | SJ12-012 | 이정선 | 사원 | 2,473,000 | 268,000 | 618,250 | 3,359,250 |
| 14 | SJ13-003 | 박형국 | 주임 | 2,810,000 | 302,000 | 702,500 | 3,814,500 |
| 15 | SJ09-001 | 김평순 | 대리 | 2,980,000 | 347,000 | 745,000 | 4,072,000 |
| 16 | | | | | | | |

=AND($C4="주임",$G4&lt;4000000)

① [A4:G15] 범위를 선택한 후 [홈] → [스타일] → [조건부 서식] → [새 규칙]을 선택한다.

② [새 서식 규칙] 대화 상자가 실행되면 '수식을 사용하여 서식을 지정할 셀 결정' 입력 창에 =AND($C4="주임",$G4&lt;4000000) 수식을 입력하고 서식 을 클릭한다. 행 전체에 대해서 서식을 지정하기 위해서는 셀의 열을 고정한다.

③ [글꼴] → '굵게', [글꼴 색] → '표준 색 – 파랑'을 선택하고 확인 을 클릭한다.

## 문제 2 계산 작업(40점)

### 1. 정답

| | A | B | C | D | E |
|---|---|---|---|---|---|
| 1 | [표1] | | | | |
| 2 | 지점 | 이름 | 매출액 | 순위 | |
| 3 | 동부 | 김연주 | 28,561,500 | | |
| 4 | 서부 | 홍기민 | 38,651,200 | | |
| 5 | 남부 | 채동식 | 19,560,000 | | |
| 6 | 북부 | 이민선 | 32,470,000 | | |

| | | | | | |
|---|---|---|---|---|---|
| 6 | 북부 | 이민섭 | 32,470,000 | | |
| 7 | 서부 | 길기훈 | 56,587,200 | 1위 | |
| 8 | 남부 | 남재영 | 36,521,700 | | |
| 9 | 동부 | 민기영 | 52,438,600 | 2위 | |
| 10 | 북부 | 박소연 | 37,542,300 | | |
| 11 | | | | | |
| 12 | 지점 | | 동부지점 합계 | | |
| 13 | 동부 | | 81,001,000 | | |
| 14 | | | | | |

[A12] 셀에 **지점**, [A13] 셀에 **동부**를 입력해 조건을 완성하고 [C13] 셀에 **=ROUNDUP(DSUM(A2:D10,C2,A12:A13),-3)** 수식을 입력한다.

- DSUM(A2:D10,C2,A12:A13): 데이터베이스[A2:D10]에서 조건[A12:A13]에 해당하는 매출액[C2]의 합계를 구한다.
- ROUNDUP(DSUM(A2:D10,C2,A12:A13),-3): DSUM으로 구한 값을 백의 자리에서 올림해 천의 자리까지 구한다.

## 2. 정답

| | F | G | H | I | J | K |
|---|---|---|---|---|---|---|
| 1 | [표2] | | | | | |
| 2 | 이름 | 부서 | 직위 | 기본급 | 상여금 | |
| 3 | 박영덕 | 영업부 | 부장 | 3,560,000 | 2,512,000 | |
| 4 | 주민경 | 생산부 | 과장 | 3,256,000 | 1,826,000 | |
| 5 | 태진형 | 총무부 | 사원 | 2,560,000 | 1,282,000 | |
| 6 | 최민수 | 생산부 | 대리 | 3,075,000 | 1,568,000 | |
| 7 | 김평주 | 생산부 | 주임 | 2,856,000 | 1,240,000 | |
| 8 | 한서라 | 영업부 | 사원 | 2,473,000 | 1,195,000 | |
| 9 | 이국선 | 총무부 | 사원 | 2,372,000 | 1,153,000 | |
| 10 | 송나정 | 영업부 | 주임 | 2,903,000 | 1,200,000 | |
| 11 | | | | | | |
| 12-13 | 상여금이 1,200,000원 보다 크면서, 평균기본급이상인 인원수 | | | | 3명 | |
| 14 | | | | | | |

[J12] 셀에 **=COUNTIFS(J3:J10,">1200000",I3:I10,">="&AVERAGE(I3:I10))&"명"** 수식을 입력한다.

- COUNTIFS(J3:J10,">1200000",I3:I10,">="&AVERAGE(I3:I10)): 첫 번째 조건으로 상여금[J3:J10] 범위 중 1200000원 초과이면서, 두 번째 조건으로 기본급[I3:I10] 범위에서 기본급 평균값[AVERAGE(I3:I10)] 이상인 개수를 구한다.
- 두 번째 조건을 작성할 때 ">=AVERAGE(I3:I10)"처럼 함수를 큰따옴표로 묶어버리면 텍스트 자체로 인식된다. 따라서 비교 연산자까지만 큰따옴표로 묶고 뒤에 연결 연산자(&)와 AVERAGE를 연결해 ">="&AVERAGE(I3:I10)로 작성한다.
- COUNTIFS(J3:J10,">1200000",I3:I10,">="&AVERAGE(I3:I10))&"명": 앞에서 구한 결과값 뒤에 "명"을 연결 연산자(&)를 붙여 구한다.

## 3. 정답

| | A | B | C | D | E |
|---|---|---|---|---|---|
| 15 | [표3] | | | | |
| 16 | 학번 | 이름 | 주민등록번호 | 성별 | |
| 17 | M1602001 | 이민영 | 990218-2304567 | 여 | |
| 18 | M1602002 | 도홍진 | 010802-3065821 | 남 | |
| 19 | M1602003 | 박수진 | 011115-4356712 | 여 | |
| 20 | M1602004 | 최만수 | 980723-1935645 | 남 | |
| 21 | M1602005 | 조용덕 | 991225-1328650 | 남 | |
| 22 | M1602006 | 김태훈 | 021222-3264328 | 남 | |
| 23 | M1602007 | 편승주 | 010123-3652942 | 남 | |
| 24 | M1602008 | 곽나래 | 001015-4685201 | 여 | |
| 25 | | | | | |

[D17] 셀에 **=CHOOSE(MID(C17,8,1),"남","여","남","여")** 수식을 입력하고 [D24] 셀까지 수식을 복사한다.

- MID(C17,8,1): 주민등록번호[C17] 셀에서 8번째 위치한 값을 추출한다.
- CHOOSE(MID(C17,8,1),"남","여","남","여"): MID로 추출한 값이 1 또는 3이면 '남', 값이 2 또는 4이면 '여'를 입력한다.

## 4. 정답

| | F | G | H | I | J | K |
|---|---|---|---|---|---|---|
| 15 | [표4] | | | | | |
| 16 | 이름 | 국사 | 상식 | 총점 | 순위 | |
| 17 | 이후정 | 82 | 94 | 176 | 우수 | |
| 18 | 백천경 | 63 | 83 | 146 | | |
| 19 | 민경배 | 76 | 86 | 162 | | |
| 20 | 김태하 | 62 | 88 | 150 | | |
| 21 | 이사랑 | 92 | 96 | 188 | 최우수 | |
| 22 | 곽난영 | 85 | 80 | 165 | | |
| 23 | 장채리 | 62 | 77 | 139 | | |
| 24 | 봉전미 | 73 | 68 | 141 | | |
| 25 | | | | | | |

[J17] 셀에 **=IF(LARGE($I$17:$I$24,1)=I17,"최우수",IF(LARGE($I$17:$I$24,2)=I17,"우수",""))** 수식을 입력하고 [J24] 셀까지 수식을 복사한다.

- LARGE($I$17:$I$24,1): 총점[I17:I24]에서 가장 큰 수를 구한다. 이때 총점 범위를 절대 참조해 [J17:J24] 범위에 같은 수를 구하도록 한다.
- IF(LARGE($I$17:$I$24,1)=I17,"최우수": LARGE로 구한 가장 큰 수를 총점[I17] 셀과 비교해 값이 일치하면 "최우수"로 구한다.
- LARGE($I$17:$I$24,2): 총점[I17:I24]에서 두 번째로 큰 수를 구한다. 마찬가지로 총점 범위를 절대 참조해 [J17:J24] 범위에 같은 수를 구하도록 한다.
- IF(LARGE($I$17:$I$24,2)=I17,"우수",""): 앞에서 구한 두 번째로 큰 총점의 값을 총점[I17] 셀과 비교해 값이 일치하면 "우수"로 구하고, 그 외 값들은 공백으로 표시한다.

다중 IF식:
IF(조건식1, 조건식1의 참의 결과값, IF(조건식2, 조건식2의 참의 결과값, 그 외 값))

## 5. 정답

| | A | B | C | D | E |
|---|---|---|---|---|---|
| 27 | [표5] | | | | |
| 28 | 원서번호 | 이름 | 거주지 | 지원학과 | |
| 29 | M-120 | 이민수 | 서울시 강북구 | 멀티미디어 | |
| 30 | N-082 | 김병훈 | 대전시 대덕구 | 네트워크 | |
| 31 | S-035 | 최주영 | 인천시 남동구 | 소프트웨어 | |
| 32 | M-072 | 길미라 | 서울시 성북구 | 멀티미디어 | |
| 33 | S-141 | 나태후 | 경기도 김포시 | 소프트웨어 | |
| 34 | N-033 | 전영태 | 경기도 고양시 | 네트워크 | |
| 35 | M-037 | 조영선 | 강원도 춘천시 | 멀티미디어 | |
| 36 | A-028 | 박민혜 | 서울시 마포구 | 코드오류 | |
| 37 | | | | | |
| 38 | 학과코드 | S | N | M | |
| 39 | 학과명 | 소프트웨어 | 네트워크 | 멀티미디어 | |
| 40 | | | | | |

[D29] 셀에 **=IFERROR(HLOOKUP(LEFT(A29,1),$B$38:$D$39,2,FALSE),"코드오류")** 수식을 입력하고 [D36] 셀까지 수식을 복사한다.

- LEFT(A29,1): 원서번호[A29]에서 왼쪽으로부터 한 글자를 추출한다.
- HLOOKUP(LEFT(A29,1),$B$38:$D$39,2,FALSE): [$B$38:$D$39] 범위에서 LEFT로 추출한 학과코드를 첫 행에서 정확한 값(FALSE)을 검색해 2번째 행에 위치한 학과명을 찾는다.
- IFERROR(HLOOKUP(LEFT(A29,1),$B$38:$D$39,2,FALSE),"코드오류"): 찾는 학과코드의 학과명이 [B38:D39] 범위 내에 없다면 "코드오류"로 표시한다.

---

## 문제 3 분석 작업(20점)

### 1. '분석 작업-1' 정답

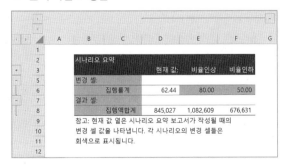

① [C10] 셀을 선택한 후 [이름 상자]에 **집행액합계**를 입력하고 Enter 를 누른다.
② [D10] 셀을 선택한 후 [이름 상자]에 **집행률계**를 입력하고 Enter 를 누른다.
③ 변동될 [D10] 셀을 선택한 후 [데이터] → [예측] → [가상 분

석] → [시나리오 관리자]를 선택하고 [시나리오 관리자] 대화 상자가 실행되면 추가 를 클릭한다.
④ [시나리오 추가] 대화 상자가 실행되면 시나리오 이름을 **비율 인상**으로 입력하고 변경 셀에 [D10] 셀이 선택된 것을 확인한 후 확인 을 클릭한다.
⑤ [시나리오 값] 대화 상자가 실행되면 집행률계 값에 **80**을 입력하고 확인 를 클릭한다.

⑥ [시나리오 추가] 대화 상자가 실행되면 시나리오 이름을 **비율 인하**로 작성하고 변경 셀에 [D10] 셀이 선택된 것을 확인한 후 확인 을 클릭한다.
⑦ [시나리오 값] 대화 상자가 실행되면 집행률계 값에 **50**을 입력하고 확인 을 클릭한다.

⑧ [시나리오 관리자] 대화 상자에서 요약 을 클릭하고 [시나리오 요약] 대화 상자가 실행되면 결과 셀에 [C10] 셀을 선택한 후 확인 을 클릭한다.

### 2. '분석 작업-2' 정답

| | A | B | C | D | E | F | G | H |
|---|---|---|---|---|---|---|---|---|
| 1 | [표1] 상공상사 야구동호회 회원명부 | | | | | | | |
| 2 | | | | | | | | |
| 3 | 포지션 | 이름 | 부서 | 나이 | 가입기간 | 참여도 | 비고 | |
| 4 | 투수 | 이해탁 | 총무부 | 32 | 6년 | A급 | | |
| 5 | 투수 | 왕전빈 | 경리부 | 26 | 1년 | C급 | | |
| 6 | 투수 | 주병선 | 생산부 | 28 | 2년 | B급 | | |
| 7 | 포수 | 김신수 | 생산부 | 30 | 6년 | B급 | | |
| 8 | 포수 | 허웅진 | 구매부 | 34 | 8년 | A급 | 감독 | |
| 9 | 내야수 | 박평천 | 총무부 | 43 | 8년 | A급 | 회장 | |
| 10 | 내야수 | 갈문주 | 생산부 | 31 | 4년 | C급 | | |
| 11 | 내야수 | 민조항 | 영업부 | 27 | 3년 | B급 | | |
| 12 | 내야수 | 최배훈 | 영업부 | 26 | 1년 | A급 | | |
| 13 | 외야수 | 길주병 | 생산부 | 41 | 8년 | C급 | | |
| 14 | 외야수 | 김빈우 | 경리부 | 32 | 5년 | A급 | 총무 | |
| 15 | 외야수 | 한민국 | 구매부 | 33 | 7년 | B급 | | |
| 16 | 외야수 | 나대영 | 생산부 | 26 | 2년 | A급 | | |
| 17 | 외야수 | 편대민 | 영업부 | 28 | 4년 | B급 | | |
| 18 | | | | | | | | |

① [A3:G17] 범위 내의 임의의 셀을 선택한 후 [데이터] → [정렬 및 필터] → [정렬]을 선택한다.
② [정렬] 대화 상자가 실행되면 정렬 기준을 '포지션', '셀 값', '사용자 지정 목록'을 선택한다.
③ [사용자 지정 목록]의 목록 항목에 **투수, 포수, 내야수, 외야수**를 세로로 입력한 후 추가 와 확인 을 차례대로 클릭한다.

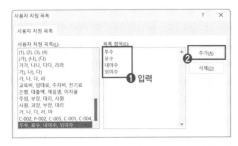

④ 두 번째 정렬을 추가하기 위해 [정렬] 대화 상자에서 [기준 추가]를 클릭한 후 정렬 기준을 '가입기간', '셀 색', 'RGB(219, 219, 219)', '위에 표시'를 선택하고 [확인]을 클릭한다.

---

**문제 4** **기타 작업(20점)**

## 1. '기타 작업-1' 정답

① 평균 매크로

1) 주어진 단추의 위치 [C17:D19] 범위를 미리 선택한 뒤 [개발 도구] → [컨트롤] → [삽입] → [단추(양식 컨트롤)]을 선택하고 마우스 포인터의 모양이 '+' 모양으로 바뀌면 [C17:D19] 범위에 Alt를 누른 채 드래그한다.

2) [매크로 지정] 대화 상자의 매크로 이름에 **평균**을 입력하고 [기록]을 클릭한다. 자동으로 '평균' 매크로 이름이 선택된 [매크로 기록] 대화 상자가 실행되면 [확인]을 클릭하여 기록을 시작한다.

3) [N4] 셀을 선택한 후 **=AVERAGE(B4:M4)**를 입력하고 Enter를 누른다. [N14] 셀까지 수식을 복사한 후 상태 표시줄의 [기록 중지]를 클릭 혹은 [개발 도구] → [코드] → [기록 중지]를 클릭하여 매크로 기록을 종료한다.

4) 도형에서 마우스 오른쪽을 클릭한 후 [텍스트 편집] 메뉴를 선택하고 텍스트 **평균**을 입력한다.

② 서식 매크로

1) 문제에서 주어진 도형의 위치 [F17:G19] 범위를 미리 선택한 뒤 [삽입] → [일러스트레이션] → [도형] → [기본 도형] - '사

---

각형: 빗면'을 클릭한다.

2) 마우스 포인터의 모양이 '+' 모양으로 바뀌면 [F17:G19] 범위에 Alt를 누른 채 드래그한다. '빗면' 도형에 **서식**을 입력한다.

3) '빗면' 도형에서 마우스 오른쪽을 클릭하고 [매크로 지정] 메뉴를 선택한다.

4) [매크로 지정] 대화 상자가 실행되면 매크로 이름에 **서식**을 입력하고 [기록]을 클릭한다. 자동으로 '서식' 매크로 이름이 선택된 [매크로 기록] 대화 상자가 실행되면 [확인]을 클릭한다.

5) 매크로 기록이 시작되면 [B3:B14] 범위를 지정한 후 Ctrl을 누른 채 [D3:D14] 범위를 선택한다. [홈] → [글꼴] → [글꼴 색] → '표준 색 – 빨강'을 선택한 후 상태 표시줄의 [기록 중지]를 클릭 혹은 [개발 도구] → [코드] → [기록 중지]를 선택하여 매크로 기록을 종료한다.

## 2. '기타 작업-2' 정답

① 차트 데이터 범위 수정: 차트의 '별정통신서비스' 계열을 선택하고 Delete를 눌러 삭제한다.

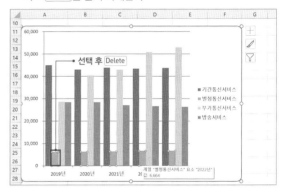

② 차트 종류 변경: 차트를 선택한 후 [차트 디자인] → [종류] → [차트 종류 변경]을 선택한다. 차트 종류 변경 창에서 '누적 세로 막대형'을 선택한다.

③ 차트 제목 연동: 차트를 선택한 후 [차트 요소( + )] → [차트 제목] → '차트 위'를 클릭한다. 수식 입력줄에 =를 입력한 후 [A1] 셀을 선택하고 Enter를 누른다.

④ 데이터 레이블 추가: '부가통신서비스' 계열의 2023년 항목을 두 번 클릭해 '부가통신서비스' 계열의 2023년 항목만 선택된 상태에서 차트 요소( + ) → [데이터 레이블] → '안쪽 끝에'를 선택한다.

⑤ 계열 겹치기와 간격 너비 지정: 임의의 한 개 계열을 선택한 후 마우스 오른쪽을 클릭해 [데이터 계열 서식] → [계열 옵션] → '계열 겹치기'와 '간격 너비'에 각각 **"0%"**를 입력하고 Enter를 누른다.

# 03 2024년 기출문제 유형 1회

| 프로그램명 | 제한시간 |
|---|---|
| EXCEL 2021 | 40분 |

수험번호 :

성 명 :

www.ebs.co.kr/compass
(EBS 홈페이지에서 엑셀 실습파일 다운로드)
파일명: 기출(문제) - 24년 1회

## 문제 1 기본 작업(20점) 주어진 시트에서 다음 과정을 수행하고 저장하시오.

**1.** '기본 작업-1' 시트에 다음의 자료를 주어진 대로 입력하시오. (5점)

| | A | B | C | D | E | F | G | H | I |
|---|---|---|---|---|---|---|---|---|---|
| 1 | | | | | | | | | |
| 2 | 고객번호 | 이름 | 성별 | 지역 | 최종주문일 | 구매실적 | 포인트 (점) | | |
| 3 | A-101 | 김지우 | 여 | 서울 | 2024-01-01 | 327000 | 2616 | | |
| 4 | A-102 | 신지영 | 여 | 경기 | 2024-01-03 | 45000 | 360 | | |
| 5 | A-103 | 김우식 | 남 | 서울 | 2024-01-03 | 349000 | 2792 | | |
| 6 | A-104 | 한승훈 | 남 | 경기 | 2024-01-05 | 27000 | 216 | | |
| 7 | A-105 | 허찬회 | 여 | 경기 | 2024-01-07 | 98000 | 784 | | |
| 8 | A-106 | 한미영 | 여 | 서울 | 2024-01-08 | 112000 | 896 | | |
| 9 | A-107 | 최재석 | 남 | 서울 | 2024-01-10 | 191000 | 1528 | | |
| 10 | A-108 | 안성진 | 남 | 경기 | 2024-01-10 | 234000 | 1872 | | |
| 11 | | | | | | | | | |

**2.** '기본 작업-2' 시트에 대하여 다음의 지시 사항을 처리하시오. (각 2점)

① [B2:H2] 영역은 '선택 영역의 가운데로'를 지정하고, 글꼴 '굴림체', 글꼴 크기 '16', 글꼴 스타일 '굵은 기울임꼴', 밑줄 '이중 실선'으로 지정하시오.

② [D5:D7], [D8:D11] 영역은 '병합하고 가운데 맞춤'을 지정하고, [B4:H4] 영역은 셀 스타일 '황금색, 강조색4'를 적용하시오.

③ [G6:G11] 영역은 사용자 지정 표시 형식을 이용하여 소수점 두 자리를, [H6:H11] 영역은 [표시 예]와 같이 표시하시오.
[ 표시 예: 30 → 30.00%, 2023-08-02 → 8/2 (토) ]

④ [C5:C11] 영역은 가로 '균등 분할 (들여쓰기)'로 지정하고, [G9] 셀에 '가장 큰 전월대비 상승률'이라는 메모를 삽입하고, 메모 서식에서 '자동 크기'를 지정하고, 항상 표시하시오.

⑤ [G5:H5] 영역에 '대각선 테두리(⊠)'모양으로 채우고, [B4:H11] 영역에 '모든 테두리(田)'를 적용한 후 '굵은 바깥쪽 테두리(◘)'를 적용하여 표시하시오.

3. '기본 작업-3' 시트에 대하여 다음의 지시 사항을 처리하시오. (5점)

[B4:G14] 영역에서 성별이 '남성'이 아니면서 이름에 'a'가 포함된 데이터를 고급 필터를 이용하여 이름, 나이, 직업, 성별순으로 검색하시오.

▶ 고급 필터 조건은 [B16:D18] 영역 내에 알맞게 작성하시오.

▶ 고급 필터 결과 복사 위치는 동일 시트의 [B20] 셀에서 시작하시오.

---

**문제 2** **계산 작업(40점)** '계산 작업' 시트에서 다음 과정을 수행하고 저장하시오.

1. [표1]에서 점수[D3:D12]가 높은 점수 1~2위면 'A', 낮은 점수 1~2위면 'C', 그 외는 'B'로 평가[E3:E12]에 표시하시오. (8점)

   ▶ IF, LARGE, SMALL 함수 사용

2. [표2]에서 수강신청 인원이 0~2이면 '폐강', 3~5이면 '보류', 6~8은 '유지'로 결과[H11:L11]에 표시하시오. (8점)

   ▶ [신청인원별 결과표]를 참조하여 [표2]의 결과를 표시하시오.

   ▶ VLOOKUP, COUNTA 함수 사용

3. [표3]에서 평균[E17:E26]에서 최고득점한 성명을 찾아 [F26]에 표시하시오. (8점)

   ▶ INDEX, MATCH, MAX 함수 사용

4. [표4]에서 입실시간[B30:B37], 퇴실시간[C30:C37]을 이용하여 이용시간[D30:D37]을 구하시오. (8점)

   ▶ 사용시간은 '시'만 구하여 나타내시오.

   ▶ 단, 사용시간의 분이 30분 이후이면 사용시간에 한 시간을 더하여 나타내시오. [ 표시 예: 1:20 → 1시간, 3:30 → 4시간 ]

   ▶ IF, HOUR, MINUTE 함수와 & 연산자 사용

5. [표5]의 이메일[K30:K39]에서 아이디를 구하여 아이디[L30:L39]에 표시하시오. (8점)

   ▶ [ 표시 예: AAA@hhhh.net → AAA ]

   ▶ SEARCH, MID 함수 사용

**1. '분석 작업-1' 시트에 대하여 다음의 지시 사항을 처리하시오. (10점)**

[부분합] 기능을 이용하여 '직원 평가 결과표'에 <그림>과 같이 '성별별'로 '모든 항목'의 합계와 '평균점수'의 최댓값을 계산하시오.

▶ 정렬은 '성별'을 기준으로 오름차순으로 처리하시오.

▶ 합계와 최댓값은 위에 명시된 순서대로 처리하시오.

| | A | B | C | D | E | F | G | H | I | J |
|---|---|---|---|---|---|---|---|---|---|---|
| 1 | | | | 직원 평가 결과표 | | | | | | |
| 2 | | | | | | | | | | |
| 3 | | 사번 | 사원 | 성별 | 평가항목1 | 평가항목2 | 결석여부 | 감점점수 | 평균점수 | |
| 4 | | B002 | Emily | 남성 | 92 | 88 | O | 0 | 90 | |
| 5 | | D004 | Sarah | 남성 | 88 | 95 | X | -10 | 91.5 | |
| 6 | | F006 | Emma | 남성 | 95 | 91 | X | -10 | 93 | |
| 7 | | H008 | Chloe | 남성 | 92 | 86 | X | -10 | 89 | |
| 8 | | J010 | Sophia | 남성 | 90 | 92 | X | -10 | 91 | |
| 9 | | L012 | Mia | 남성 | 88 | 87 | O | 0 | 87.5 | |
| 10 | | N014 | Olivia | 남성 | 82 | 84 | X | -10 | 83 | |
| 11 | | P016 | Ava | 남성 | 90 | 92 | O | 0 | 91 | |
| 12 | | R018 | Isabella | 남성 | 89 | 91 | O | 0 | 90 | |
| 13 | | | | 남성 최대 | | | | | 93 | |
| 14 | | | | 남성 요약 | 806 | 806 | | | | |
| 15 | | A001 | John | 여성 | 85 | 90 | O | 0 | 87.5 | |
| 16 | | C003 | David | 여성 | 78 | 82 | X | -10 | 80 | |
| 17 | | E005 | Alex | 여성 | 79 | 84 | O | 0 | 81.5 | |
| 18 | | G007 | Michael | 여성 | 87 | 90 | O | 0 | 88.5 | |
| 19 | | I009 | Liam | 여성 | 84 | 89 | O | 0 | 86.5 | |
| 20 | | K011 | Ethan | 여성 | 83 | 78 | X | -10 | 80.5 | |
| 21 | | M013 | Benjamin | 여성 | 91 | 93 | X | -10 | 92 | |
| 22 | | O015 | William | 여성 | 86 | 89 | X | -10 | 87.5 | |
| 23 | | Q017 | Noah | 여성 | 85 | 87 | X | -10 | 86 | |
| 24 | | S019 | James | 여성 | 94 | 92 | X | -10 | 93 | |
| 25 | | | | 여성 최대 | | | | | 93 | |
| 26 | | | | 여성 요약 | 852 | 874 | | | | |
| 27 | | | | 전체 최대값 | | | | | 93 | |
| 28 | | | | 총합계 | 1658 | 1680 | | | | |

**2. '분석 작업-2' 시트에 대하여 다음의 지시 사항을 처리하시오. (10점)**

[목표값 찾기] 기능을 이용하여 '사원 건강 관리표'에서 임은지의 BMI[D13]가 25가 되려면 체중[B13]이 얼마가 되어야 하는지 계산하시오.

**기타 작업(20점)** 주어진 시트에서 다음 작업을 수행하고 저장하시오.

1. '매크로 작업' 시트의 [표]에서 다음과 같은 기능을 수행하는 매크로를 현재 통합 문서에 작성하고 실행하시오.
 (각 5점)

 ① [F4:F13] 영역에 고객별 적립포인트를 계산하는 매크로를 생성하여 실행하시오.
 ▶ 매크로 이름: 적립포인트
 ▶ 적립 포인트: [1월 구매실적]*10%+[2월 구매실적]*7%+[3월 구매실적]*5%
 ▶ [개발 도구] → [삽입] → [양식 컨트롤]의 '단추'를 동일 시트의 [H4:I5] 영역에 생성하고, 텍스트를 '적립포인트'로 입력한 후 단추를 클릭할 때 '적립포인트' 매크로가 실행되도록 설정하시오.
 ② [A3:F3] 영역에 채우기 색 '표준 색 – 노랑'으로 적용하는 매크로를 생성하여 실행하시오.
 ▶ 매크로 이름: 채우기색
 ▶ [삽입] → [일러스트레이션] → [도형] → [기본 도형]의 '사각형: 빗면(□)'을 동일 시트의 [H7:I8] 영역에 생성하고, 텍스트를 '채우기'로 입력한 후 도형을 클릭할 때 '채우기색' 매크로가 실행되도록 설정하시오.

 ※ 셀 포인터의 위치에 상관없이 현재 통합 문서에서 매크로가 실행되어야 정답으로 인정됨

2. '차트 작업' 시트의 차트에서 다음 지시 사항에 따라 아래 <그림>과 같이 차트를 수정하시오. (각 2점)
 ※ 차트는 반드시 문제에서 제공한 차트를 사용하여야 하며, 신규로 작성 시 0점 처리됨

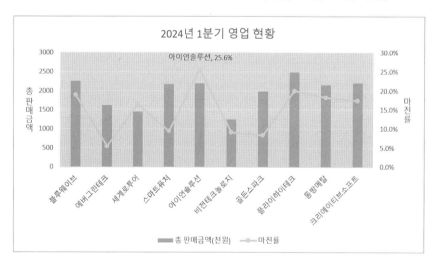

 ① '제품 B 판매금액(천원)'과 '지역' 요소가 제거되도록 데이터 범위를 수정하시오.
 ② '마진률' 계열은 차트 종류를 '표식이 있는 꺾은선형'으로 변경하고, '보조 축'으로 지정하시오.
 ③ 차트 제목은 '차트 위'로 추가하고 [A1] 셀과 연동하여 표시하시오.
 ④ '마진률' 계열의 '아이언솔루션' 요소에만 <그림>과 같이 데이터 레이블 값을 표시하시오.
 ⑤ 세로 (값) 축 제목과 보조 세로 (값) 축 제목은 그림과 같이 표시하고, 그림 영역은 '반투명 – 회색, 강조 3, 윤곽선 없음'으로 설정하시오.

## 문제 1    기본 작업(20점)

### 1. '기본 작업-1' 정답   <생략>

### 2. '기본 작업-2' 정답

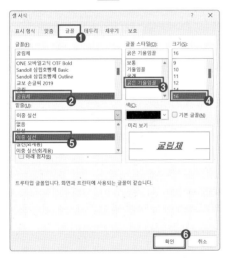

| | B | C | D | E | F | G | H | I |
|---|---|---|---|---|---|---|---|---|
| 2 | | | *가격 변동 사항표* | | | | | |
| 3 | | | | | | | | |
| 4 | 품목코드 | 품목명 | 분류 | 단위 kg | 시세 | 전월대비 상승률 | 거래일 | |
| 5 | AB-12 | 사 과 | | 15 | 30,000 | | | |
| 6 | BB-87 | 바 나 나 | 과일 | 10 | 27,000 | 23.00% | 8/12 (토) | |
| 7 | CA-93 | 청 포 도 | | 10 | 18,000 | 25.00% | 8/1 (화) | |
| 8 | AC-23 | 토 마 토 | | 10 | 25,000 | 12.00% | 7/13 (수) | |
| 9 | BA-09 | 고 구 마 | 채소 | 20 | 35,000 | 27.00% | 6/3 (월) | |
| 10 | CB-22 | 당 근 | | 20 | 15,000 | 18.00% | 10/12 (목) | |
| 11 | DD-56 | 양 파 | | 10 | 20,000 | 19.00% | 12/1 (금) | |
| 12 | | | | | | | | |

(G8 메모: 가장 큰 전월대비 상승률)

① [B2:H2] 범위를 선택한 후 Ctrl + 1 을 누른다. [셀 서식] 대화 상자가 실행되면 [맞춤] → [텍스트 맞춤] → [가로] → '선택 영역의 가운데로'를 선택하고, [글꼴] → [글꼴] → '굴림체', [크기] → '16', [글꼴 스타일] → '굵은 기울임꼴', [밑줄] → '이중 실선'을 선택한 후 확인 을 클릭한다.

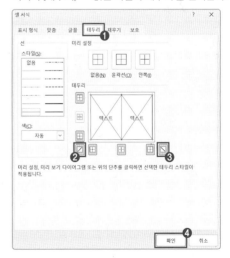

📢 [셀 서식] → '밑줄' → '이중 실선'과 [홈] → [글꼴] → '밑줄' → '이중 밑줄'은 동일하다.

② [D5:D7] 범위를 선택한 후 Ctrl 을 누른 채 [D8:D11]을 선택한다. [홈] → [맞춤] → '병합하고 가운데 맞춤'을 선택하고 [B4:H4] 범위를 선택한 후 [홈] → [스타일] → [셀 스타일] → '황금색, 강조색4'를 선택한다.

③ [G6:G11] 범위를 선택한 후 Ctrl + 1 을 눌러 [셀 서식] 대화 상자가 실행되면 [표시 형식] → '사용자 지정'을 선택하고 형식 입력 창에 **0.00"%"**를 입력한 후 확인 을 클릭한다.

📢 정수값의 소수점 두 자리는 0으로 출력되어야 하기 때문에 서식 코드 # 대신 0을 이용해 0.00을 입력한다. 0.00 뒤에 %를 단위처럼 입력해 주기 위해서 큰따옴표로 묶은 **"%"**를 입력한다.

[H6:H11] 범위를 선택한 후 Ctrl + 1 을 눌러 [셀 서식] 대화 상자가 실행되면 [표시 형식] → '사용자 지정 형식' 입력 창에 **M/D (aaa)**를 입력한 후 확인 을 클릭한다.

④ [C5:C11] 범위를 선택한 후 Ctrl + 1 을 누른다. [셀 서식] 대화 상자가 실행되면 [맞춤] → [가로] → '균등 분할(들여쓰기)'를 선택하고 확인 을 클릭한다.

[G9] 셀을 선택한 후 마우스 오른쪽을 클릭해 [메모 삽입] 메뉴를 선택해 **가장 큰 전월대비 상승률**을 입력한다. [G9] 셀을 선택한 후 마우스 오른쪽을 클릭해 [메모 표시/숨기기] 메뉴를 선택한다. 메모 테두리를 선택한 후 마우스 오른쪽을 클릭해 [메모 서식] 메뉴를 선택하고 [메모 서식] 대화 상자가 실행되면 [맞춤] → '자동 크기'에 체크하고 확인 을 클릭한다.

⑤ [G5:H5] 범위를 선택한 후 Ctrl + 1 을 누른다. [셀 서식] 대화 상자 → [테두리] → [왼쪽 대각선(☑)]과 [오른쪽 대각선(☑)]을 선택한 후 확인 을 클릭한다. [B4:H11] 범위를 선택한 후 [홈] → [글꼴] → [테두리] → '모든 테두리'를 선택하고 이어서 [테두리] → '굵은 바깥쪽 테두리'를 선택한다.

## 3. '기본 작업-3' 정답

| | A | B | C | D | E | F | G |
|---|---|---|---|---|---|---|---|
| 9 | | Alex | 35 | 남성 | 미국 | 경영컨설턴트 | alex@bbc.com |
| 10 | | Emma | 29 | 여성 | 미국 | 의사 | emma@aaa.com |
| 11 | | Michael | 42 | 남성 | 캐나다 | 변호사 | michael@gcd.com |
| 12 | | Chloe | 27 | 여성 | 프랑스 | 회계사 | chloe@abc.com |
| 13 | | Liam | 31 | 남성 | 호주 | 엔지니어 | liam@cdd.com |
| 14 | | Sophia | 26 | 여성 | 미국 | 디자이너 | sophia@eff.com |
| 15 | | | | | | | |
| 16 | | 성별 | 이름 | | | | |
| 17 | | <>남성 | *a* | | | | |
| 18 | | | | | | | |
| 19 | | | | | | | |
| 20 | | 이름 | 나이 | 직업 | 성별 | | |
| 21 | | Sarah | 30 | 디자이너 | 여성 | | |
| 22 | | Emma | 29 | 의사 | 여성 | | |
| 23 | | Sophia | 26 | 디자이너 | 여성 | | |

① [B16] 셀에 **성별**, [C16] 셀에 **이름**, [B17] 셀에 **<>남성**, [C17] 셀에 ***a***를 입력한다.

② 결과를 추출할 복사 위치 [B20] 셀에 **이름**, [C20] 셀에 **나이**, [D20] 셀에 **직업**, [E20] 셀에 **성별**을 순서대로 입력한다.

③ 원본 데이터[B4:G14] 범위에서 임의의 셀을 선택한 후 [데이터] → [정렬 및 필터] → [고급]을 선택한다.

④ [고급 필터] 대화 상자가 실행되면 목록 범위는 [B4:G14], 조건 범위는 [B16:C17]을 지정한 후 '다른 장소에 복사'를 선택하고 복사 위치에 [B20:E20] 범위를 지정한 후 [확인]을 클릭한다.

범위에 같은 값을 출력한다.

- IF(D3>=LARGE($D$3:$D$12,2),"A"): 각 사람들의 점수[D3]가 LARGE로 구한 값 이상일 경우 [E3] 셀에 결과값 'A'를 입력한다.
- SMALL($D$3:$D$12,2): 점수[D3:D12] 범위에서 2번째로 작은 값을 구한다. [E3:E12] 범위에 같은 값을 출력하기 위해서 점수 범위는 절대 참조한다.
- IF(D3<=SMALL($D$3:$D$12,2),"C","B"): 각 점수[D3]가 SMALL로 구한 값 이하인 경우 [E3] 셀에 결과값 'C'를 그 외는 'B'를 입력한다.

## 2. 정답

| | G | H | I | J | K | L |
|---|---|---|---|---|---|---|
| 1 | [표2] | | | | | |
| 2 | 성명 | 마케팅원론 | 재무관리 | 회계과 이해 | 인적자원관리 | 경영정보시스템 |
| 3 | 김우식 | ○ | ○ | ○ | | ○ |
| 4 | 오주미 | ○ | | | ○ | |
| 5 | 김우영 | ○ | | ○ | | |
| 6 | 차웅호 | | ○ | | ○ | |
| 7 | 여주미 | | | ○ | | |
| 8 | 김아람 | ○ | | | ○ | ○ |
| 9 | 김민석 | | ○ | | ○ | |
| 10 | 고승주 | ○ | | | | |
| 11 | 결과 | 유지 | 보류 | 유지 | 폐강 | 보류 |
| 12 | | | | | | |

| | K | L | M | N | O | P | Q | R |
|---|---|---|---|---|---|---|---|---|
| | 인적자원관리 | 경영정보시스템 | | | <신청인원별 결과표> | | | |
| | | | | | 수강신청 인원 | | 결과 | |
| | | | | | 0 | 2 | 폐강 | |
| | ○ | | | | 3 | 5 | 보류 | |
| | | ○ | | | 6 | 8 | 유지 | |

[H11] 셀에 **=VLOOKUP(COUNTA(H3:H10),$O$4:$Q$6,3,TRUE)** 수식을 입력한 후 [L11] 셀까지 수식을 복사한다.

- COUNTA(H3:H10): 과목별로 수강 신청한 사람들의 수를 구한다.
- VLOOKUP(COUNTA(H3:H10),$O$4:$Q$6,3,TRUE): 절대 참조한 신청인원별 결과표[O4:Q6]의 첫 번째 열에서 COUNTA로 구한 수강신청 인원을 유사한 값(TRUE)으로 검색한 다음 3번째 열에 위치한 결과 값을 찾는다.
- ※ 데이터를 검색하고 추출할 때 같은 신청인원별 결과표[O4:Q6]의 값이 출력되어야 하므로 VLOOKUP에서 찾는 범위 [O4:Q6]는 절대 참조로 입력해야 한다.

---

## 문제 2 계산 작업(40점)

### 1. 정답

| | A | B | C | D | E |
|---|---|---|---|---|---|
| 1 | [표1] 소속별 평가 | | | | |
| 2 | 번호 | 성명 | 소속 | 점수 | 평가 |
| 3 | 1 | 신지수 | 서초 | 99 | A |
| 4 | 2 | 김채원 | 방배 | 85 | A |
| 5 | 3 | 오승준 | 서초 | 80 | B |
| 6 | 4 | 오지숙 | 방배 | 70 | B |
| 7 | 5 | 양채은 | 서초 | 75 | B |
| 8 | 6 | 정미주 | 방배 | 35 | C |
| 9 | 7 | 김정호 | 서초 | 65 | B |
| 10 | 8 | 오우진 | 방배 | 25 | C |
| 11 | 9 | 신영호 | 방배 | 73 | B |
| 12 | 10 | 우지수 | 서초 | 55 | B |
| 13 | | | | | |

[E3] 셀에 **=IF(D3>=LARGE($D$3:$D$12,2),"A",IF(D3<=SMALL($D$3:$D$12,2),"C","B"))** 수식을 입력한 후 [E12] 셀까지 수식을 복사한다.

- LARGE($D$3:$D$12,2): 점수[D3:D12] 범위에서 2번째로 큰 값을 구한다. 이때 점수 범위는 절대 참조로 입력해 [E3:E12]

### 3. 정답

| | A | B | C | D | E | F |
|---|---|---|---|---|---|---|
| 15 | [표3] ABC 고등학교 1학기 성적 | | | | | |
| 16 | 성명 | 반 | 중간고사 | 기말고사 | 평균 | |
| 17 | 신지수 | 1반 | 88 | 75 | 81.5 | |
| 18 | 김채원 | 2반 | 85 | 78 | 81.5 | |
| 19 | 오승준 | 1반 | 55 | 62 | 58.5 | |
| 20 | 오지숙 | 3반 | 75 | 81 | 78.0 | |
| 21 | 양채은 | 5반 | 85 | 84 | 84.5 | |
| 22 | 이지우 | 3반 | 90 | 89 | 89.5 | |
| 23 | 김영아 | 4반 | 92 | 90 | 91.0 | |

| 24 | 오지수 | 5반 | 92 | 93 | 92.5 | |
|---|---|---|---|---|---|---|
| 25 | 김병철 | 4반 | 76 | 82 | 79.0 | 성명 |
| 26 | 민원우 | 2반 | 83 | 65 | 74.0 | 오지수 |
| 27 | | | | | | |

**[F26] 셀에 =INDEX(A17:A26,MATCH(MAX(E17:E26),E17:E26,0)) 수식을 입력한다.**

- MAX(E17:E26): 평균[E17:E26] 범위에서 최댓값을 구한다.
- MATCH(MAX(E17:E26),E17:E26,0): 평균[E17:E26] 범위에서 MAX 함수로 구한 최댓값의 행 번호(8)를 구한다.
- INDEX(A17:A26,MATCH(MAX(E17:E26),E17:E26,0)): 성명[A17:A26] 범위 내에서 MATCH로 구한 8번째 행에 위치한 성명을 구한다.

### 4. 정답

| | A | B | C | D | E | F |
|---|---|---|---|---|---|---|
| 28 | [표4] 스터디카페 이용시간 | | | | | |
| 29 | 자리 | 입실시간 | 퇴실시간 | 이용시간 | | |
| 30 | A3 | 12:10 | 13:00 | 1시간 | | |
| 31 | A8 | 10:00 | 12:00 | 2시간 | | |
| 32 | B9 | 10:00 | 10:30 | 1시간 | | |
| 33 | B12 | 11:20 | 15:50 | 5시간 | | |
| 34 | B7 | 13:10 | 14:20 | 1시간 | | |
| 35 | C1 | 14:30 | 15:30 | 1시간 | | |
| 36 | C4 | 13:30 | 15:05 | 2시간 | | |
| 37 | E8 | 15:10 | 16:40 | 2시간 | | |

**[D30] 셀에 =IF(MINUTE(C30-B30)>=30,HOUR(C30-B30)+1,HOUR(C30-B30))&"시간" 수식을 입력한 후 [D37] 셀까지 수식을 복사한다.**

- MINUTE(C30-B30): 퇴실시간[C30]의 '분', 입실시간[B30]의 '분'으로 이용시간의 '분'을 구한다.
- HOUR(C30-B30): 퇴실시간[C30]의 '시', 입실시간[B30]의 '시'로 이용시간의 '시'를 구한다.
- IF(MINUTE(C30-B30)>=30,HOUR(C30-B30)+1,HOUR(C30-B30))&"시간": 이용시간의 '분'이 30분 이상이면 이용시간의 '시'에서 1시간을 더하고 연결 연산자(&)를 이용해 '시간' 단위를 붙여서 표시한다. 30분 이상이 아니면 이용시간의 '시' 결과에 연결 연산자(&)를 이용해 '시간' 단위를 붙여서 표시한다.

### 5. 정답

| | G | H | I | J | K | L |
|---|---|---|---|---|---|---|
| 28 | [표5] 오성전자회사 직원 기록표 | | | | | |
| 29 | 사원명 | 부서 | 성별 | 전화번호 | 이메일 | 아이디 |
| 30 | 신지수 | personnel | w | 010-3424-3245 | sjk6712@aa.net | sjk6712 |
| 31 | 김채원 | general affairs | w | 010-237-2435 | kyy710@eee.com | kyy710 |
| 32 | 오승준 | accounting | m | 010-6571-0035 | ymaa@hhh.net | ymaa |
| 33 | 오지숙 | finance | w | 010-6555-9975 | jsgh81@ee.com | jsgh81 |
| 34 | 양채은 | personnel | w | 010-792-3890 | jsh81@aaa.net | jsh81 |
| 35 | 이지우 | accounting | m | 010-5834-4551 | ksfdsf@hh.kr | ksfdsf |
| 36 | 김영아 | personnel | w | 010-3453-2222 | lee7899@nnn.com | lee7899 |
| 37 | 오지수 | general affairs | m | 010-9800-0098 | hbk82@dd.net | hbk82 |
| 38 | 김병철 | general affairs | m | 010-1288-6543 | kteo12@mm.com | kteo12 |
| 39 | 민원우 | finance | m | 010-2323-9872 | Jdfds@ddd.net | Jdfds |

**[L30] 셀에 =MID(K30,1,SEARCH("@",K30)-1) 수식을 입력한 후 [L39] 셀까지 수식을 복사한다.**

- SEARCH("@",K30): 각 사원의 이메일[K30]에서 @의 위치값을 구한다.
- SEARCH("@",K30)-1: SEARCH를 통해 구한 위치값에서 -1을 해 @를 제외하고 @ 앞까지의 문자 수를 구한다.
- MID(K30,1,SEARCH("@",K30)-1): 각 사원의 이메일[K30]에서 첫 번째부터 SEARCH로 구한 글자 수만큼 추출해 아이디를 추출한다.

### 문제 3 분석 작업(20점)

#### 1. '분석 작업-1' 정답

① [B3:I22] 범위에서 임의의 셀을 선택한 후 [데이터] → [정렬 및 필터] → [정렬]을 선택한다.
② [정렬] 대화 상자가 실행되면 정렬 기준을 '성별', '셀 값', '오름차순'을 선택하고 확인을 클릭한다.
③ 정렬이 된 데이터 [B3:I22] 범위에서 임의의 셀을 선택한 후 [데이터] → [개요] → [부분합]을 선택한다.
④ [부분합] 대화 상자가 실행되면 그룹화할 항목은 '성별', 사용할 함수는 '합계', 부분합 계산 항목은 '평가항목1', '평가항목2'를 체크하고 확인을 클릭한다.

📢 주어진 그림에서 '요약(합계) 결과값(14행과 26행)은 '평가항목1'과 '평가항목2' 밑에만 출력되었기 때문에 모든 항목은 '평가항목1'과 '평가항목2'를 뜻한다.

⑤ 다시 [부분합]을 선택한 후 그룹화할 항목은 '성별', 사용할 함수는 '최대', 부분합 계산 항목은 '평균점수'를 선택한 다음 '새로운 값으로 대치'에 선택을 해제한 후 확인을 클릭한다.

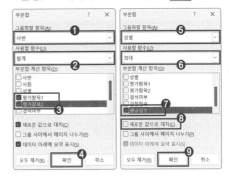

# 03

## 2. '분석 작업-2' 정답

| | A | B | C | D | E | F | G | H |
|---|---|---|---|---|---|---|---|---|
| 2 | | 사원 건강 관리표 | | | | | | |
| 3 | | | | | | | | |
| 4 | 사원명 | 체중 | 신장(m) | BMI | | | | |
| 5 | 김지훈 | 78.3 | 1.75 | 26 | | | | |
| 6 | 이서연 | 69.2 | 1.7 | 24 | | | | |
| 7 | 박민우 | 72.9 | 1.72 | 25 | | | | |
| 8 | 최지민 | 58.5 | 1.75 | 19 | | | | |
| 9 | 정승현 | 56.7 | 1.68 | 20 | | | | |
| 10 | 강영주 | 65.4 | 1.73 | 22 | | | | |
| 11 | 한민지 | 99.4 | 1.88 | 28 | | | | |
| 12 | 송재현 | 84.7 | 1.8 | 26 | | | | |
| 13 | 임은지 | 71.4 | 1.69 | 25 | | | | |

[D13] 셀을 선택한 후 [데이터] → [예측] → [가상 분석] → '목표 값 찾기'를 선택한다. [목표값 찾기] 대화 상자가 실행되면 [수식 셀]에 [$D$13], [찾는 값]에 **25**, [값을 바꿀 셀]에 [B13] 셀을 지정 하고 [확인]을 클릭한다.

---

## 문제 4 기타 작업(20점)

### 1. '기타 작업-1' 정답

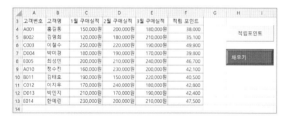

#### ① 적립포인트 매크로

1) 주어진 단추의 위치 [H4:I5] 범위를 미리 선택한 뒤 [개발 도 구] → [컨트롤] → [삽입] → [단추 (양식 컨트롤)]을 선택하고 마우스 포인터의 모양이 '+' 모양으로 바뀌면 [H4:I5] 범위에 Alt 를 누른 채 드래그한다.

2) [매크로 지정] 대화 상자의 매크로 이름에 **적립포인트**를 입 력하고 [기록]을 클릭한다. 자동으로 '적립포인트'의 매크로 이 름이 선택된 [매크로 기록] 대화 상자가 실행되면 [확인]을 클 릭하여 기록을 시작한다.

3) [F4] 셀을 선택한 후 **=C4\*10%+D4\*7%+E4\*5%**를 입력하 고 Enter 를 누른다. [F13] 셀까지 수식을 복사한 후 상태 표시 줄의 [기록 중지]를 클릭 혹은 [개발 도구] → [코드] → [기록 중지]를 선택하여 매크로 기록을 종료한다.

4) 도형에서 마우스 오른쪽을 클릭한 후 [텍스트 편집] 메뉴를 선택하고 **적립포인트**를 입력한다.

#### ② 채우기색 매크로

1) 문제에서 주어진 도형의 위치 [H7:I8] 범위를 미리 선택한 뒤 [삽입] → [일러스트레이션] → [도형] → [기본 도형] - '사각 형: 빗면'을 클릭한다.

2) 마우스 포인터의 모양이 '+' 모양으로 바뀌면 [H7:I8] 범위에 Alt 를 누른 채 드래그한다. '빗면' 도형에 **채우기**를 입력한다.

3) '빗면' 도형에서 마우스 오른쪽을 클릭하고 [매크로 지정] 메 뉴를 선택한다.

4) [매크로 지정] 대화 상자가 실행되면 매크로 이름에 '채우기 색'을 입력하고 [기록]을 클릭한다. 자동으로 '채우기색' 매크 로 이름이 선택된 [매크로 기록] 대화 상자가 실행되면 [확인] 을 클릭한다.

5) 매크로 기록이 시작되면 [A3:F3] 범위를 지정한 후 [홈] → [글 꼴] → [채우기 색] → '표준 색 - 노랑'을 선택한 후 상태 표시 줄의 [기록 중지]를 클릭 혹은 [개발 도구] → [코드] → [기록 중지]를 선택하여 매크로 기록을 종료한다.

### 2. '기타 작업-2' 정답

① 차트 데이터 범위 수정: 차트 범위를 선택한 후 마우스 오른 쪽을 클릭하고 [데이터 선택] 메뉴를 선택한다. [데이터 원본 선택] 대화 상자가 실행되면 '범례 항목(계열)'에서 '제품 B 판 매금액(천원)'을 선택하고 [제거]를 클릭한다. '가로(항목) 축 레이블'의 '편집'에서 [A4:A13] 범위를 선택한 후 [확인]을 클 릭한다.

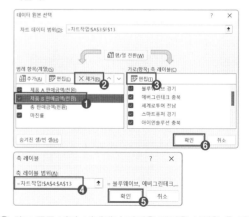

② 차트 종류 변경: 범례에서 마진율 계열을 선택한 후 마우스 오른쪽을 클릭해 [계열 차트 종류 변경]을 선택한다. [차트 종 류 변경] 대화 상자가 실행되면 [혼합]을 선택한 후 마진율 계 열을 '표식이 있는 꺾은선형', '보조 축'으로 선택하고 [확인]을 클릭한다.

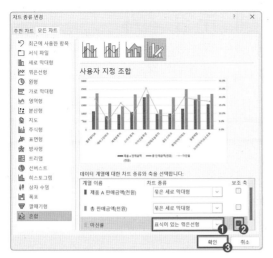

③ 차트 제목 설정: 차트를 선택한 후 차트 요소(+) → '차트 제목' → '차트 위'를 클릭한다. 차트 제목이 선택된 상태에서 수식 입력줄에 =를 입력한 후 [A1] 셀을 선택하고 Enter 를 누른다.

④ 차트 데이터 레이블 설정: 차트의 '마진률' 계열의 '아이언솔루션' 항목만 두 번 클릭한 후 마우스 오른쪽을 클릭해 [데이터 레이블 추가] 메뉴를 선택한다. 데이터 레이블을 더블클릭해 [데이터 레이블 서식]이 실행되면 [레이블 내용] → '항목 이름', [레이블 위치] → '위쪽'을 선택한다.

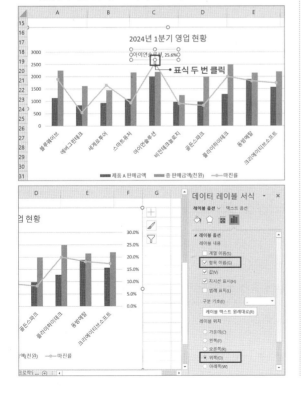

⑤ 축 제목 추가와 그림 영역 서식: 차트를 선택한 후 차트 요소(+) → [축 제목] → '기본 세로'와 '보조 세로'에 체크한다.

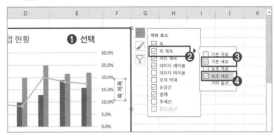

'세로 (값) 축 제목'에는 **총 판매금액**, '보조 세로 (값) 축 제목'에는 **마진률**을 입력한다. 이어서 세로 (값) 축 제목 테두리를 더블클릭하고 [축 제목 서식]이 실행되면 [텍스트 옵션] → [텍스트 방향] → '세로'를 선택한다. 보조 세로 (값) 축 제목도 테두리를 선택한 후 [텍스트 옵션] → [텍스트 방향] → '세로'를 선택한다.

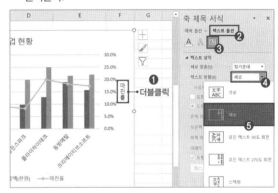

그림 영역을 선택한 후 [서식] → [도형 스타일] → [미리 설정] → '반투명 – 회색, 강조 3, 윤곽선 없음'을 선택한다.

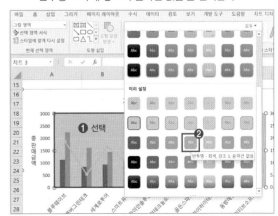

# 04 2024년 기출문제 유형 2회

| 프로그램명 | 제한시간 |
|---|---|
| EXCEL 2021 | 40분 |

수험번호 :

성　　명 :

www.ebs.co.kr/compass
(EBS 홈페이지에서 엑셀 실습파일 다운로드)
파일명: 기출(문제) – 24년 2회

**문제 1** **기본 작업(20점)** 주어진 시트에서 다음 과정을 수행하고 저장하시오.

**1.** '기본 작업-1' 시트에 다음의 자료를 주어진 대로 입력하시오. (5점)

| | A | B | C | D | E | F | G |
|---|---|---|---|---|---|---|---|
| 1 | | | | | | | |
| 2 | 주문코드 | 상품명 | 판매가격 | 주문수량 | 판매비율 | 입금확인 | |
| 3 | KD-102 | 시크한 블랙 드레스 | 98000 | 149 | 45.12% | 확인 | |
| 4 | IE-394 | 여름 블라우스 셋트 | 120000 | 249 | 55.34% | | |
| 5 | DC-394 | 캐주얼 데님 자켓 | 100000 | 284 | 62.00% | | |
| 6 | DD-393 | 화사한 플로럴 스커트 | 78000 | 238 | 52.41% | 확인 | |
| 7 | AB-641 | 멋스러운 터틀넥 니트 | 65000 | 112 | 32.89% | | |
| 8 | HO-904 | 스포티한 트랙 팬츠 | 55000 | 98 | 18.56% | | |

**2.** '기본 작업-2' 시트에 대하여 다음의 지시 사항을 처리하시오. (각 2점)

① [B2:H2] 영역은 '병합하고 가운데 맞춤', 밑줄 '이중 실선(회계용)', 글꼴 크기 '16', 글꼴 스타일 '굵게', 행 높이 '28'로 지정하시오.

② [H3] 셀은 사용자 지정 표시 형식을 이용하여 [표시 예]와 같이, [E5:E10] 영역은 '간단한 날짜'로 표시하시오.
　[ 표시 예: 2023-08-02 → 23년 08월 02일(토요일) ]

③ [B4:H4], [B5:D10], [G5:H10] 영역은 '가로 가운데 맞춤'으로 지정하고, [B4:H4] 영역은 '제목 4'의 스타일로 지정하시오.

④ [B5:B10] 영역은 사용자 지정 표시 형식을 이용하여 'OS-'와 함께 숫자는 3자리로 표시될 수 있도록 설정하고, [F5:F10] 영역은 '통화' 표시 형식으로 설정하시오.
　[ 표시 예: 1 → OS-001 ]

⑤ [B4:H10] 영역은 '모든 테두리(田)'를 적용한 후 '굵은 바깥쪽 테두리(□)'를 적용하여 표시하시오.

**3.** '기본 작업-3' 시트에 대하여 다음의 지시 사항을 처리하시오. (5점)

[표1]에서 2023년 변화와 2024년 변화가 3% 이상인 행 전체에 대해서 글꼴 스타일을 '굵은 기울임꼴', 글꼴 색을 '표준 색 – 빨강'으로, 2023년 변화와 2024년 변화가 -3% 이하인 행 전체에 대해서 글꼴 스타일을 '굵은 기울임꼴', 글꼴 색을 '표준 색 – 파랑'으로 지정하는 조건부 서식을 작성하시오. (5점)

▶ AND 함수 사용

▶ 단, 규칙 유형은 '수식을 사용하여 서식을 지정할 셀 결정'을 사용하고 한 개의 규칙으로만 작성

**문제 2** 계산 작업(40점) '계산 작업' 시트에서 다음 과정을 수행하고 저장하시오.

1. [표1]에서 연령[B4:B13]이 30대인 스프레드시트[D4:D13] 점수의 최솟값과 최댓값의 차이를 절대값으로 [E13] 셀에 계산하여 나타내시오. (8점)

   ▶ DMIN, DMAX, ABS 함수 사용
   ▶ 단, 조건은 [F12] 셀부터 직접 입력하시오.

2. [표2]에서 상품명[K4:K13] 중 우유가 아닌 것에 대한 가격의 합계를 구하여 [N4] 셀에 표시하시오. (8점)

   ▶ [M3:M4] 영역에 조건을 직접 입력하시오.
   ▶ DSUM, DAVERAGE, DMAX 함수 중 알맞은 함수 사용

3. [표3]에서 1차 달리기 기록[C18:C26]이 2위 이내이거나, 2차 달리기 기록[D18:D26]이 2위 이내인 경우 '본선', 그렇지 않은 경우 공백으로 결과[E18:E26]에 표시하시오. (8점)

   ▶ IF, OR 사용, LARGE, SMALL 중 알맞은 함수 사용

4. [표4]에서 시험일[L18:L24] 영역의 일자가 5의 배수이면 '정기시험', 그 외는 '상시시험'으로 시험구분[M18:M24]에 표시하시오. (8점)

   ▶ IF, DAY, MOD 함수 사용

5. [표5]에서 코드[A30:A36]에 해당하는 외환보유액 (억 달러)[H30:H37]을 찾아 결과[E30:E36]에 [표시 예]처럼 표시하시오. (8점)

   ▶ [ 표시 예: 코드: BR-04, 외환보유액 (억 달러): 300 → Br-300 ]
   ▶ LEFT, PROPER, VLOOKUP 함수와 & 연산자 사용

**문제 3** 분석 작업(20점) 주어진 시트에서 다음 작업을 수행하고 저장하시오.

1. '분석 작업-1' 시트에 대하여 다음의 지시 사항을 처리하시오. (10점)

   '보라가구 매출 현황'은 매출액[B5], 매출원가[B7], 총 경비[B8]를 이용해서 영업 이익률[B9]을 계산한 것이다. [데이터 표] 기능을 이용하여 매출액과 매출원가의 변동에 따른 영업 이익률의 변화를 [F6:J12] 영역에 계산하여 표시하시오.

2. '분석 작업-2' 시트에 대하여 다음의 지시 사항을 처리하시오. (10점)

   데이터 도구 [통합] 기능을 이용하여 [표1], [표2], [표3]에 대한 부서별 '기본자질', '업무지식', '의욕태도'의 합계를 [표4]의 [H5:J9] 영역에 계산하시오. (10점)

1. '매크로 작업' 시트의 [표]에서 다음과 같은 기능을 수행하는 매크로를 현재 통합 문서에 작성하고 실행하시오. (각 5점)

　① [F6:F10] 영역에 부서별 총점을 계산하는 매크로를 생성하여 실행하시오.
　　▶ 매크로 이름: 총점
　　▶ 총점: 기본자질 + 업무지식 + 의욕태도
　　▶ SUM 함수 사용
　　▶ [개발 도구] → [삽입] → [양식 컨트롤]의 '단추'를 동일 시트의 [H5:I6] 영역에 생성하고, 텍스트를 '총점'으로 입력한 후 단추를 클릭할 때 '총점' 매크로가 실행되도록 설정하시오.
　② [B5:F5], [B6:B10] 영역의 글꼴 스타일 '굵게', 글꼴 색 '표준 색 – 파랑'으로 적용하는 매크로를 생성하여 실행하시오.
　　▶ 매크로 이름: 서식
　　▶ [삽입] → [일러스트레이션] → [도형] → [기본 도형]의 '육각형(⬡)'을 동일 시트의 [H8:I9] 영역에 생성하고, 텍스트를 '서식적용'으로 입력한 후 도형을 클릭할 때 '서식' 매크로가 실행되도록 설정하시오.

※ 셀 포인터의 위치에 상관없이 현재 통합 문서에서 매크로가 실행되어야 정답으로 인정됨

2. '차트 작업' 시트의 차트에서 다음 지시 사항에 따라 아래 <그림>과 같이 차트를 수정하시오. (각 2점)

※ 차트는 반드시 문제에서 제공한 차트를 사용하여야 하며, 신규로 작성 시 0점 처리됨

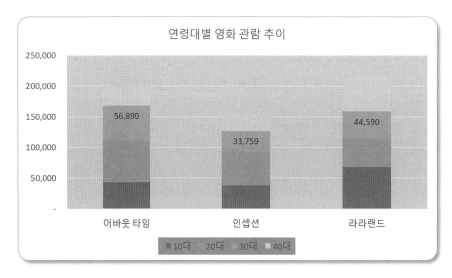

　① '합계' 계열이 제거되도록 데이터 범위를 수정하시오.
　② 차트 종류를 '누적 세로 막대형'으로 변경하시오.
　③ 범례 영역의 채우기 색은 '청회색, 텍스트2, 40% 더 밝게'로 지정하고, 그림 영역은 '반투명 – 파랑, 강조 5, 윤곽선 없음'으로 지정하시오.
　④ 간격 너비는 '150%'로 설정, '30대' 계열에만 데이터 레이블 '값'을 표시하고, 레이블 위치를 '안쪽 끝에'로 설정하시오.
　⑤ 차트 영역의 서식은 테두리에 '그림자(오프셋: 오른쪽 아래)', '둥근 모서리', 글꼴 크기 '10'으로 설정하시오.

# 04 2024년 기출문제 유형 2회 **정답 및 해설**

컴퓨터활용능력 2급

**문제 1** 기본 작업(20점)

**1. '기본 작업-1' 정답** <생략>

**2. '기본 작업-2' 정답**

① [B2:H2] 범위를 선택한 후 [홈] → [맞춤] → [병합하고 가운데 맞춤]을 선택한다.

Ctrl + 1 을 누르고 [셀 서식] 대화 상자가 실행되면 [글꼴] → [밑줄] → '이중 실선(회계용)', [글꼴 크기] → '16', [글꼴 스타일] → '굵게'를 선택한 후 확인 을 클릭한다. 2행의 머리글에서 마우스 오른쪽을 클릭해 [행 높이] 메뉴를 선택한다. [행 높이] 대화 상자가 실행되면 **28**을 입력한 후 확인 을 클릭한다.

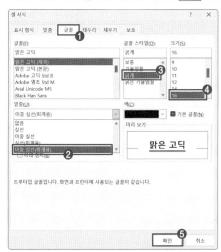

② [H3] 셀을 선택한 후 Ctrl + 1 을 누른다. [셀 서식] 대화 상자가 실행되면 [표시 형식]의 '사용자 지정'을 선택하고 형식 입력 창에 yy"년" mm"월" dd"일"(aaaa)를 입력한 후 확인 을 클릭한다.

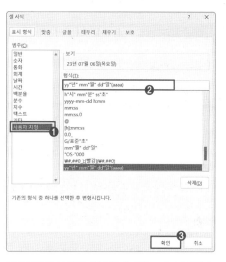

③ [E5:E10] 범위를 선택한 후 [홈] → [표시 형식] → '간단한 날짜'를 선택한다.

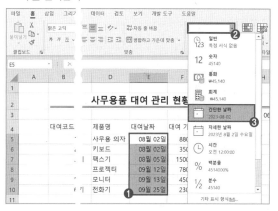

④ [B4:H4] 범위를 선택한 후 Ctrl 을 누른 채 [B5:D10], [G5:H10] 범위를 선택하고 [홈] → [맞춤] → '가로 가운데 맞춤'을 선택한다. 이어서 [B4:H4] 범위를 선택한 후 [홈] → [스타일] → [셀 스타일] → '제목 4'를 선택한다.

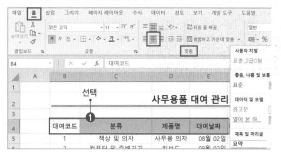

⑤ [B5:B10] 범위를 선택하고 Ctrl + 1 을 누른다. [셀 서식] 대화 상자가 실행되면 [표시 형식]의 '사용자 지정'을 선택한 후 형식 입력 창에 **"OS-"000**을 입력하고 확인 을 클릭한다.

📢 숫자는 3자리로 출력되어야 하기 때문에 숫자 서식 코드 0으로 입력한다.

⑥ [F5:F10] 범위를 선택한 후 [홈] → [표시 형식] → '통화'를 선택한다.

⑦ [B4:H10] 범위를 선택한 후 [홈] → [맞춤] → [테두리] → '모든 테두리'를 선택하고 이어서 [테두리] → '굵은 바깥쪽 테두리'를 선택한다.

### 3. '기본 작업-3' 정답

| | B | C | D | E | F |
|---|---|---|---|---|---|
| 3 | [표1] 보험사별 매출 현황 | | | | |
| 4 | 보험사명 | 매출 (단위: 백만 달러) | 순이익 (단위: 백만 달러) | 2023년 변화 | 2024년 변화 |
| 5 | 보험사 A | 500 | 50 | 5% | 3% |
| 6 | 보험사 B | 750 | 100 | -2% | 1% |
| 7 | 보험사 C | 300 | 20 | 10% | -2% |
| 8 | 보험사 D | 900 | 80 | -3% | -5% |
| 9 | 보험사 E | 600 | 70 | 8% | 6% |
| 10 | 보험사 F | 400 | 30 | -1% | 2% |
| 11 | 보험사 G | 550 | 60 | 4% | 7% |
| 12 | 보험사 H | 200 | 10 | 2% | -1% |

첫 번째 수식: =AND($E5>=3%,$F5>=3%)
두 번째 수식: =AND($E5<=-3%,$F5<=-3%)

① [B5:F12] 범위를 선택한 후 [홈] → [스타일] → [조건부 서식] → [새 규칙]을 선택한다.
② [새 서식 규칙] 대화 상자가 실행되면 '수식을 사용하여 서식을 지정할 셀 결정' 입력 창에 =AND($E5>=3%,$F5>=3%)을 입력하고 서식 을 클릭한다. 행 전체에 대해서 서식을 지정하기 위해서는 셀의 열을 고정한다.
③ [글꼴] → '굵은 기울임꼴', '표준 색 – 빨강'을 선택하고 확인 을 클릭한다.
④ [B5:F12] 범위를 선택한 후 [홈] → [스타일] → [조건부 서식] → [새 규칙]을 선택한다.
⑤ [새 서식 규칙] 대화 상자가 실행되면 '수식을 사용하여 서식

을 지정할 셀 결정' 입력 창에 =AND($E5<=-3%,$F5<=-3%)를 입력하고 서식 을 클릭한다. 행 전체에 대해서 서식을 지정하기 위해서는 셀의 열을 고정한다.
⑥ [글꼴] → '굵은 기울임꼴', '표준 색 – 파랑'을 선택하고 확인 을 클릭한다.

---

문제 2   계산 작업(40점)

### 1. 정답

| | A | B | C | D | E | F | G |
|---|---|---|---|---|---|---|---|
| 2 | [표1] 시험 현황 | | | | | | |
| 3 | 수험번호 | 연령 | 컴퓨터일반 | 스프레드시트 | | | |
| 4 | 201796708 | 27 | 80 | 70 | | | |
| 5 | 202056478 | 35 | 50 | 100 | | | |
| 6 | 201748576 | 28 | 95 | 65 | | | |
| 7 | 201127433 | 19 | 75 | 45 | | | |
| 8 | 201988564 | 18 | 80 | 55 | | | |
| 9 | 201735472 | 38 | 85 | 85 | | | |
| 10 | 201899048 | 42 | 75 | 90 | | | |
| 11 | 201893298 | 21 | 88 | 91 | | | |
| 12 | 2019303003 | 19 | 95 | 92 | | 차이값 | 연령 | 연령 |
| 13 | 2016340323 | 20 | 83 | 86 | | 15 | >=30 | <40 |

[F12] 셀, [G12] 셀에 **연령**, [F13] 셀에 **>=30**, [G13] 셀에 **<40**을 입력한 후 [E13]셀에 =ABS(DMIN(A3:D13,D3,F12:G13)-DMAX(A3:D13,D3,F12:G13)) 수식을 입력한다.

● DMIN(A3:D13,D3,F12:G13): 데이터베이스[A3:D13]에서 조건[F12:G13]에 해당하는 스프레드시트[D3]에서 최솟값을 구한다.
● DMAX(A3:D13,D3,F12:G13): 데이터베이스[A3:D13]에서 조건[F12:G13]에 해당하는 스프레드시트[D3]에서 최댓값을 구한다.
● ABS(DMIN(A3:D13,D3,F12:G13)-DMAX(A3:D13,D3,F12:G13)): 최솟값에서 최댓값을 뺀 절댓값을 구한다.

### 2. 정답

N4 =DSUM(I3:L13,L3,M3:M4)

| | I | J | K | L | M | N |
|---|---|---|---|---|---|---|
| 2 | [표2] 결제내역표 | | | | | |
| 3 | 날짜 | 시간 | 상품명 | 가격 | 상품명 | 합계 |
| 4 | 2023-07-01 | 14:30:25 | 사과 | 1,500 | <>우유 | 31,300 |
| 5 | 2023-07-02 | 9:45:12 | 우유 | 3,000 | | |
| 6 | 2023-07-02 | 12:15:56 | 빵 | 2,000 | | |
| 7 | 2023-07-03 | 17:20:41 | 고등어 | 5,500 | | |
| 8 | 2023-07-04 | 10:05:33 | 쌀 | 10,000 | | |
| 9 | 2023-07-05 | 15:30:18 | 계란 | 2,500 | | |
| 10 | 2023-07-06 | 11:40:05 | 우동 | 1,800 | | |
| 11 | 2023-07-07 | 16:55:29 | 오이 | 800 | | |
| 12 | 2023-07-08 | 9:15:17 | 우유 | 3,000 | | |
| 13 | 2023-07-09 | 14:20:42 | 새우 | 7,200 | | |

[M3] 셀에 **상품명**, [M4] 셀에 **<>우유**를 입력한 후, [N4] 셀에 =DSUM(I3:L13,L3,M3:M4) 수식을 입력한다.

- [M3] 셀에 상품명, [M4]에 <>우유를 작성하여 조건을 완성한다.
- DSUM(I3:L13,L3,M3:M4): 데이터베이스[I3:L13]에서 조건 [M3:M4]에 해당하는 가격[L3]의 합계를 구하여 표시한다.

## 3. 정답

| | A | B | C | D | E |
|---|---|---|---|---|---|
| 16 | [표3] 국가대표 선수들의 달리기 경기 기록 | | | | |
| 17 | 선수명 | 국적 | 1차 달리기 기록 | 2차 달리기 기록 | 결과 |
| 18 | 존 스미스 | 미국 | 9.82초 | 9.79초 | 본선 |
| 19 | 마리아 가르시아 | 스페인 | 10.15초 | 10.25초 | |
| 20 | 아흐메드 칸 | 파키스탄 | 10.32초 | 10.45초 | |
| 21 | 리 웨이 | 중국 | 10.45초 | 10.42초 | |
| 22 | 엠마 밀러 | 독일 | 10.56초 | 10.61초 | |
| 23 | 송길동 | 대한민국 | 10.11초 | 10.14초 | 본선 |
| 24 | 이철수 | 대한민국 | 10.25초 | 10.33초 | |
| 25 | 마리안 | 프랑스 | 10.36초 | 10.52초 | |
| 26 | 안나 스미스 | 영국 | 10.4초 | 10.48초 | |
| 27 | | | | | |

> [E18] 셀에 **=IF(OR(C18<=SMALL($C$18:$C$26,2),D18<=SMALL($D$18:$D$26,2)),"본선","")** 수식을 입력하고 [E26] 셀까지 수식을 복사한다.

- SMALL($C$18:$C$26,2): 1차 달리기 기록[C18:C26] 범위에서 2번째로 작은 값, 즉 2번째로 빠른 값을 구한다. 이때 범위는 절대 참조하여 [C18:C26] 범위의 같은 값을 구하도록 한다.
- SMALL($D$18:$D$26,2): 2차 달리기 기록[D18:D26] 범위에서 2번째로 작은 값, 즉 2번째로 빠른 값을 구한다. 범위는 절대 참조하여 [D18:D26] 범위의 같은 값을 구하도록 한다.
- OR(C18<=SMALL($C$18:$C$26,2),D18<=SMALL($D$18:$D$26,2)): 각 선수의 1차 달리기 기록[C18]이 SMALL을 통해 구한 1차 달리기 기록 중 2번째로 빠른 값 이하인 값 또는 각 선수의 2차 달리기 기록[D18]이 SMALL을 통해 구한 2차 달리기 기록 중 2번째로 빠른 값 이하인 값을 찾는다.
- IF(OR(C18<=SMALL($C$18:$C$26,2),D18<=SMALL($D$18:$D$26,2)),"본선",""): OR 함수의 결과가 참이면 '본선'을, 그 외는 공백을 표시한다.

## 4. 정답

| | H | I | J | K | L | M |
|---|---|---|---|---|---|---|
| 16 | [표4] 컴활 2급 시험 | | | | | |
| 17 | 시험장 | 시험장소 | 시험신청시작일 | 시험신청마감일 | 시험일 | 시험구분 |
| 18 | 동대문 | A동 101호 | 2023-08-15 | 2023-08-31 | 2023-09-15 | 정기시험 |
| 19 | 수원 | B동 205호 | 2023-08-17 | 2023-08-31 | 2023-09-20 | 정기시험 |
| 20 | 부천 | C동 301호 | 2023-08-20 | 2023-09-05 | 2023-09-24 | 상시시험 |
| 21 | 부산 | D동 401호 | 2023-08-25 | 2023-09-10 | 2023-09-30 | 정기시험 |
| 22 | 동대문 | E동 503호 | 2023-09-15 | 2023-10-05 | 2023-08-28 | 상시시험 |
| 23 | 수원 | F동 601호 | 2023-09-02 | 2023-09-20 | 2023-10-15 | 정기시험 |
| 24 | 부산 | G동 705호 | 2023-09-05 | 2023-09-22 | 2023-10-15 | 정기시험 |
| 25 | | | | | | |

> [M18] 셀에 **=IF(MOD(DAY(L18),5)=0,"정기시험","상시시험")** 수식을 입력하고 [M24] 셀까지 수식을 복사한다.

- DAY(L18): 시험일[L18]의 일을 구한다.

- MOD(DAY(L18),5)=0: DAY로 구한 시험일의 '일'을 5로 나누었을 때 나머지 값이 0인 값을 구한다.
- IF(MOD(DAY(L18),5)=0,"정기시험","상시시험"): MOD로 구한 값이 0일 경우 '정기시험', 그 외는 '상시시험'을 구한다.

## 5. 정답

| | G | H |
|---|---|---|
| 28 | 국가코드별 외환보유액 | |
| 29 | 국가코드 | 외환보유액 (억 달러) |
| 30 | CN | 13,975 |
| 31 | DE | 3,205 |
| 32 | FR | 206 |
| 33 | GB | 388 |
| 34 | UK | 500 |
| 35 | JP | 1,378 |
| 36 | KR | 400 |
| 37 | US | 4,555 |

> [E30] 셀에 **=PROPER(LEFT(A30,2))&"-"&VLOOKUP(LEFT(A30,2),$G$30:$H$37,2,0)** 수식을 입력하고 [E36] 셀까지 수식을 복사한다.

- LEFT(A30,2): 코드[A30]에서 왼쪽으로부터 두 글자를 추출한다.
- PROPER(LEFT(A30,2)): LEFT로 구한 값의 첫 글자만 대문자로, 나머지는 소문자로 구한다.
- VLOOKUP(LEFT(A30,2),$G$30:$H$37,2,0): [G30:H37] 고정적인 범위에서 LEFT로 추출한 코드를 첫 열에서 정확한 값(0)을 검색하고 2번째 열에 위치한 외환보유액 (억 달러)을 찾는다.
- ※ 데이터를 검색하고 추출할 때 같은 국가코드별 외환보유액[G30:H37]의 값이 출력되어야 하므로 VLOOKUP에서 찾는 범위[G30:H37]는 절대 참조로 입력해야 한다.
- PROPER(LEFT(A30,2))&"-"&VLOOKUP(LEFT(A30,2),$G$30:$H$37,2,0): PROPER로 구한 값과 '-'를 연결 연산자(&)로 연결한 후 VLOOKUP으로 구한 값도 함께 연결하여 표시한다.

## 문제 3  분석 작업(20점)

### 1. '분석 작업-1' 정답

① [E5] 셀에 **=B9**를 입력하여 계산식을 연결한 후 Enter 를 누른다.
② [E5:J12] 범위를 선택한 후 [데이터] → [예측] → [가상 분석] → [데이터 표]를 선택한다.
③ [데이터 표] 대화 상자가 실행되면 행 입력 셀에 [B7], 열 입력 셀에 [B5] 셀을 선택하고 확인 을 클릭한다.

| | | 매출원가 | | | | |
|---|---|---|---|---|---|---|
| | 매출액과 단가 변동에 따른 영업 이익률 변화 | | | | | |
| | | | | | | |
| | | | | 매출원가 | | |
| | 21% | 2,000,000 | 1,750,000 | 1,500,000 | 1,250,000 | 1,000,000 |
| 매출액 | 2,000,000 | -50% | -38% | -25% | -13% | 0% |
| | 2,500,000 | -20% | -10% | 0% | 10% | 20% |
| | 3,000,000 | 0% | 8% | 17% | 25% | 33% |
| | 3,500,000 | 14% | 21% | 29% | 36% | 43% |
| | 4,000,000 | 25% | 31% | 38% | 44% | 50% |
| | 4,500,000 | 33% | 39% | 44% | 50% | 56% |
| | 5,000,000 | 40% | 45% | 50% | 55% | 60% |

## 2. '분석 작업-2' 정답

| [표4] | | | |
|---|---|---|---|
| 부서 | 기본자질 | 업무지식 | 의욕태도 |
| 소프트웨어 엔지니어 | 248 | 273 | 254 |
| 시스템 분석가 | 266 | 281 | 253 |
| 전략 개발 | 245 | 246 | 269 |
| 마케팅 | 226 | 208 | 262 |
| 생산 관리자 | 228 | 233 | 247 |

① 데이터 통합 결과를 표시할 표의 첫 행과 왼쪽 열을 포함한 [G4:J9] 범위를 선택한 후 [데이터] → [데이터 도구] → [통합] 을 선택한다.

📢 데이터 통합 결과를 표시할 표[G4:J9]와 [표1], [표2], [표3]의 데이터 통합할 범위(참조)의 레이블의 값과 순서가 동일하기 때문에 [H5:J9] 범위를 선택한 후 [데이터] → [데이터 도구] → [통합]을 선택해도 된다.

② [통합] 대화 상자에서 함수는 '합계'를 선택한 후 데이터를 통합할 범위(참조)에 [B4:E9]를 선택하고 추가 를 클릭한다. 이어서 [B12:E17] 범위를 선택한 후 추가 를 클릭, 다시 [B20:E25] 범위를 선택하고 추가 를 클릭한다.

③ 사용할 레이블로 '첫 행', '왼쪽 열'을 체크하고 확인 을 클릭한다.

## 문제 4  기타 작업(20점)

### 1. '기타 작업-1' 정답

① 총점 매크로
1) 문제에서 주어진 단추의 위치 [H5:I6] 범위를 미리 선택한 뒤 [개발 도구] → [컨트롤] → [삽입] → [단추 (양식 컨트롤)]

을 선택하고 마우스 포인터의 모양이 '+' 모양으로 바뀌면 [H5:I6] 범위에 Alt 를 누른 채 드래그한다.

2) [매크로 지정] 대화 상자의 매크로 이름에 **총점**을 입력하고 기록 을 클릭한다. 자동으로 '총점' 매크로 이름이 선택된 [매크로 기록] 대화 상자가 실행되면 확인 을 클릭해 기록을 시작한다.

3) 기록이 시작되면 [F6] 셀에 =SUM(C6:E6)을 입력한 후 Enter 를 누른다. [F10] 셀까지 수식을 복사한 후 상태 표시줄의 [기록 중지]를 클릭 혹은 [개발 도구] → [코드] → [기록 중지]를 선택하여 매크로 기록을 종료한다.

4) 도형에서 마우스 오른쪽을 클릭한 후 [텍스트 편집] 메뉴를 선택하고 텍스트 **총점**을 입력한다.

② 서식 매크로
1) 문제에서 주어진 도형의 위치 [H8:I9] 범위를 미리 선택한 뒤 [삽입] → [일러스트레이션] → [도형] → [기본 도형] → '육각형'을 클릭한다.

2) 마우스 포인터의 모양이 '+' 모양으로 바뀌면 [H8:I9] 범위에 Alt 를 누른 채 드래그한다.

3) '육각형' 도형을 선택하여 **서식적용**으로 입력한다.

4) '육각형' 도형에서 마우스 오른쪽을 클릭하고 [매크로 지정] 메뉴를 선택한다.

5) [매크로 지정] 대화 상자가 나타나면 매크로 이름에 **서식**을 입력하고 기록 을 클릭한다. 자동으로 '서식' 매크로 이름이 선택된 [매크로 기록] 대화 상자가 실행되면 확인 을 클릭한다.

6) 매크로 기록이 시작되면 [B5:F5] 범위를 선택한 후 Ctrl 을 누른 채로 [B6:B10] 범위를 선택한다. [홈] → [글꼴] → '굵게', [글꼴 색] → '표준 색 - 파랑'을 선택하고 상태 표시줄의 [기록 중지]를 클릭 혹은 [개발 도구] → [코드] → [기록 중지]를 선택하여 매크로 기록을 종료한다.

### 2. '기타 작업-2' 정답

① 차트 데이터 범위 수정: 차트를 선택한 후 마우스 오른쪽을 클릭하여 [데이터 선택] 메뉴를 선택한다. [데이터 원본 선택] 대화 상자가 실행되면 행/열 전환 을 클릭하고 '합계'를 선택한 후 제거 를 클릭한다. 제거가 완료되면 다시 행/열 전환 을 클릭하고 확인 을 클릭한다.

② 차트 종류 변경: 차트를 선택한 후 마우스 오른쪽을 클릭하여 [차트 종류 변경]을 선택한다. [차트 종류 변경] 대화 상자가 실행되면 [세로 막대형] → '누적 세로 막대형'을 선택하고 확인 을 클릭한다.

③ 범례 서식: '범례'를 더블클릭한 후 실행된 [범례 서식]에서 [범례 옵션] → [채우기] → '단색 채우기' → '청회색, 텍스트2, 40% 더 밝게'를 선택한다. 그림 영역을 선택한 후 [서식] →

[도형 스타일] → '미리 설정' → '반투명 – 파랑, 강조 5, 윤곽선 없음'을 선택한다.

NOTE

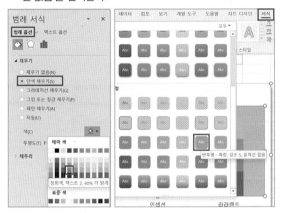

④ 간격 너비와 데이터 레이블 추가: 차트에서 임의의 계열을 더블클릭한 후 [데이터 계열 서식] → [계열 옵션] → '간격 너비'를 **150%**로 입력한 후 Enter 를 누른다.

차트의 '30대' 계열을 한 번 선택한 후 마우스 오른쪽을 클릭해 [데이터 레이블 추가]를 선택한다. 위치를 변경하기 위해 임의의 '데이터 레이블'을 더블클릭하고 [데이터 레이블 서식]이 실행되면 [레이블 옵션] → [레이블 위치] → '안쪽 끝에'를 선택한다.

⑤ 차트 범위 서식: '차트 영역'을 더블클릭한 후 [차트 영역 서식] → [차트 옵션] → [효과] → [그림자]의 '미리 설정'에서 '오프셋: 오른쪽 아래'를 선택하고 [채우기 및 선] → [테두리] → '둥근 모서리'에 체크한다.

[홈] → [글꼴]에서 **10**을 입력한 후 Enter 를 눌러 완료한다.

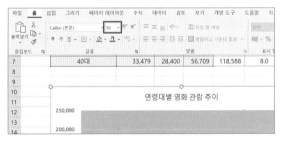

🔊 기본 글꼴 크기가 10이라도 한 번 더 Enter 를 누르면 차트 영역의 크기가 변경되니 반드시 Enter 를 누른다.

# 컴퓨터활용능력 2급 실기 **모의고사**

| 프로그램명 | 제한시간 |
|---|---|
| EXCEL 2021 | 40분 |

수험번호 :

성   명 :

EBS
자체 제작

www.ebs.co.kr/compass
(EBS 홈페이지에서 엑셀 실습파일 다운로드)
파일명: 기출(문제) – 모의고사

## 문제 1  기본 작업(20점)  주어진 시트에서 다음 과정을 수행하고 저장하시오.

1. '기본 작업-1' 시트에 다음의 자료를 주어진 대로 입력하시오. (5점)

| | A | B | C | D | E | F | G |
|---|---|---|---|---|---|---|---|
| 1 | 팽수 운동회 | | | | | | |
| 2 | | | | | | | |
| 3 | 반 | 승 | 무 | 패 | 개인 우수 선수 | 승률 | |
| 4 | 1반 | 3 | 2 | 1 | 박지영 | 50.00% | |
| 5 | 2반 | 1 | 1 | 0 | 김민수 | 50.00% | |
| 6 | 3반 | 2 | 0 | 0 | 이지원 | 66.70% | |
| 7 | 4반 | 4 | 0 | 0 | 정현우 | 100.00% | |
| 8 | 5반 | 2 | 2 | 1 | 최영미 | 50.00% | |
| 9 | 6반 | 0 | 2 | 1 | 송재호 | 0.00% | |
| 10 | 7반 | 3 | 0 | 0 | 이승아 | 100.00% | |
| 11 | 8반 | 1 | 2 | 1 | 홍성민 | 33.30% | |

2. '기본 작업-2' 시트에 대하여 다음의 지시 사항을 처리하시오. (각 2점)

  ① [A3:F3] 영역은 '선택 영역의 가운데로' 텍스트 맞춤, 글꼴 '휴먼옛체', 글꼴 크기 '16'으로 지정하시오.
  ② [A5:F5], [A6:A13] 영역은 '가로 가운데 맞춤', '셀에 맞춤'을 지정하고, [A5:F5] 영역은 채우기 색 '황금색, 강조 4'로 지정하시오.
  ③ [A6:A12] 영역의 이름을 '거래지점'으로 지정하시오.
  ④ [B6:E12] 영역, [E13] 셀은 '쉼표' 스타일을 지정하고, [B13:D13] 영역과 [F6:F12] 영역은 [표시 예]와 같이 표시하시오.
    [ 표시 예: 2366700 → 2.37백만, 87 → 87점 ]
  ⑤ [F13] 셀에 '왼쪽대각선(▧) 테두리', [A5:F13] 범위는 '모든 테두리(⊞)'를 적용한 후 '굵은 바깥쪽 테두리(▢)'를 적용하여 표시하시오.

3. '기본 작업-3' 시트에 대하여 다음의 지시 사항을 처리하시오. (5점)

  [B3:B10] 영역의 데이터를 텍스트 나누기를 실행하여 나타내시오.
  ▶ 데이터는 탭으로 구분되어 있음
  ▶ 고객코드 열은 제외할 것

**문제 2**  계산 작업(40점)  '계산 작업' 시트에서 다음 과정을 수행하고 저장하시오.

1. [표1]에서 입차시간[B4:B11]과 출차시간[C4:C11]을 이용하여 요금[D4:D11]을 계산하시오. (8점)

   ▶ 1분당 요금은 65원
   ▶ HOUR, MINUTE 함수 사용

2. [표2]에서 변환 및 교차로의 중간값보다 크거나 같은 변환 및 교차로[G5:J5] 값들의 주차 및 후진[G6:J6]의 평균을 구하여 [K7] 셀에 계산하시오. (8점)

   ▶ 일의 자리에서 반올림하여 십의 자리까지 표시하시오.
     [ 표시 예: 74 → 70 ]
   ▶ 연결 연산자(&)를 이용하여 값을 구한 뒤 '점'을 추가하여 표시하시오. [ 표시 예: 70 → 70점 ]
   ▶ MEDIAN, AVERAGEIF, ROUND 함수와 & 연산자 사용

3. [표3]에서 의류코드[A16:A23]에 해당하는 부가가치세를 <가격표>[F15:I17]에서 찾아 부가가치세[D16:D23]에 표시하시오. (8점)

   ▶ HLOOKUP, MID 함수 사용

4. [표4]에서 지점[C28:C34]과 총결제내역[D28:D34]에 해당하는 사은품을 [I27:M29] 영역에서 찾아 사은품 [F28:F34]에 표시하시오. (8점)

   ▶ HLOOKUP, MATCH 함수 사용

5. [표5]에서 포지션[A38:A44]이 '루수'로 끝나는 선수의 실책률[E38:E44]을 구하여 나타내시오. (8점)

   ▶ 실책률 = 실책 합계 ÷ 수비적 개입 합계
   ▶ AVERAGEIF, COUNTIF, SUMIF 함수 중 알맞은 함수 사용

**문제 3** **분석 작업(20점)** 주어진 시트에서 다음 작업을 수행하고 저장하시오.

1. '분석 작업-1' 시트에 대하여 다음의 지시 사항을 처리하시오. (10점)

[부분합] 기능을 이용하여 <그림>과 같이 가입기간별로 '평균 점수'와 '최고 점수'의 최댓값과 '나이'의 평균을 계산하시오.

▶ '가입기간'에 대하여 오름차순으로 정렬한 후 '참여도'의 셀 색이 'RGB(91, 155, 213)'인 값이 위에 표시되도록 정렬하시오.

▶ 최댓값과 평균은 위에 명시된 순서대로 처리하시오.

| | A | B | C | D | E | F | G | H |
|---|---|---|---|---|---|---|---|---|
| 1 | | | | | | | | |
| 2 | 이름 | 평균 점수 | 최고 점수 | 경기수 | 가입기간 | 나이 | 참여도 | |
| 3 | 박영희 | 175 | 200 | 18 | 1년 | 32 | 100% | |
| 4 | 정현우 | 280 | 300 | 25 | 1년 | 27 | 100% | |
| 5 | 김지연 | 170 | 195 | 17 | 1년 | 29 | 85% | |
| 6 | 장현서 | 180 | 210 | 19 | 1년 | 28 | 80% | |
| 7 | 박태현 | 175 | 200 | 18 | 1년 | 32 | 80% | |
| 8 | 임태희 | 165 | 190 | 17 | 1년 | 32 | 80% | |
| 9 | | | | | 1년 평균 | 30 | | |
| 10 | | 280 | 300 | | 1년 최대 | | | |
| 11 | 김철수 | 180 | 220 | 20 | 2년 | 28 | 100% | |
| 12 | 김진우 | 265 | 295 | 25 | 2년 | 33 | 100% | |
| 13 | 최재호 | 165 | 190 | 16 | 2년 | 30 | 70% | |
| 14 | 박민지 | 185 | 215 | 21 | 2년 | 26 | 90% | |
| 15 | 송하은 | 160 | 185 | 14 | 2년 | 29 | 65% | |
| 16 | 이재석 | 185 | 215 | 21 | 2년 | 26 | 90% | |
| 17 | 최미라 | 190 | 230 | 24 | 2년 | 33 | 95% | |
| 18 | 이수진 | 160 | 185 | 15 | 2년 | 30 | 70% | |
| 19 | 윤성민 | 155 | 180 | 15 | 2년 | 29 | 75% | |
| 20 | | | | | 2년 평균 | 29.33333 | | |
| 21 | | 265 | 295 | | 2년 최대 | | | |
| 22 | 박진호 | 150 | 175 | 12 | 3년 | 31 | 100% | |
| 23 | 이민준 | 190 | 225 | 22 | 3년 | 25 | 95% | |
| 24 | 이승우 | 155 | 180 | 15 | 3년 | 31 | 75% | |
| 25 | 정지수 | 190 | 225 | 22 | 3년 | 25 | 95% | |
| 26 | 정은지 | 190 | 225 | 22 | 3년 | 25 | 95% | |
| 27 | | | | | 3년 평균 | 27.4 | | |
| 28 | | 190 | 225 | | 3년 최대 | | | |
| 29 | 이지원 | 270 | 280 | 25 | 4년 | 27 | 100% | |
| 30 | 김민지 | 290 | 300 | 23 | 4년 | 32 | 100% | |
| 31 | 최영민 | 250 | 265 | 24 | 4년 | 33 | 95% | |
| 32 | 김민수 | 165 | 190 | 16 | 4년 | 30 | 70% | |
| 33 | 김현우 | 270 | 280 | 18 | 4년 | 28 | 80% | |
| 34 | | | | | 4년 평균 | 30 | | |
| 35 | | 290 | 300 | | 4년 최대 | | | |
| 36 | | | | | 전체 평균 | 29.24 | | |
| 37 | | 290 | 300 | | 전체 최대값 | | | |
| 38 | | | | | | | | |

2. '분석 작업-2' 시트에 대하여 다음의 지시 사항을 처리하시오. (10점)

| | I | J | K | L | M |
|---|---|---|---|---|---|
| 1 | | | | | |
| 2 | | 반납처리 | 미반납 | | |
| 3 | | | | | |
| 4 | | | 열 레이블 | | |
| 5 | | 행 레이블 | 대형 | 중대형 | 중형 |
| 6 | | 1월 | | | |
| 7 | | 평균 : 1일요금 | * | * | 312,000 |
| 8 | | 개수 : 모델명 | * | * | 1 |
| 9 | | 3월 | | | |
| 10 | | 평균 : 1일요금 | * | 227,500 | * |
| 11 | | 개수 : 모델명 | | 2 | * |
| 12 | | 4월 | | | |
| 13 | | 평균 : 1일요금 | 350,000 | 310,000 | * |
| 14 | | 개수 : 모델명 | 1 | 1 | * |
| 15 | | 전체 평균 : 1일요금 | 350,000 | 255,000 | 312,000 |
| 16 | | 전체 개수 : 모델명 | 1 | 3 | 1 |
| 17 | | | | | |

[피벗 테이블] 기능을 이용하여 '팽수 렌트카 현황' 표의 보고서 '필터'는 반납처리, 렌탈일자를 '행', 구분은 '열', '값'은 1일요금의 평균과 모델명의 개수를 계산하시오.(단, 'Σ' 기호를 '행'으로 이동하시오.)

▶ 피벗 테이블 보고서는 [J4] 셀에서 시작하시오.
▶ 렌탈일자를 '월별'로 그룹화하고, '1일요금'의 평균은 값 필드 설정의 셀 서식에서 '숫자' 범주를 이용하여 그림과 같이 나타내시오.
▶ 행 총합계를 해제하고, 빈 셀은 '*'로 표시하시오.
▶ 피벗 테이블 스타일은 '연한 파랑, 피벗 스타일 밝게 9'로 지정하고 열 머리글, 행 머리글, 줄무늬 열을 적용하시오.
▶ 반납여부가 미반납인 값만 나타내시오.
▶ 렌탈일자가 3월인 1일요금 중 중대형에 해당하는 값을 새로운 시트에 나타내고, 시트는 분석 작업-2의 왼쪽에 '3월중대형렌탈'로 표시하시오.

## 문제 4  기타 작업(20점)  주어진 시트에서 다음 작업을 수행하고 저장하시오.

1. '매크로 작업' 시트의 [표]에서 다음과 같은 기능을 수행하는 매크로를 현재 통합 문서에 작성하고 실행하시오. (각 5점)

① [F4:F10] 영역에 평균을 계산하는 매크로를 생성하여 실행하시오.
▶ 매크로 이름: 평균
▶ 평균: 국어 * 40% + 영어 * 30% + 수학 * 30%
▶ [개발 도구] → [삽입] → [양식 컨트롤]의 '단추'를 동일 시트의 [H4:I5] 영역에 생성하고, 텍스트를 '평균'으로 입력한 후 단추를 클릭할 때 '평균' 매크로가 실행되도록 설정하시오.

② [B4:B7] 영역에 채우기 색 '표준 색 - 노랑', [B8:B10] 영역에 채우기 색 '황금색, 강조 4, 40% 더 밝게'로 적용하는 매크로를 생성하여 실행하시오.

  ▶ 매크로 이름: 서식
  ▶ [삽입] → [일러스트레이션] → [도형] → [기본 도형]의 '다이아몬드(◇)'를 동일 시트의 [H7:I8] 영역에 생성하고, 텍스트를 '서식'으로 입력한 후 도형을 클릭할 때 '서식' 매크로가 실행되도록 설정하시오.

※ 셀 포인터의 위치에 상관없이 현재 통합 문서에서 매크로가 실행되어야 정답으로 인정됨


2. '차트 작업' 시트의 차트에서 다음 지시 사항에 따라 아래 <그림>과 같이 차트를 수정하시오. (각 2점)

  ※ 차트는 반드시 문제에서 제공한 차트를 사용하여야 하며, 신규로 작성 시 0점 처리됨

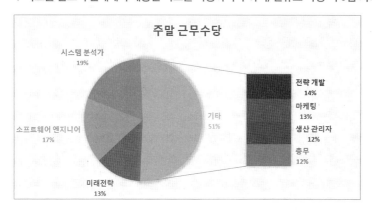

① '부서별' 주말 근무수당의 계열만 표시되도록 데이터 범위를 수정하시오.
② 차트 종류를 '원형 대 가로 막대형'으로 변경하고 '차트 레이아웃 1', '스타일 9'를 적용하시오.
③ 둘째 영역 값을 '4', 간격 너비를 '150%'로 설정하시오.
④ 차트 영역은 '양피지' 질감으로 지정하시오.
⑤ 차트를 [색 변경] → '색상형 - 다양한 색상표 2'로 지정하고, 기타 계열에만 '네온: 8pt, 파랑, 강조색 5'로 지정하시오.

# 컴퓨터활용능력 2급 실기 모의고사

# 정답 및 풀이

---

**문제 1** 기본 작업(20점)

## 1. '기본 작업-1' 정답   <생략>

## 2. '기본 작업-2' 정답

| | A | B | C | D | E | F |
|---|---|---|---|---|---|---|
| 2 | | | | | | |
| 3 | | ABC 상점 지점별 10월 결제 금액 | | | | |
| 4 | | | | | | |
| 5 | 거래지점 | 20대 | 30대 | 40대 | 포인트 | 만족도조사 |
| 6 | 송파 | 267,930 | 896,949 | 987,859 | 17,222 | 85점 |
| 7 | 강남2영업본부 | 384,033 | 587,859 | 997,856 | 15,758 | 75점 |
| 8 | 가락동금융센터 | 1,938,570 | 897,768 | 789,957 | 29,010 | 94점 |
| 9 | 갤러리아팰리스점 | 312,789 | 999,785 | 764,860 | 16,619 | 95점 |
| 10 | 도곡 | 298,489 | 678,905 | 897,748 | 15,001 | 82점 |
| 11 | 교대역 | 284,860 | 564,730 | 659,370 | 12,072 | 73점 |
| 12 | 잠원동 | 178,590 | 85,768 | 789,430 | 8,430 | 76점 |
| 13 | 합계 | 3.67백만 | 4.71백만 | 5.89백만 | 114,113 | |
| 14 | | | | | | |

① [A3:F3] 범위를 선택한 후 Ctrl + 1 을 누른다. [셀 서식] 대화 상자가 실행되면 [맞춤] → [텍스트 맞춤] → [가로] → '선택 영역의 가운데로'를 선택하고, [글꼴] → [글꼴] → '휴먼엣체', [글꼴 크기] → '16'을 선택한 후 확인 을 클릭한다.

② [A5:F5] 범위를 선택한 후 Ctrl 을 누른 채 [A6:A13] 범위를 선택하고 Ctrl + 1 을 눌러 [셀 서식] 대화 상자를 실행한다. [셀 서식] 대화 상자의 [맞춤] → [텍스트 맞춤] → [가로] → '가운데', '셀에 맞춤'을 선택하고 확인 을 클릭한다. 이어서 [A5:F5] 범위를 선택한 후 [홈] → [글꼴] → [채우기] → '황금색, 강조4'를 선택한다.

③ [A6:A12] 범위를 선택한 후 [이름 상자]에 **거래지점**을 입력한 후 Enter 를 누른다.

④ [B6:E12] 범위를 선택한 후 Ctrl 을 누른 채 [E13] 셀을 선택해 [홈] → [표시 형식] → '쉼표 스타일'을 선택하고, [B13:D13] 범위를 선택한 후 Ctrl + 1 을 눌러 [셀 서식] 대화 상자를 실행한다. [표시 형식] → '사용자 지정' 범주를 선택한 후 형식 입력 창에 **0.00,,"백만"** 을 입력하고 확인 을 클릭한다. [F6:F12] 범위를 선택한 후 Ctrl + 1 을 눌러 [셀 서식] 대화 상자를 실행하고 [표시 형식] → '사용자 지정' 범주를 선택한 후 형식 입력 창에 **@"점"** 을 입력하고 확인 을 클릭한다.

📢 – 0.00: 소수점 두 자리
– 서식 코드 뒤 쉼표(,): 쉼표 한 개에 오른쪽 3자리 반올림

📢 [F6:F12] 범위의 데이터가 왼쪽 정렬이기 때문에 문자 서식 코드 @와 함께 단위 **"점"** 을 입력한다.

---

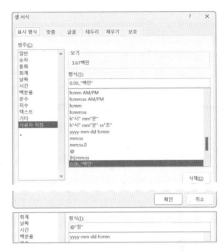

⑤ [F13] 셀을 선택한 후 Ctrl + 1 을 누른다. [셀 서식] 대화 상자 → [테두리] → '왼쪽 대각선'을 선택한 후 확인 을 클릭한다. [A5:F13] 범위를 선택한 후 [홈] → [글꼴] → [테두리] → '모든 테두리'를 선택하고 이어서 [테두리] → '굵은 바깥쪽 테두리'를 선택한다.

## 3. '기본 작업-3' 정답

| | A | B | C | D | E | F | G | H |
|---|---|---|---|---|---|---|---|---|
| 1 | | | | | | | | |
| 2 | | | | | | | | |
| 3 | | 고객명 | 생년월일 | 총결제내역 | 마일리지 | 회원등급 | | |
| 4 | | 오지수 | 1998-08-13 | 1458900 | 116700 | VIP | | |
| 5 | | 김유진 | 1997-03-21 | 165000 | 13200 | 패밀리 | | |
| 6 | | 오승준 | 1996-09-07 | 889700 | 71200 | 패밀리 | | |
| 7 | | 신지수 | 1999-04-24 | 350500 | 28000 | 골드 | | |
| 8 | | 김유라 | 1972-09-09 | 458000 | 36600 | 골드 | | |
| 9 | | 최윤정 | 1988-01-14 | 245000 | 19600 | 실버 | | |
| 10 | | 김혜선 | 1985-04-06 | 498000 | 39800 | 실버 | | |
| 11 | | | | | | | | |

① [B3:B10] 범위를 선택한 후 [데이터] → [데이터 도구] → '텍스트 나누기'를 선택한다.

② [텍스트 마법사] 대화 상자가 실행되면 '구분 기호로 분리됨'을 선택하고 다음 을 클릭한다. 구분 기호에 '탭'을 선택한 후 다음 을 클릭하고 [데이터 미리 보기]에서 '고객코드'를 선택한다. [열 데이터 서식] → '열 가져오지 않음(건너뜀)'을 선택하고 마침 을 클릭한다.

③ ###이 표시되면 열 머리글에서 오른쪽 선을 더블클릭해 셀을 늘려준다.

## 문제 2  계산 작업(40점)

### 1. 정답

| | A | B | C | D | E |
|---|---|---|---|---|---|
| 2 | [표1] 주차요금 계산 | | | | |
| 3 | 차량번호 | 입차시간 | 출차시간 | 요금계산 | |
| 4 | 6840 | 11:50 | 12:30 | 2,600원 | |
| 5 | 4586 | 10:00 | 11:15 | 4,875원 | |
| 6 | 4970 | 10:00 | 10:30 | 1,950원 | |
| 7 | 7604 | 11:20 | 12:30 | 4,550원 | |
| 8 | 6695 | 13:10 | 14:20 | 4,550원 | |
| 9 | 6083 | 14:30 | 16:35 | 8,125원 | |
| 10 | 9456 | 13:30 | 15:05 | 6,175원 | |
| 11 | 7980 | 15:10 | 18:10 | 11,700원 | |

[D4] 셀에 =(HOUR(C4-B4)*60+MINUTE(C4-B4))*65 수식을 입력한 후 [D11] 셀까지 수식을 복사한다.

- HOUR(C4-B4): 출차시간[C4]에서 입차시간[B4]을 뺀 주차시간의 '시'를 구한다.
- MINUTE(C4-B4): 출차시간[C4]에서 입차시간[B4]을 뺀 주차시간의 '분'을 구한다.
- HOUR(C4-B4)*60: 요금이 1분당으로 주어졌으므로 주차시간을 '분'으로 변경하기 위해 HOUR로 구한 '시'에 60을 곱한다.(1시간 = 60분)
- (HOUR(C4-B4)*60+MINUTE(C4-B4)): 위 식에서 구한 값을 더해 전체 주차시간을 '분'으로 구한다.
- (HOUR(C4-B4)*60+MINUTE(C4-B4))*65: 요금은 1분당 65원으로 주어졌기 때문에 앞에서 구한 값(분)에 *65를 해 요금을 구한다.

### 2. 정답

| P15 | | | | | |
|---|---|---|---|---|---|
| | F | G | H | I | J | K |
| 2 | [표2] 운전 도로주행 점수 | | | | | |
| 3 | | 오승준 | 김철수 | 정현우 | 이영준 | |
| 4 | 속도제어 | 85 | 74 | 94 | 75 | |
| 5 | 변환 및 교차로 | 90 | 54 | 84 | 95 | |
| 6 | 주차 및 후진 | 85 | 45 | 85 | 38 | 결과 |
| 7 | 차선 유지 | 100 | 59 | 97 | 95 | 60점 |

[K7] 셀에 =ROUND(AVERAGEIF(G5:J5,">="&MEDIAN(G5:J5),G6:J6),-1)&"점" 수식을 입력한다.

- MEDIAN(G5:J5): 변환 및 교차로[G5:J5] 범위의 중간값을 구한다.
- AVERAGEIF(G5:J5,">="&MEDIAN(G5:J5),G6:J6): 변환 및 교차로[G5:J5] 범위에서 MEDIAN을 통해 구한 중간값 이상인 값들의 주차 및 후진[G6:J6]의 평균을 구한다.
- ROUND(AVERAGEIF(G5:J5,">="&MEDIAN(G5:J5),G6:J6),-1)&"점": AVERAGEIF를 통해 구한 평균값을 ROUND를 통

### 3. 정답

| | A | B | C | D | E |
|---|---|---|---|---|---|
| 14 | [표3] 의류 판매 현황 | | | | |
| 15 | 의류코드 | 사이즈 | 판매량 | 부가가치세 | |
| 16 | AB-101 | L | 203 | 23,000 | |
| 17 | AB-222 | S | 532 | 18,000 | |
| 18 | CD-104 | M | 392 | 23,000 | |
| 19 | EF-203 | M | 124 | 18,000 | |
| 20 | EF-306 | S | 345 | 25,000 | |
| 21 | CD-225 | L | 421 | 18,000 | |
| 22 | CD-304 | S | 223 | 25,000 | |
| 23 | EF-215 | M | 128 | 18,000 | |

[D16] 셀에 =HLOOKUP(MID(A16,4,3),$G$15:$I$17,3,TRUE) 수식을 입력한 후 [D23] 셀까지 수식을 복사한다.

- MID(A16,4,3): 의류코드[A16]에서 4번째 글자부터 3글자를 추출한다.
- HLOOKUP(MID(A16,4,3),$G$15:$I$17,3,TRUE): <가격표>[G15:I17]의 고정적인 범위에서 MID로 추출한 코드를 첫 행에서 유사한 값(TRUE)으로 검색한 후 [G15:I17] 범위의 3번째 행에서 코드에 따른 부가가치세를 찾는다.

### 4. 정답

| | A | B | C | D | E | F | G |
|---|---|---|---|---|---|---|---|
| 26 | [표4] ABC백화점 고객명단 | | | | | | |
| 27 | 고객코드 | 고객명 | 지점 | 총결제내역 | 마일리지 | 사은품 | |
| 28 | 89-AC334 | 오지수 | 잠실 | 1,458,900 | 116,700 | 상품권 30만원 | |
| 29 | 76-BC482 | 김유진 | 강남 | 165,000 | 13,200 | 미니향수 | |
| 30 | 84-CE858 | 오승준 | 강남 | 889,700 | 71,200 | 에센스 | |
| 31 | 75-BC942 | 신지수 | 잠실 | 350,500 | 28,000 | 파우치 | |
| 32 | 44-FY450 | 김유라 | 잠실 | 458,000 | 36,600 | 파우치 | |
| 33 | 84-UI495 | 최윤정 | 강남 | 245,000 | 19,600 | 바디로션 | |
| 34 | 85-IU384 | 김혜선 | 잠실 | 550,000 | 39,800 | 여행키트 | |

[F28] 셀에 =HLOOKUP(D28,$J$27:$M$29,MATCH(C28,$I$28:$I$29,0)+1,TRUE) 수식을 입력한 후 [F34] 셀까지 수식을 복사한다.

- HLOOKUP: 범위의 첫 행에서 값을 검색하고 범위에서 지정한 행의 값을 찾아 구하는 함수
  - MATCH: 지정 항목의 범위 내에서 위치를 구하는 함수
  - HLOOKUP과 MATCH가 같이 주어지면 MATCH로 HLOOKUP 인수의 행 번호를 구한다.
- MATCH(C28,$I$28:$I$29,0): [표4]의 지점[C28]을 사은품의 지점[I28:I29] 범위에서 검색해 위치값(행 번호)을 구한다. 이때 잠실은 1행, 강남은 2행의 값을 구한다.
- MATCH(C28,$I$28:$I$29,0)+1: 앞에 MATCH로 구한 행 번호를 HLOOKUP의 행 번호 인수로 사용하기 위해서 1을 더해 잠실은 2행, 강남은 3행 값을 구한다.

처음에 MATCH로 구한 행 번호와 HLOOKUP으로 구한 행

번호를 비교하면 1씩 부족하기 때문에 MATCH로 구한 행 번호에 +1을 한다.
- HLOOKUP(D28,$J$27:$M$29,MATCH(C28,$I$28:$I$29,0)+1,TRUE): [표4]의 총결제내역[D28] 값을 [J27:M29] 범위의 첫 행에서 유사한 값(TRUE)으로 검색하고 2에서 구한 지점 [D28]의 사은품 [J27:M29] 범위에서 잠실은 2행, 강남은 3행을 찾는다.

## 5. 정답

| 36 | A | B | C | D | E | F | G |
|---|---|---|---|---|---|---|---|
| | [표5] 야구 실책률 | | | | | | |
| 37 | 포지션 | 선수명 | 실책 | 수비적 개입 | | | |
| 38 | 1루수 | 김철수 | 37 | 130 | | | |
| 39 | 포수 | 박영희 | 16 | 170 | | | |
| 40 | 3루수 | 이민준 | 28 | 155 | | | |
| 41 | 좌익수 | 최재호 | 25 | 125 | | | |
| 42 | 중견수 | 정현우 | 40 | 162 | | | |
| 43 | 홈루수 | 강지훈 | 15 | 130 | | 실책률 | |
| 44 | 포수 | 홍길동 | 26 | 159 | | 19% | |

[E44]셀에 **=SUMIF(A38:A44,"*루수",C38:C44)/SUMIF(A38:A44,"*루수",D38:D44)** 수식을 입력한다.

- SUMIF(A38:A44,"*루수",C38:C44): 포지션[A38:A44] 범위에서 '루수'로 끝나는 선수들의 실책[C38:C44]의 합계를 구한다.
- SUMIF(A38:A44,"*루수",D38:D44): 포지션[A38:A44] 범위에서 '루수'로 끝나는 선수들의 수비적 개입[D38:D44]의 합계를 구한다.
- SUMIF(A38:A44,"*루수",C38:C44)/SUMIF(A38:A44,"*루수",D38:D44): 위 두 수식을 나누어 실책률을 구한다.

---

## 문제 3  분석 작업(20점)

### 1. '분석 작업-1' 정답

① [A2:G27] 범위에서 임의의 셀을 선택한 후 [데이터] → [정렬 및 필터] → [정렬]을 선택한다.
② [정렬] 대화 상자가 실행되면 정렬 기준을 '가입기간', '셀값', '오름차순'을 선택한다. 이어서 [기준추가]를 클릭한 후 정렬 기준을 '참여도', '셀 색', 'RGB(91, 155, 213)', '위에 표시'를 선택하고 [확인]을 클릭한다.

③ 정렬된 데이터 [A2:G27] 범위에서 임의의 셀을 선택한 후 [데이터] → [개요] → [부분합]을 선택한다.
④ [부분합] 대화 상자가 실행되면 그룹화할 항목은 '가입기간', 사용할 함수는 '최대', 부분합 계산 항목에 '평균 점수', '최고 점수'를 체크하고 [확인]을 클릭한다.
⑤ 다시 [부분합]을 선택한 후 그룹화할 항목은 '가입기간', 사용할 함수는 '평균', 부분합 계산 항목은 '나이'를 선택한 다음 '새로운 값으로 대치'에 선택을 해제한 후 [확인]을 클릭한다.

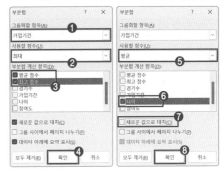

### 2. '분석 작업-2' 정답

① [A4:H12] 범위를 선택한 후 [삽입] → [표] → [피벗 테이블]을 선택하고 [피벗 테이블 만들기] 대화 상자가 실행되면 피벗 테이블 보고서를 넣을 위치 → '기존 워크시트', [J4] 셀을 선택하고 [확인]을 클릭한다.
② [피벗 테이블 필드]가 실행되면 필터 → '반납처리', 행 → '렌탈일자', 열 → '구분', 값 → '1일요금', '모델명'을 드래그하고, '열' 영역에 추가된 'Σ 값'을 '행' 영역의 제일 아래로 드래그한다.

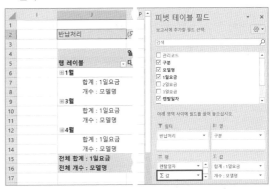

③ 렌탈일자를 그룹화하기 위해 행 영역에서 마우스 오른쪽을 클릭해 [그룹] 메뉴를 선택한다. [그룹화] 대화 상자가 실행되면 단위 '월'만 선택한 후 [확인]을 클릭한다.

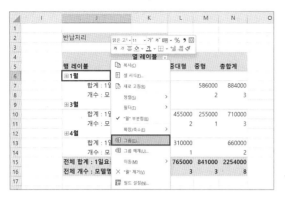

④ 값 영역의 '합계 : 1일요금' 셀을 더블클릭한 후 [값 필드 설정] 대화 상자가 실행되면 [값 요약 기준] → [계산 유형] → '평균'을 선택하고 표시 형식을 클릭한다.

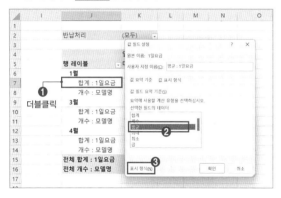

⑤ [셀 서식] → [표시 형식] → [숫자]를 선택하고, '1000 단위 구분 기호'를 선택한 후 확인을 클릭한다.

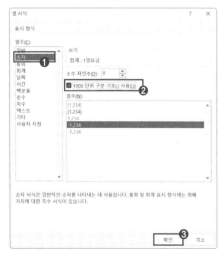

⑥ 피벗 테이블의 임의의 셀을 선택한 후 마우스 오른쪽을 클릭해 [피벗 테이블 옵션]을 선택한다. [피벗 테이블 옵션] 대화 상자가 실행되면 [레이아웃 및 서식] → [빈 셀 표시]에 *을 입력하고 [요약 및 필터] → [총합계] → '행 총합계 표시' 체크를 해제한다.

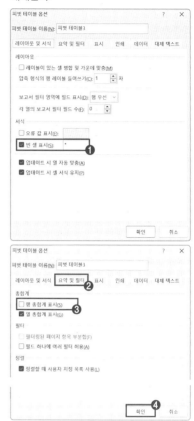

⑦ 피벗 테이블에서 임의의 셀을 선택한 후 [디자인] → [피벗 테이블 스타일] → '밝게' → '연한 파랑, 피벗 스타일 밝게 9'를 선택하고 [디자인] → [피벗 테이블 스타일 옵션]의 '행 머리글', '열 머리글', '줄무늬 열'을 체크한다.

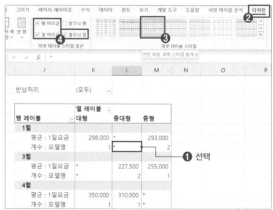

⑧ 보고서 필터의 '반납처리'의 필터 버튼을 클릭하고 '미반납'을 선택한 후 확인을 클릭한다.

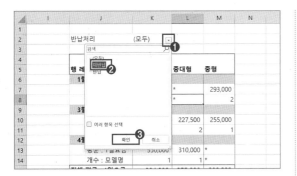

⑨ 렌탈일자가 3월인 '1일요금' 중 중대형에 해당하는 [L10] 셀을 더블클릭하면 관련된 데이터가 분석 작업-2 왼쪽에 새로운 시트로 나타나게 되고, 시트명을 더블클릭해 이름을 **3월중대형렌탈**로 입력한다.

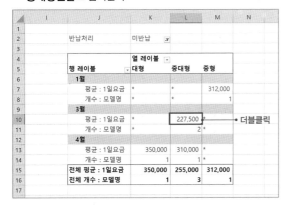

← 더블클릭

---

**문제 4  기타 작업(20점)**

## 1. '기타 작업-1' 정답

① 평균 매크로

1) 문제에서 주어진 단추의 위치 [H4:I5] 범위를 미리 선택한 뒤 [개발 도구] → [컨트롤] → [삽입] → [단추(양식 컨트롤)]을 클릭하고 마우스 포인터의 모양이 '+' 모양으로 바뀌면 [H4:I5] 범위에 Alt 를 누른 채 드래그한다.

2) [매크로 지정] 대화 상자의 매크로 이름에 **평균**을 입력하고 기록 을 클릭한다. 자동으로 '평균' 매크로 이름이 선택된 [매크로 기록] 대화 상자가 나타나면 확인 을 클릭해 기록을 시작한다.

3) 기록이 시작되면 [F4] 셀에 **=C4\*40%+D4\*30%+E4\*30%**를 입력하고 Enter 를 누른다. [F10] 셀까지 수식을 복사한 후 상태 표시줄의 [기록 중지]를 클릭 혹은 [개발 도구] → [코드] → [기록 중지]를 선택하여 매크로 기록을 종료한다.

4) 도형에서 마우스 오른쪽을 클릭하고 [텍스트 편집] 메뉴를 선택하고 텍스트 **평균**을 입력한다.

② 서식 매크로

1) 문제에서 주어진 도형의 위치 [H7:I8] 범위를 미리 선택한 뒤 [삽입] → [일러스트레이션] → [도형] → [기본도형] → '다이아몬드'를 클릭한다.

2) 마우스 포인터의 모양이 '+' 모양으로 바뀌면 [H7:I8] 범위에 Alt 를 누른 채로 드래그한다.

3) '다이아몬드' 도형을 선택하고 **서식**을 입력한다.

4) '다이아몬드' 도형에서 마우스 오른쪽을 클릭하고 [매크로 지정] 메뉴를 선택한다.

5) [매크로 지정] 대화 상자가 나타나면 매크로 이름에 **서식**을 입력하고 기록 을 클릭한다. 자동으로 '서식' 매크로 이름이 선택된 [매크로 기록] 대화 상자가 나타나면 확인 을 클릭한다.

6) 매크로 기록이 시작되면 [B4:B7] 범위를 선택한 후 [홈] → [글꼴] → [채우기 색] → '표준 색 – 노랑'을 선택하고 이어서 [B8:B10] 범위를 선택한 후 [채우기 색] → '황금색, 강조 4, 40% 더 밝게'를 선택한 후 상태 표시줄의 [기록 중지]를 클릭 혹은 [개발 도구] → [코드] → [기록 중지]를 선택하여 매크로 기록을 종료한다.

## 2. '기타 작업-2' 정답

① 차트 데이터 범위 수정: 차트 영역을 선택한 후 마우스 오른쪽을 클릭하고 [데이터 선택] 메뉴를 선택한다.
[데이터 원본 선택] 대화 상자가 실행되면 '가로 (항목) 축 레이블'에서 편집 을 클릭하고 [축 레이블] 대화 상자의 범위를 [C6:C12]로 선택한 후 확인 을 클릭한다.

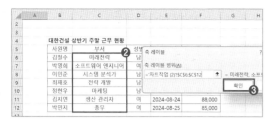

② 차트 종류 변경과 차트 레이아웃, 스타일 적용: 차트를 선택한 후 마우스 오른쪽을 클릭해 [차트 종류 변경] 메뉴를 선택한다. [차트 종류 변경] 대화 상자가 실행되면 '원형' → '원형 대 가로 막대형'을 선택한 후 확인 을 클릭한다.

이어서 [차트 디자인] → [차트 레이아웃] → [빠른 레이아웃] → '레이아웃 1'을 선택하고, [차트 스타일] → '스타일 9'를 선택한다.

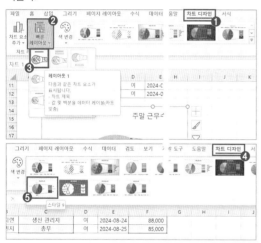

③ 차트 둘째 영역 값, 간격 너비 설정: 차트에서 임의의 계열을 더블클릭한 후 [데이터 계열 서식]이 실행되면 [계열 옵션] → '둘째 영역 값'에 4입력, '간격 너비'는 150%로 입력한 후 Enter 를 누른다.

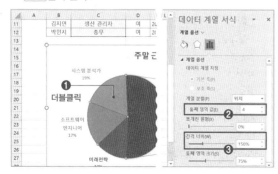

④ 차트 영역 서식: '차트 영역'을 더블클릭한 후 [차트 영역 서식] → [차트 옵션] → [채우기 및 선] → [채우기] → '그림 또는 질감 채우기' → '질감' → '양피지'를 선택한다.

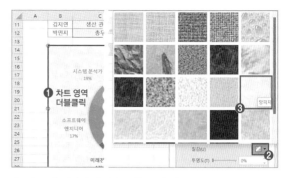

⑤ 차트 색 변경과 계열에 도형 효과 지정: '차트 영역'을 선택한 후 [차트 디자인] → [차트 스타일] → [색 변경]을 선택하고 '색상형' → '다양한 색상표 2'를 선택한다.

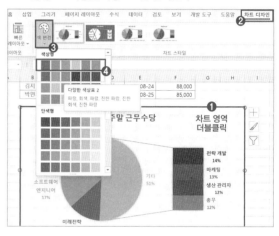

기타 계열만 선택하기 위해 그림 영역에서 '기타 영역'을 두 번 클릭한 후 [서식] → [도형 스타일] → [도형 효과] → [네온] → '네온: 8pt, 파랑, 강조색 5'를 선택한다.

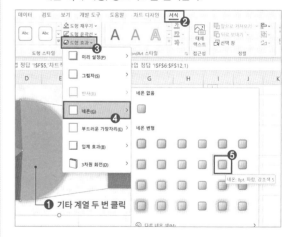

SCAN ME

배움에는 끝이 없다!

평생
교육
바우처

LIFELONG
EDUCATION
VOUCHER

# EBS 전용혜택관

양질의 교육서비스를 제공하는 EBS와 함께
평생교육바우처 알차게 사용하세요!

| 기초부터 핵심까지!<br>**공인중개사** | 한번에 합격!<br>**공무원** | 취업, 승진 자기개발<br>**자격증** | 기초영어, 토익, 오픽<br>**어학** | 지금부터 다시 시작!<br>**검정고시** | 선택이 아닌 필수!<br>**컴활** |

# EBS play+

# 구독하고 EBS 콘텐츠
# 무.제.한.으로 즐기세요!

◀◀ 주요 서비스 ▶▶

| | | | | |
|---|---|---|---|---|
| 오디오 어학당 | 애니키즈 | 클래스e | 다큐멘터리 EBS | 세상의 모든 기행 |
| 오디오e지식 | EBR EBS business review | 명의 헬스케어 | BOX | 평생학교 EBS |

◀◀ 카테고리 ▶▶

| 애니메이션 | 어학 | 다큐 | 경제 | 경영 | 예술 | 인문 | 리더십 | 산업동향 |

| 테크놀로지 | 건강정보 | 실용 | 자기계발 | 역사 | 독립영화 | 독립애니메이션 |